U0314963

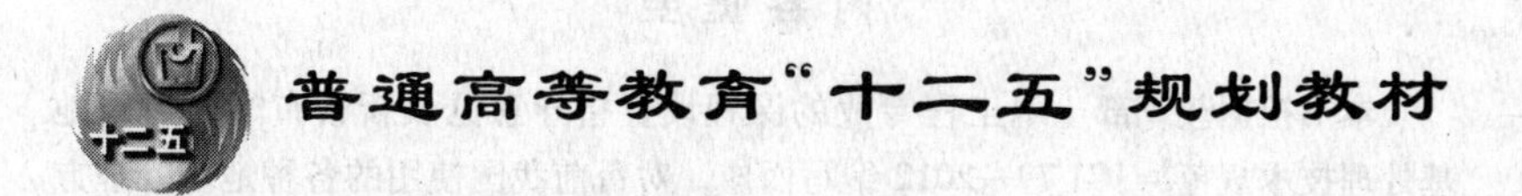

地基处理

武崇福　主编

北　京
冶金工业出版社
2013

内容提要

本书根据教育部土木工程专业的课程设置指导意见及新颁布的《建筑地基处理技术规范》JGJ 79—2012 编写而成，对目前我国使用的各种地基处理方法（如换填法、强夯法、砂石桩法、石灰桩法、水泥粉煤灰碎石桩法、排水固结法、化学加固法、水泥土搅拌法、高压喷射注浆法、土工合成材料、加筋土挡墙和复合地基等）的适用范围、加固机理、设计计算、施工工艺及质量检验方法等进行了较为全面系统的阐述。每种地基处理方法都编写了相应的工程实例。此外，编写过程中还考虑了现阶段注册岩土工程师考试的需求，在每章后设置了部分注册考试题；在附录中加入了常用中英文名词，便于学生阅读外文文献。

本书为高等院校土木工程专业的教材，也可供从事地基处理工程设计和施工的专业技术人员及科研人员参考。

图书在版编目（CIP）数据

地基处理/武崇福主编. —北京：冶金工业出版社，2013.10

普通高等教育"十二五"规划教材

ISBN 978-7-5024-6385-4

Ⅰ.①地… Ⅱ.①武… Ⅲ.①地基处理—高等学校—教材 Ⅳ.①TU472

中国版本图书馆 CIP 数据核字（2013）第 233318 号

出版人 谭学余

地 址 北京北河沿大街嵩祝院北巷 39 号，邮编 100009

电 话 (010)64027926 电子信箱 yjcbs@cnmip.com.cn

责任编辑 杨 敏 美术编辑 吕欣童 版式设计 孙跃红

责任校对 郑 娟 责任印制 张祺鑫

ISBN 978-7-5024-6385-4

冶金工业出版社出版发行；各地新华书店经销；北京百善印刷厂印刷

2013 年 10 月第 1 版，2013 年 10 月第 1 次印刷

787mm×1092mm 1/16；13.5 印张；323 千字；199 页

29.00 元

冶金工业出版社投稿电话：(010)64027932 投稿信箱：tougao@cnmip.com.cn

冶金工业出版社发行部 电话：(010)64044283 传真：(010)64027893

冶金书店 地址：北京东四西大街 46 号(100010) 电话：(010)65289081（兼传真）

前　言

我国地域辽阔，从沿海到内地，由山区到平原，分布着多种多样的地基土，其抗剪强度、压缩性以及透水性等，因土的种类不同而有很大差别。各种地基土中，不少为软弱土和不良土，主要包括：软黏土、人工填土（包括素填土、杂填土和冲填土）、饱和粉细砂（包括部分轻亚黏土）、湿陷性黄土、有机质土和泥炭土、膨胀土、多年冻土、岩溶、土洞和山区地基等。对建设工程中遇到的不良地基处理得恰当与否，关系到整个工程质量、投资和进度。因此，地基处理的要求也就越来越迫切和广泛。

现有的地基处理方法很多，新的地基处理方法还在不断发展和完善，每一种地基处理方法都有它的适用范围和局限性。因此，在确定地基处理方案时，一定要根据实际工程地质条件、设计要求、工期、造价和施工条件等因素综合分析来确定。

本书编写有以下特点：

（1）结合新颁布的《建筑地基处理技术规范》（JGJ 79—2012）编写而成，反映了当前最成熟的地基处理基本知识、基本理论和处理技术；

（2）考虑当前土木工程专业大学教育的要求，与国家注册岩土工程师考试相结合，各章末设置了部分注册考试题，以引导学生适应专业职业化的发展趋势；

（3）结合教育部土木工程专业的课程设置指导意见，编写中注重理论联系实际，以培养学生解决实际工程问题的能力。

本书共13章，第1~5章由武崇福编写；第6~9章由曹海莹编写；第10~13章由李雨浓编写。在编写过程中，长江勘测规划设计院王吉亮和杨静提供了部分资料，同时参考了一些文献，在此向他们及文献作者表示感谢。

由于编者水平有限，书中不足之处，敬请读者批评指正。

编　者

2013年6月

目　录

1 绪　论

本章概要

本章介绍地基、基础和地基处理的基本概念，面对软弱地基土要解决的技术问题，地基处理的对象及目的，地基处理方法分类及应用范围，并介绍地基处理方案选择的原则及地基处理效果的检验及监测方法。

本章要求了解目前地基处理的一般方法及其适用范围，并明确本课程的特点、学习的目的和方法。

1.1 地基处理的目的

1.1.1 地基、基础和地基处理

地基是指承托建（构）筑物基础的有限面积内的土层。由于上部结构荷载比较大，而相应的地基土强度则很低，压缩性比较大，因此，必须设置一定结构形式和尺寸的基础，将上部结构的荷载有效地传递给地基土，以满足对地基土承载力、变形及稳定性的要求。

基础处于上部结构和地基土之间，具有承上启下的作用。一方面，基础在上部结构的荷载及地基反力的共同作用下，承受由此而产生的轴力、剪力和弯矩等内力；另一方面，基础底面的反力又反过来作为地基上的荷载，使地基土产生应力和变形。

基础设计除了要保证基础结构本身具有足够的强度和刚度外，同时还要选择合理的基础尺寸和布置方案，使地基土的强度和变形满足规范要求。因此，基础方案的论证是地基评价的自然引申和必然结果，地基和基础的设计往往是不能截然分开的，所以，基础设计又常常被称为地基基础设计。如在英语名词中，“地基”和“基础”两个词均使用“foundation”，由此可见两者具有不可截然分开的依存关系。

凡是基础直接建造在未经过加固处理的天然土层上时，这种地基被称为天然地基。如果天然地基很软弱，不能够满足地基强度和变形等要求，则预先要经过人工处理，形成人工地基以后再建造基础，这种地基加固被称为地基处理。

地基处理的目的是利用置换、夯实、挤密、排水、胶结、加筋以及冷热处理等方法对地基土进行加固，以改善地基土的强度、压缩性、渗透性、动力特性、湿陷性和胀缩性等。

我国地域辽阔、幅员广大，自然地理环境不同，土质各异，地基条件的区域性较强，因此，解决各类工程在设计和施工中出现的各种复杂的岩土工程问题，是地基基础这门学科面临的课题。

随着当前我国经济建设的迅猛发展，首先要选择在地质条件良好的场地从事工程建设，但有时也不得不在地质条件不好的地方建造建（构）筑物，因此，必须要对天然的软弱地基进行处理。

1.1.2 地基可能出现的问题

概括地说，建（构）筑物的地基可能出现以下四个问题：

（1）强度及稳定性问题。当地基的抗剪强度不足以支承上部结构的自重以及外荷载时，地基就会产生局部或者整体剪切破坏。这会影响到建（构）筑物的正常使用，甚至会引起建（构）筑物的开裂或破坏。

（2）变形问题。当地基在上部结构的自重及外荷载作用下产生太大的变形时，就会影响建（构）筑物的正常使用，特别是当地基的变形超过建筑物所能容许的不均匀沉降时，上部结构可能开裂破坏。一般而言，地基的沉降量较大，其不均匀沉降也较大。湿陷性黄土遇水而发生剧烈的变形和膨胀土的胀缩等也可以包括在这类问题中。

（3）渗漏问题。渗漏（seepage）问题是指由于地基中地下水的流动而引起的有关问题。例如，当地基的渗漏量或水力比降超过容许值时，会发生水量损失或因潜蚀和管涌而可能导致的建（构）筑物失事。

（4）液化问题。地震、机器设备或车辆的振动、波浪作用以及爆破等动力荷载，可能引起地基土特别是饱和松散粉细砂（包括部分粉土）产生液化、失稳和震陷等危害。

在土木工程建筑中，当天然地基存在上述四种问题之一或者其中几个问题时，就需要采用相应的地基处理措施，以保证建（构）筑物的安全和正常使用。

根据调查统计，在世界各国的土木、水利、交通等工程中，地基问题常常是引起各类工程事故的主要原因。地基问题的处理恰当与否，直接关系到整个工程建设质量的可靠性、投资的合理性以及施工进度。因此，地基处理的重要性已经越来越被更多的人所认识和了解。

1.1.3 地基处理的目的

地基处理的目的是利用换填、夯实、挤密、排水、胶结、加筋以及冷热处理等方法对地基土进行加固，以改良地基土的不良工程特性，主要表现在以下几个方面：

（1）提高地基土的抗剪强度。地基土的剪切破坏表现为建（构）筑物的地基承载力不够，偏心荷载及侧向土压力的作用使建（构）筑物失稳，填土或建（构）筑物荷载使邻近的地基土产生隆起，土方开挖时边坡失稳，基坑开挖时坑底隆起等。地基的剪切破坏反映了地基土的抗剪强度不足。因此，为了防止地基土发生剪切破坏，就需要采取一定的措施来提高地基土的抗剪强度。

（2）降低地基土的压缩性。地基土的压缩性表现为建（构）筑物的沉降和差异沉降较大，填土或建（构）筑物荷载使地基土产生固结沉降，作用于建（构）筑物基础的负摩擦力引起建（构）筑物的沉降，大范围地基土的沉降和不均匀沉降，基坑开挖引起邻近地面沉降，降水使地基土产生固结沉降等。地基土的压缩性可以用压缩模量的大小来表示。因此，需要采取措施来提高地基土的压缩模量，从而减少地基土的沉降或不均匀沉降。

（3）改善地基土的透水特性。地基土的透水性表现为堤坝等基础产生的地基渗漏，在基坑开挖工程中，因土层内夹薄层粉砂或粉土而产生流硫和管涌。这些地下水在土中运动所出现的问题，必须采取相应的措施进行处理，使地基土的透水性降低，减小地基土中的水压力。

（4）改善地基土的动力特性。地基土的动力特性表现为地震时饱和松散粉细砂（包括部分粉土）将产生液化，由于交通荷载或打桩等原因，使临近地基土产生振动下沉。为此，需要采取措施。防止地基土液化并改善其动力特性，以提高地基土的抗震性能。

（5）改善特殊土的不良地基特性。主要是消除或减弱湿陷性黄土的湿陷性和膨胀土的胀缩性等。

天然地基是否需要进行处理，取决于地基土的性质和建（构）筑物对地基土的要求。地基处理的对象主要是软弱土地基和特殊土地基。在土木工程建设中遇到的软弱土和特殊土主要包括软黏土、人工填土、部分砂土和粉土、湿陷性土、有机土和泥炭土、膨胀土、多年冻土以及岩溶、土洞、山区地基、垃圾填埋地基等。

1.2 地基处理的对象

结构物荷载所引起的地基应力是随着深度增加而减小的，到一定深度后衰减为零。所以，基础底下一定深度内的土层即为结构物的主要受力层。在通常情况下，地基的稳定性与变形主要取决于该深度内土层的力学性能。若该土层的力学性能指标不能满足结构物对地基承载能力的要求，就必须对该地基进行处理。需要进行处理的地基一般分为两大类，即不良地基和软弱地基。

1.2.1 不良地基

不良地基主要指性质特殊而又对工程不利的土层（如湿陷性黄土、多年冻土、膨胀土、岩溶等地层）所组成的地基。

我国西北和华北地区分布着广泛的黄土。天然黄土的强度较高，一般能陡直成壁，其承载能力也较高，压缩性比较低。但在上覆土的自重应力作用下，或在上覆土自重应力和附加应力共同作用下，受水浸湿后，土的结构迅速破坏而发生显著的附加下沉，此类土称为湿陷性黄土。由于黄土湿陷而引起结构物不均匀沉降是造成黄土地区工程事故的主要原因。当黄土作为结构物地基时，首先要判断它是否具有湿陷性，然后才考虑是否需要人工处理以及如何处理。

膨胀土是一种吸水膨胀，失水收缩，具有较大胀缩变形性能，且变形胀缩反复的高塑性黏土。利用膨胀土作为结构物地基时，如果没有采取必要措施进行人工处理，常会给结构物造成危害。

红黏土是指石灰岩、白云岩等碳酸盐类岩石在亚热带温湿气候条件下经风化作用所形成的褐红色的黏性土。一般来说，红黏土是较好的地基土，但由于下卧岩层面起伏及存在软弱土层，容易引起地基不均匀变形，需引起重视。

温度连续3年或3年以上保持在摄氏零度或零度以下并含有冰的土层，称为多年冻土。多年冻土的强度和变形有许多特殊性。例如，冻土中因有冰和未冻水存在，在长期荷载作用下有强烈的流变性。多年冻土作为建（构）筑物地基需慎重考虑。

岩溶又称“喀斯特”，它是石灰岩、白云岩、泥灰岩、大理石、岩盐、石膏等可溶性岩层受水的化学和机械作用而形成的溶洞、溶沟、裂隙以及由于溶洞的顶板塌落使地表产生陷穴、洼地等现象和作用的总称。土洞是岩溶地区上覆土层被地下水冲蚀或被地下水浴蚀所形成的洞穴。岩溶和土洞对结构物的影响很大，可能造成地面变形，地基陷落，发生水的渗漏和涌水现象。在岩溶地区修建建筑物时要特别重视岩溶和土洞的影响。

山区地基地质条件比较复杂，主要表现为地基的不均匀性和场地的稳定性两个方面。山区基岩表面起伏大，且可能有大块孤石，这些因素常会导致建筑物基础产生不均匀沉降。另外，在山区经常可能遇到滑坡、崩塌和泥石流等不良地质现象，给结构物造成直接或潜在的威胁。在山区修建结构物时要重视地基的稳定性和避免过大的不均匀沉降，必要时也需对地基进行人工处理。

1.2.2 软弱地基

软弱地基是指主要受力层由高压缩性的软弱土所组成的地基，这些软弱土一般是指淤泥、淤泥质土、某些冲填土等。

软黏土是软弱黏性土的简称，它是第四纪后期形成的黏性土沉积物或河流冲积物。这类土的特点是天然含水量高，天然孔隙比大，抗剪强度低，压缩系数高，渗透系数小。在荷载作用下，软黏土地基承载能力低，地基沉降变形大，不均匀沉降也大，而且沉降稳定历时比较长。在比较深厚的软黏土层上，结构物基础的沉降往往会持续几年乃至数十年之久。软黏土地基是在工程实践中遇到最多而需要进行人工处理的地基，它广泛地分布在我国东南沿海及内地一些河湖沿岸和山间谷地。

杂填土是人类活动所形成的无规则堆积物，其成分复杂，厚度有厚有薄，性质也不相同，且无规律性。在大多数情况下，杂填土是比较疏松和不均匀的。在同一场地的不同位置，地基承载力和压缩性也有较大的差异。杂填土地基一般需要人工处理才能作为结构物地基。

冲填土是由水力冲填形成的。冲填土的性质与所冲填泥沙的来源及淤填时的水力条件有密切关系。含黏土颗粒较多的冲填土往往是欠固结的，其强度和压缩性指标都比同类天然沉积土差。冲填土地基一般要经过人工处理才能作为建筑物地基。粉细砂含量为主的冲填土，其性质基本上和粉细砂相同或类似。

凡有机质含量超过 25% 的土，称为泥炭土。泥炭土含水量极高，压缩性很大且不均匀，一般不宜作为天然地基，需进行人工处理。

饱和粉细砂及部分轻亚黏土虽然在静载作用下具有较高的强度，但在机器振动、车辆荷载、波浪或地震力的反复作用下有可能产生液化或大量震陷变形。地基会因液化而丧失承载能力。如需要考虑动力荷载，这种地基也属于不良地基，经常需要进行处理。

另外，除了在上述各种软弱和不良地基上建造结构物时需要考虑地基处理外，当旧房改造、加高、工厂设备更新等造成荷载增大，原地基不能满足新的要求时，或者在开挖深基坑，建造地下铁道等工程中有土体稳定、变形或渗流问题时，也需要进行地基处理。

1.3 地基处理方法分类及应用范围

现有的地基处理方法很多，新的地基处理方法还在不断发展。要对各种地基处理方法进行精确的分类是困难的。根据地基处理的加固原理，地基处理方法可分为换填垫层法，振密、挤密法，排水固结法，置换法，加筋法，胶结法，冷热处理法7种。

1.3.1 换填垫层法

换填垫层法的基本原理是挖除浅层软弱土或不良土，分层碾压或夯实换填材料。垫层按换填的材料可分为砂（或砂石）垫层、碎石垫层、粉煤灰垫层、干渣垫层、土（灰土）垫层等。干渣分为分级干渣、混合干渣和原状干渣；粉煤灰分为湿排灰和调湿灰。换填垫层法可提高持力层的承载力，减少沉降量；消除或部分消除土的湿陷性和胀缩性；防止土的冻胀作用及改善土的抗液化性。常用机械碾压、平板振动和重锤夯实方法进行施工。

该法常用于基坑面积宽大和开挖土方较大的回填土方工程，一般适用于处理浅层软弱土层（淤泥质土、松散素填土、杂填土、浜填土以及已完成自重固结的冲填土等）与低洼区域的填筑。一般处理深度为2～3m。适用于处理浅层非饱和软弱土层、湿陷性黄土、膨胀土、季节性冻土、素填土和杂填土。

1.3.2 振密、挤密法

振密、挤密法的基本原理是采用一定的手段，通过振动、挤压使地基土体孔隙比减小、强度提高，达到地基处理的目的。主要有以下几种方法：

（1）表层压实法。采用人工（或机械）夯实、机械碾压（或振动）对填土、湿陷性黄土、松散无黏性土等软弱或原来比较疏松的表层土进行压实，也可采用分层回填方法压实加固。这种方法适用于含水量接近于最佳含水量的浅层疏松黏性土、疏松砂性土、湿陷性黄土及杂填土等。

（2）重锤夯实法。利用重锤自由下落时的冲击能来击实浅层土，使其表面形成一层较为均匀的硬壳层。此法适用于无黏性土、杂填土、非饱和黏性土及湿陷性黄土。

（3）强夯法。利用强大的夯击能，迫使深层土液化和动力固结，使土体密实，用以提高地基土的强度并降低其压缩性，消除土的湿陷性、胀缩性和液化性。此法适用于碎石土、砂土、素填土、杂填土、低饱和度的粉土与黏性土以及湿陷性黄土。

（4）振冲挤密法。振冲挤密法一方面依靠振冲器的强力振动使饱和砂层发生液化，颗粒重新排列，孔隙比减小；另一方面依靠振冲器的水平振动力，形成垂直孔洞，在其中加入回填料，使砂层挤压密实。此法适用于砂性土和粒径小于0.005mm的黏粒含量低于10%的黏性土。

（5）土桩与灰土桩法。利用打入钢套管（或振动沉管、炸药爆破）在地基中成孔，通过挤压作用，使地基土变得密实，然后在孔中分层填入素土（或灰土）后夯实而成土桩（或灰土桩）。此法适用于处理地下水位以上的湿陷性黄土、新近堆积黄土、素填土和杂填土。

（6）砂桩法。在松散砂土或人工填土中设置砂桩，能对周围土体产生挤密作用或同时产生振密作用，可以显著提高地基强度，改善地基的整体稳定性，并减小地基沉降量。此法适用于处理松砂地基和杂填土地基。

（7）爆破法。利用爆破产生振动使土体产生液化和变形，从而获得较大的密实度，用以提高地基承载力和减小沉降量。此法适用于饱和净砂、非饱和但经灌水饱和的砂、粉土和湿陷性黄土。

1.3.3 排水固结法

排水固结法的基本原理是软土地基在附加荷载的作用下，逐渐排出孔隙水，使孔隙比减小，产生固结变形。在这个过程中，随着土体超静孔隙水压力的逐渐消散，土的有效应力增加，地基抗剪强度相应增加，并使沉降提前完成或提高沉降速率。

排水固结法主要由排水和加压两个系统组成。排水可以利用天然土层本身的透水性，也可设置砂井、袋装砂井和塑料排水板之类的排水体。加压主要采用地面堆载法、真空预压法和井点降水法。为加固软弱的黏性土，在一定条件下，采用电渗排水井点也是合理而有效的。排水固结法主要有以下几种方法：

（1）堆载预压法。在建造建（构）筑物以前，通过临时堆填土石等方法对地基加载预压，预先完成部分或大部分地基沉降，并通过地基土固结提高地基承载力，然后撤除荷载，再建造建（构）筑物。临时的预压堆载一般等于建（构）筑物的荷载，但为了减小由于次固结而产生的沉降，预压荷载也可大于建（构）筑物荷载，称为超载预压。此法适用于软黏土地基。

（2）砂井法（包括袋装砂井、塑料排水带等）。在软黏土地基中，设置一系列砂井，在砂井之上铺设砂垫层或砂沟，人为地增加土层固结排水通道，缩短排水距离，从而加载固结，并加速强度增长。砂井法通常辅以堆载预压，称为砂井堆载预压法。此法适用于透水性低的软弱黏性土地基，但对于泥炭土等有机质沉积物不适用。

（3）真空预压法。在黏性土层上铺设砂垫层，然后用薄膜密封砂垫层，用真空泵对砂垫层及砂井抽气和抽水，使地下水位降低，同时在大气压力作用下加速地基固结。此法适用于能在加固区形成（包括采取措施后形成）稳定负压边界条件的软土地基。

（4）降低地下水位法。通过降低地下水位使土体中的孔隙水压力减小，从而增大有效应力，促进地基固结，适用于地下水位接近地面而开挖深度不大的工程，特别适用于饱和粉砂、细砂地基。

（5）电渗排水法。在土中插入金属电极并通以直流电，由于直流电场作用，土中的水从阳极流向阴极，然后将水从阴极排出，且不让水在阳极附近补充，借助电渗作用可逐渐排除土中水。在工程上常利用它来降低黏性土中的含水量或降低地下水位以提高地基承载力或边坡的稳定性。此法适用于饱和软黏土地基。

1.3.4 置换法

置换法的基本原理是以砂、碎石等材料置换软土，与未加固部分形成复合地基，达到提高地基强度的目的。主要有以下几种方法：

（1）振冲置换法（碎石桩法）。碎石桩法是利用一种单向或双向振动的振冲器，在黏性土中边喷高压水流边下沉成孔，然后边填入碎石边振实，形成碎石桩。桩体和原来的黏性土构成复合地基，从而达到提高地基承载力和减小沉降的目的。此法适用于不排水抗剪强度大于20kPa的淤泥、淤泥质土、砂土、粉土、黏性土和人工填土等地基。对不排水强度小于20kPa的软黏土地基，采用碎石桩法时必须慎重。

（2）石灰桩法。在软弱地基中利用机械或人工成孔，填入作为固化剂的生石灰（或生石灰与其他活性掺合料粉煤灰、煤渣等）并压实形成桩体，利用生石灰的吸水、膨胀、放热作用以及土与石灰的物理化学作用，改善桩体周围土体的物理化学性质。由于石灰与活性掺合料的化学反应导致桩体强度提高，桩体与土形成复合地基，从而达到地基加固的目的。此法适用于软弱黏性土地基。

（3）强夯置换法。对厚度小于7m的软弱土层，边强夯边填碎石，形成深度3~7m、直径为2m左右的碎石墩体，碎石墩与周围土体形成复合地基。此法适用于软黏土地基。

（4）水泥粉煤灰碎石桩法（CFG桩法）。将碎石、石屑、粉煤灰和少量水泥加水拌和，用振动沉管桩机或其他成桩机具制成的一种具有一定黏结强度的桩。在桩顶铺设褥垫层，桩、桩间土和褥垫层一起形成复合地基。此法适用于黏性土、粉土、砂土和已自重固结的素填土等地基。

1.3.5 加筋法

加筋法的基本原理是通过在土层中埋设强度较高的土工合成材料、拉筋、受力杆件等来提高地基承载力，减小沉降，维持建（构）筑物或土坡稳定。几种方法介绍如下：

（1）土工合成材料法。利用土工合成材料的高强度、高韧性等力学性能，扩散土中应力，增大土体的抗拉强度，改善土体或构成加筋土以及各种复合土工结构。此法适用于砂土、黏性土和填土地基，土工合成材料或用做反滤、排水和隔离材料。

（2）加筋土法。把抗拉能力很强的拉筋埋置在土层中，通过土颗粒和拉筋之间的摩擦力使拉筋和土体形成一个整体，用以提高土体的稳定性。此法适用于人工填土的路堤和挡墙结构。

（3）土层锚杆法。土层锚杆是依赖于土层与锚固体之间的黏结强度来提供承载力的，它适用于一切需要将拉应力传递到稳定土体中去的工程结构，如边坡稳定与基坑围护的支护、地下结构抗浮、高耸结构抗倾覆等。此法适用于一切需要将拉应力传递到稳定土体中去的工程。

（4）土钉法。土钉技术是在土体内放置一定长度和分布密度的土钉体，使其与土共同作用，用以弥补土体自身强度的不足，不仅提高了土体整体刚度，而且弥补了土体的抗拉强度和抗剪强度低的弱点，显著提高了整体稳定性。此法适用于开挖支护和天然边坡的加固。

（5）树根桩法。此法是在地基中沿不同方向，设置直径为75~250mm的小直径桩，可以是竖直桩，也可以是斜桩，形成如树根状的群桩，以支承结构物，或用以挡土稳定边坡。此法适用于软弱黏性土和杂填土地基。

1.3.6 胶结法

胶结法的基本原理是在软弱地基中的部分土体内掺入水泥、水泥砂浆以及石灰等固化物，形成加固体，与未加固部分形成复合地基，以提高地基承载力和减小沉降。胶结法有以下几种：

（1）灌浆法。此法是用压力泵把水泥或其他化学浆液灌入土体，以达到提高地基承载力，减小沉降，防渗，堵漏等目的。此法适用于处理基岩、砂土、粉土、淤泥质土、粉质黏土、黏土和一般人工填土，也可加固暗浜和在托换工程中应用。

（2）高压喷射注浆法。此法是将带有特殊喷嘴的注浆管，通过钻孔置入要处理土层的预定深度，然后将水泥浆液以高压冲切土体，在喷射浆液的同时，以一定的速度旋转、提升，形成水泥土圆柱体；若喷嘴提升而不旋转，则形成墙状固结体。该法可以提高地基承载力，减少沉降，防止砂土液化、管涌和基坑隆起。此法适用于淤泥、淤泥质土、黏性土、粉土、黄土、砂土、人工填土等地基。对既有建（构）筑物可进行托换加固。

（3）水泥土搅拌法。此法是利用水泥、石灰或其他材料作为固化剂的主剂，通过特制的深层搅拌机械，在地基深处就地将软土和固化剂（水泥或石灰的浆液或粉体）强制搅拌，形成坚硬的拌和柱体，与原地基土共同形成复合地基。此法适用于正常固结的淤泥、淤泥质土、粉土、饱和黄土、素壤土、黏性土以及无流动地下水的饱和松散砂土等地基。

1.3.7 冷热处理法

冷热处理法可分为以下两种：

（1）冻结法。此法是通过人工冷却，使地基温度降低到孔隙水的冰点以下，使之冷却，从而具有理想的截水性能和较高的承载能力。此法适用于饱和的砂土地基或作为软黏土地层中的临时处理措施。

（2）烧结法。此法是通过渗入压缩的热空气和燃烧物，并依靠热传导，将细颗粒土加热到100℃以上，从而增加土的强度，减小变形。此法适用于非饱和黏性土、粉土和湿陷性黄土地基。

1.4 地基处理方案选择

1.4.1 地基处理方案选择前的调查研究

调查研究的内容包括结构条件、地基条件、环境影响、施工条件。

1.4.1.1 结构条件

结构条件包括建筑物的体型、刚度、结构受力体系、建筑材料和使用要求；荷载大小、分布和种类；基础类型、布置和埋深；基底压力、天然地基承载力和变形容许值等。

1.4.1.2 地基条件

地基条件包括地形及地质成因、地基成层状况；软弱土层厚度、不均匀性和分布范围及状况；地下水情况及地基土的物理和力学性质。

各种软弱地基的性状是不同的，现场地质条件随着场地的位置不同也是多变的。即使同一种土质条件，也可能具有多种地基处理方案。

（1）如果根据软弱土层厚度确定地基处理方案，当软弱土层厚度较薄时，可采用简单的浅层加固的方法，如换填垫层法；当软弱土层厚度较厚时，则可根据加固土的特性和地下水位的高低采用排水固结法、水泥土搅拌法、挤密桩法（石灰桩或其他挤密桩）、振冲置换法或强夯法等。

（2）如遇砂性土地基，若主要考虑解决砂土的液化问题，则一般可采用强夯法、振冲法或挤密桩法等。

（3）如遇软土层中夹有薄砂层，则一般不需设置竖向排水井，而可直接采用堆载预压法；另外，根据具体情况也可采用挤密桩法等。

（4）如遇淤泥质土地基，由于其透水性差，一般设置竖向排水井并采用堆载预压法、真空预压法、土工合成材料法、水泥土搅拌法等。

（5）如遇杂填土、冲填土（含粉细砂）和湿陷性黄土地基，在一般情况下采用强夯法、高压喷射注浆法、置换法等深层密实法是可行的。

1.4.1.3　环境影响

在地基处理施工中应考虑场地的环境影响：如采用强夯法和振冲挤密法等施工时，振动、噪声和挤土对邻近建筑物和居民会产生影响和干扰；如采用堆载预压法时，将会有大量土方运进输出，既要有堆放场地，又不能妨碍交通；如采用真空预压法或降低地下水位法时，往往会使邻近建筑物周围地基产生附加下沉；如采用高压喷射注浆法或石灰桩法时，有时会污染周围环境。

总之，施工时对场地的环境影响也不是绝对的，应慎重对待和妥善处理。

1.4.1.4　施工条件

（1）用地条件：如施工时占地较大，对施工虽较方便，但有时却会影响经济造价。

（2）工期：从施工上看，若工期允许较长，这样可有条件选择缓慢加载的堆载预压法方案。但有时工程要求工期较短，希望早日完工投产使用，这样就限制了某些地基处理方法的采用。

（3）工程用料：尽可能就地取材，如当地产砂，则就应考虑采用砂垫层或挤密砂桩等方案的可能性；如当地有石料供应，则就应考虑采用碎石桩或碎石垫层等方案。

（4）其他：施工机械的有无、施工难易程度、施工管理质量控制、管理水平和工程造价等因素也是考虑采用何种地基处理方案的关键因素。

1.4.2　地基处理方案确定步骤

在选择地基处理方案前应具备以下资料：

（1）如果勘察资料不全，则必须根据可能采用的地基处理方法所需的勘察资料作必要的补充勘察；并须搜集地下管线和地下障碍物分布情况的资料。

（2）对地基处理设计，除应满足地基土强度、变形、抗液化和抗渗等要求外，尚应确定地基处理范围。通常对柔性桩处理地基要求将原定建筑物基础轮廓线范围外放大若干尺寸，以满足土体中的应力扩散和抗液化要求。

（3）某一地区常用的地基处理方法往往是该地区的设计和施工经验的总结，它综合体现了材料来源、施工机具、工期、造价和加固效果，故应重视类似场地上同类工程的地基处理经验。

在确定地基处理方案时，可按下列步骤进行：

(1) 根据搜集的上述资料，初步选定可供考虑的几种地基处理方案。

(2) 对初步选定的几种地基处理方案，应分别从预期处理效果、材料来源和消耗、施工机具和进度、对周围环境影响等各种角度，进行技术经济分析和对比，从中选择最佳的地基处理方案。每一个设计人员首先必须明确，任何一种地基处理方法都不可能是万能的，都有它的适用范围和局限性。另外也可采用两种或多种地基处理的综合处理方案。如对某冲填土地基的场地，可进行真空预压联合碎石桩的加固方案，经真空预压加固后的地基容许承载力约可达130kPa，在联合碎石桩后，地基容许承载力可提高到200kPa，从而可能满足了设计对地基承载力较高的要求。选择地基处理方案时，尚应同时考虑加强上部结构的整体性和刚度。工程实践表明，在软土地基上采用加固上部结构的整体性和刚度的方法，能减少地基的不均匀沉降，这项技术措施，对经地基处理的工程同样适用，它会收到技术经济方面的显著效果。

(3) 对已选定的地基处理方案，根据建筑物的安全等级和场地复杂程度，可在有代表性的场地上进行相应的现场实体试验，以检验设计参数，选择合理的施工方法（其目的是为了调试机械设备，确定施工工艺、用料及配比等各项施工参数）和确定处理效果。现场实体试验最好安排在初步设计阶段进行，以便及时地为施工设计图提供必要的参数，为今后顺利施工创造条件，加速工程建设进度，优化设计，节约投资。试验性施工一般应在地基处理典型地质条件的场地以外进行，在不影响工程质量问题时，也可在地基处理范围内进行。

1.5 地基处理效果检验

对地基处理效果的检验，应在地基处理施工结束后经一定时间的休止恢复后再进行。因为地基加固后有一个时效作用，复合地基的强度和模量的提高往往需要有一定的时间，随着时间的延长，其强度和模量在不断地增长。因此，地基处理施工应尽量提早安排，并通过调整施工速度，确保地基的稳定性和安全度。

效果检验的方法有钻孔取样、静力触探试验、轻便触探试验、标准贯入试验、载荷试验，取芯试验等。有时需要采用多种手段进行检验，以便综合评价地基处理效果。

在地基处理设计时，加固后的地基必须满足有关工程对地基土的强度和变形要求。通常设计人员只注意地基承载力的要求，而忽视同样应满足的变形要求。要充分认识到，有的工程经地基处理加固后还有一定数量的沉降和不均匀沉降，因而核算沉降仍然是一项十分重要的工作；当地基处理深度未贯穿压缩层下限，而在压缩层范围内存在软弱下卧层时，则仍需验算软弱下卧层地基承载力是否符合设计要求。

1.6 地基处理的监测和监理

施工过程中，施工单位应有专人负责质量控制和监测，并做好施工记录。当出现异常情况时，需及时会同有关部门妥善解决。保证施工质量的关键在于抓好施工组织和施工管理，并应将测试工作看成是地基处理的组成部分。尚应制定监测控制标准和控制不良现象发展的措施。

由于地基处理是一项隐蔽工程，施工时必须重视施工质量监测和质量检验的方法，只有通过施工全过程的监理，才能保证质量，及时发现问题和采取必要的措施。为了了解工程建设在施工和使用过程中是否稳定，是否可能由于地基的变形而导致上部结构的倾斜和开裂，是否影响邻近建（构）筑物或地下管线安全，需要进行沉降和位移观测。其沉降和位移观测结果，是地基基础工程质量检验的主要依据，也是检验设计、施工质量和进行科学研究的重要资料。

沉降和位移的观测周期，应根据观测目的、工程要求、沉降和位移速率等具体情况确定，以便能以较小的工作量，获得最大限度的观测信息，而又能反映变形特征。对重要的或对沉降有严格限制的建（构）筑物，尚应在使用期间继续进行沉降观测，直至沉降稳定为止。

沉降和位移观测的基本精度要求，应根据建筑物地基容许变形值，并考虑建筑类型、变形速率和沉降周期等因素综合分析后确定。一般分为高精度和中等精度两种。高精度标准用于对变形特别敏感的建筑物或重要的工业与民用建筑物，沉降观测中误差应小于0.20mm，位移观测中误差应小于2.0mm。中等精度标准用于一般建（构）筑物，沉降观测中误差应小于0.50mm，位移观测中误差应小于5.0mm。

1.7 本课程学习的目的与方法

1.7.1 学习目的

通过学习本课程，让学生初步掌握各种地基处理方法的原理、设计计算方法与步骤、施工中及施工后应注意的问题以及各种地基处理方法的质量控制与检验的方法等。使学生在将来的工作中具有独立分析工程实践问题并解决问题的能力，在工作中成为一名合格的岩土工程师。

1.7.2 学习本课程的方法

由于本课程是一门实践性很强的课程，老师在课堂上讲授的是基本原理与基本方法，而实际工程问题是千变万化的，这就要求学生具有很强的自学能力与动手解决问题的能力，要求学生带着问题去学习、钻研、消化老师在课堂上讲授的内容，并要求学生做到课外自学的时间是课堂学时的1~1.5倍。

思 考 题

1-1 什么是软弱地基？

1-2 地基处理的目的是什么？

1-3 简述地基处理的分类。

1-4 地基处理方案选择前调查研究的内容有哪些？如何确定地基处理方案？

1-5 如何对地基处理进行效果检验？

1-6 叙述地基处理监测和监理的重要性。

注册岩土工程师考题

1-1 下列一系列地基处理方法中处理湿陷性黄土较为理想的是（ ）。

A. 换填法、强夯法、砂桩法

B. 灰土桩法、振冲法、换填法

C. 灰土桩法、预浸水法、重锤夯实法

D. 换填法、灰土桩法、粉喷桩法

1-2 下列不属于胶结法的是（ ）。

A. 灌浆法 B. 高压喷射注浆法 C. 水泥土搅拌法 D. 电渗排水法

参考答案：1-1. C 1-2. D

2 换 填 法

本章概要

换填法是地基处理中最常用的方法之一，适用于地基的浅层处理。本章介绍换填法常采用的材料、垫层的作用以及土的压实原理，并对换填法的设计、施工方法进行详细的介绍，结合工程实例详细介绍其工程应用。

本章重点内容为换填法的加固原理及设计计算方法，要求能用该方法进行地基处理方案设计，解决实际工程中的问题。

2.1 概 述

当软弱土地基的承载力和变形满足不了设计要求，而软弱土层的厚度又不是很大时，将基础底面下处理范围内的软弱土层部分或全部挖除，然后分层换填强度较大的砂（碎石、素土、灰土、炉渣、粉煤灰）或其他性能稳定、无侵蚀性的材料，并压实至要求的密实度为止，这种地基处理方法称为换填垫层法，简称换填法。换填法多用于公路构筑物的地基处理，在建筑工程中也有一定范围的应用。换填法的加固原理是根据土中附加应力分布规律，让垫层承受上部较大的应力，软弱层承担较小的应力，以满足设计对地基的要求。

机械碾压、重锤夯实、平板振动可作为压（夯、振）实垫层的不同施工方法，这些施工方法不但可处理分层回填，又可加固地基表层土。

按回填材料的不同命名垫层，如砂垫层、碎石垫层、素土垫层、干渣垫层和粉煤灰垫层等。

虽然不同材料的垫层，其应力分布稍有差异，但从试验结果分析，其极限承载力还是比较接近的。通过沉降观测资料发现，不同材料垫层的特点基本相似，故可以近似地按砂垫层的计算方法进行计算。但对湿陷性黄土、膨胀土、季节性冻土等某些特殊土采用换填垫层法处理时，因其主要处理目的是为了消除或部分消除地基土的湿陷性、膨胀性和冻胀性，所以在设计时考虑解决问题的关键也应有所不同。

2.2 垫层的作用

总体上，垫层具有以下五个方面的作用：

（1）提高持力层的承载力。通过垫层的扩散作用，使传到垫层下软弱土层的应力减小。

（2）减小沉降量。一般地基浅层部分的沉降量在总沉降量中所占的比例是比较大的。以条形基础为例，在相当于基础宽度的深度范围内的沉降量约占总沉降量的50%，如果用密实砂或其他填筑材料代替上部软弱土层，就可以减小这部分地基的沉降量。砂垫层或其他垫层对应力的扩散作用，使作用在下卧土层上的压力减小，这样也会相应减小下卧土层的沉降量。

（3）加速软弱土层的排水固结。不透水基础直接与软弱土层相接触时，在荷载的作用下，软弱土地基中的水被迫绕基础两侧排出，因而使基底下的软弱土不易固结，形成较大的孔隙水压力，还可能导致由于地基强度降低而产生塑性破坏的危险。砂垫层和砂石垫层等垫层材料透水性大，软弱土层受压后，垫层可作为良好的排水面，使基础下面的孔隙水压力迅速消散，加速垫层下软弱土层的固结并提高其强度，避免地基土塑性破坏。

（4）防止冻胀。因为粗颗粒的垫层材料孔隙大，不易产生毛细水现象，因此可以防止寒冷地区土中的冰所造成的冻胀。这时，砂垫层的底面应满足当地冻结深度的要求。

（5）消除膨胀土的胀缩作用。在各类工程中，垫层所起的主要作用有时也是不同的，对膨胀土地基而言主要是消除膨胀土的胀缩作用。

换填垫层法适用于淤泥、淤泥质土、湿陷性黄土、素填土、杂填土地基及暗沟、暗塘等地基土的浅层处理。常用于轻型建筑、地坪、堆料场和道路等地基处理工程中。大面积填土产生的大范围地面负荷，其影响深度较大，地基土的压缩变形量大，沉降延续时间长，与换填垫层法浅层处理地基的特点不同。因而对大面积填土地基进行设计和施工时，地面堆载要力求均衡，避免大量、迅速、集中堆载，并应根据使用要求、堆载特点、结构类型和地质条件等来确定允许堆载量的大小和范围。堆载不宜压在基础上，应在基础施工前不少于 3 个月完成大面积填土施工。

浅层地基处理和深层地基处理很难明确划分界限，一般可认为地基浅层处理的范围大致在地面以下 5m 深度以内（有的加固方法可在地面以下达 10m 深）。

浅层处理一般使用较简便的工艺技术和施工设备，损耗较少量的材料，换填垫层法即是一种量大面广、简单、快速和经济的地基处理方法。

2.3 土的压实原理

当黏性土的土样含水量较小时，粒间引力较大，在一定的外部压实功能作用下，如不能有效地克服引力而使土粒相对移动，这时压实效果就比较差；当增大土样含水量时，结合水膜逐渐增厚，减小了引力，土粒在相同压实功能条件下易于移动而挤密，所以压实效果较好；但当土样含水量增大到一定程度后，孔隙中就出现了自由水，结合水膜的扩大作用就不大了，因而引力的减小也不显著，此时自由水填充在孔隙中，从而阻止土粒移动，所以压实效果又趋下降，以上就是土的压实机理。

在工程实践中，对垫层的碾压质量的检验，要求能获得填土的最大干密度 ρ_{dmax}。其最大干密度可用室内击实试验确定。在标准的击实方法的条件下，对于不同含水量的土样，可得到不同的干密度 ρ_d，从而可绘制干密度 ρ_d 和制备含水量 ω 的关系曲线，在曲线上 ρ_d 的峰值，即为最大干密度 ρ_{dmax}，与之相应的含水量为最优含水量 ω_{opt}。如图 2-1 所示，理论曲线高于实验曲线，其原因在于理论曲线的导出是假定土中空气全部排出，而孔隙完全被水占据，但事实上空气不可能完全排除，因此实际的干密度比理论值小。但是如果改变击实功能，则曲线的基本形状不变，而曲线的位置却发生了移动（如图 2-2 所示）。

当加大击实功能时，ρ_{dmax} 增大，ω_{opt} 却减小，即击实功能愈大，则愈容易克服颗粒间的引力。因此，在较低含水量下可达到更大的密实程度。

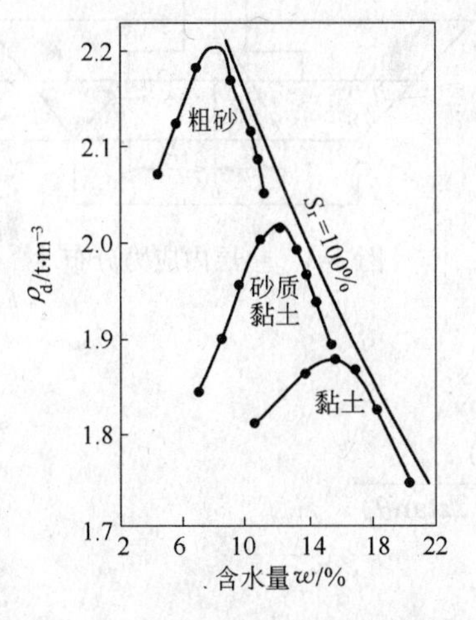

图 2-1 砂土与黏土的压实曲线

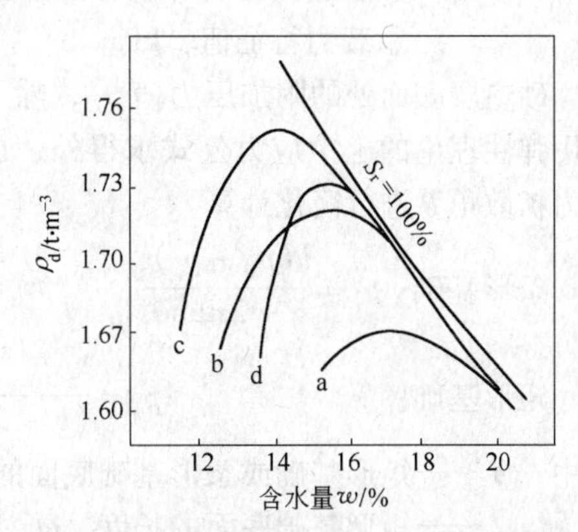

图 2-2 工地试验与室内击实试验的比较
a—碾压 6 遍；b—碾压 12 遍；
c—碾压 24 遍；d—室内击实试验

相同的击实功能对不同粒径的土的压实效果并不完全相同，黏粒含量较多的土，土粒间引力就愈大，只有在比较大的含水量时，才能达到最大干密度的压实状态。

击实试验是用击实的方法使土体密度增加，是模拟现场土的室内压实试验。实际上击实试验是土样在有侧限的击实筒内进行的，不可能发生侧向位移，外力作用在有侧限的土体上，则夯实会均匀，且能在最优含水量状态下获得最大干密度。而现场施工的土料，土块大小不一，含水量和铺填厚度又很难控制均匀，实际压实土的均匀性会稍差。因此，对现场土的压实，应以压实系数 γ_0（土的控制干密度 ρ_d 与最大干密度 ρ_{dmax} 之比）与施工含水量（最优含水量 ω_{opt} ±2%）来进行验证。

2.4 垫层设计

垫层设计时，既要使建筑地基的强度和变形满足要求，还应使设计符合经济合理的原则。尽管垫层地基可以采用不同的材料，但经过大量的工程实践表明，各种垫层地基的变形特性基本相似。因此，以砂垫层为例进行垫层设计。

对砂垫层的设计，既要求垫层有足够的厚度，以置换可能被剪切破坏的软弱土层，又要求其有足够的宽度，以防止砂垫层向两侧挤出。砂垫层的设计方法有很多种，这里只介绍一种常用的砂垫层设计方法。

2.4.1 垫层厚度的确定

如图 2-3 所示，砂垫层的厚度应根据需要置换的软弱土层的深度或砂垫层底部软弱下卧层的承载力来确定，并符合下式要求：

$$p_z + p_{cz} \leqslant f_{az} \tag{2-1}$$

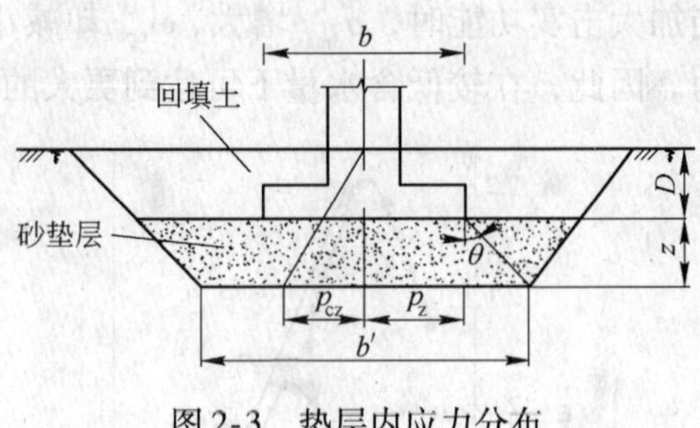

图 2-3 垫层内应力分布

式中 p_z——相应于荷载效应标准组合时，垫层底面处的附加压力值，kPa；

p_{cz}——垫层底面处土的自重压力值，kPa；

f_{az}——垫层底面处经深度修正后的地基承载力特征值，kPa。

砂垫层底面处的附加压力值 p_z，除了可以采用弹性理论的土中应力公式求得外，也可按应力扩散角 θ 进行简化计算。

条形基础：$$p_z = \frac{b(p_k - p_c)}{b + 2z\tan\theta} \tag{2-2}$$

矩形基础：$$p_z = \frac{bl(p_k - p_c)}{(b + 2z\tan\theta)(l + 2z\tan\theta)} \tag{2-3}$$

式中 b——矩形基础或条形基础底面的宽度，m；

l——矩形基础底面的长度，m；

p_k——相应于荷载效应标准组合时，基础底面处的平均压力值，kPa；

p_c——基础底面处土的自重压力值，kPa；

z——基础底面下垫层的厚度，m；

θ——垫层（材料）的压力扩散角，(°)，宜通过试验确定，当无试验资料时，可按表 2-1 选用。

表 2-1 垫层（材料）的压力扩散角 θ

z/b \ 换填材料	中砂、粗砂、砾砂、圆砾、角砾、卵石、碎石、矿渣、石屑	粉质黏土、粉煤灰	灰土	一层加筋	二层及二层以上加筋
0.25	20°	6°	28°	25°~30°	28°~38°
≥0.50	30°	23°			

注：1. 当 $z/b<0.25$ 时，除灰土取 $\theta=28°$、一层加筋取 $\theta=25°$、二层及二层以上加筋取 $\theta=28°$ 外，其他材料均取 $\theta=0°$，必要时，宜由试验确定。

2. 当 $0.25<z/b<0.5$ 时，θ 值可内插求得。

3. 土工合成材料加筋垫层的压力扩散角宜由现场静载荷试验确定。

进行垫层厚度设计计算时，一般是先初步拟定厚度，再用式（2-1）进行复核。垫层厚度一般不宜大于 3m，如果厚度太大，则施工困难；也不宜小于 0.5m，厚度太小则垫层的作用不明显。

2.4.2 垫层宽度的确定

垫层底面的宽度既要满足基础底面应力扩散的要求，又要根据垫层侧面土的强度条件，保证垫层应有足够的宽度，防止垫层材料向侧边挤出而增大垫层的竖向变形量。当基础荷载较大，或对沉降要求较高，或垫层侧边土的承载力较差时，垫层宽度应适当加大。

垫层底面宽度 b' 应满足基础底面应力扩散的要求，可以按下式确定：

$$b' \geqslant b + 2z\tan\theta \tag{2-4}$$

式中 b'——垫层底面宽度，m；

θ——压力扩散角，(°)，按表 2-1 选用，当 $z/b<0.25$ 时，仍按表中 $z/b=0.25$ 取值。

各种垫层的宽度在满足式（2-4）的前提下，在基础底面标高以下所开挖的基坑侧壁呈直立状态时，垫层顶面每边比基础底边缘多出的宽度应不小于300mm；若按当地开挖基坑经验的要求，基坑须放坡开挖时，垫层的设计断面应该呈现下宽上窄的梯形，也可以呈阶梯梯形。整片垫层的宽度可以根据施工的要求适当加宽。

2.4.3 垫层承载力的确定

垫层的承载力宜通过现场试验确定，当无资料时，可选用表 2-2 中的数值，并应验算下卧层的承载力。

表 2-2 各种垫层的压实标准及承载力

<table>
<tr><th>施工方法</th><th>换填材料类别</th><th>压实系数 λ_c</th><th>承载力特征值 f_{ak}/kPa</th></tr>
<tr><td rowspan="9">碾压、振密或夯实</td><td>碎石、卵石</td><td rowspan="5">≥0.97</td><td>200 ~ 300</td></tr>
<tr><td>砂夹石（其中碎石、卵石占全重的30% ~ 50%）</td><td>200 ~ 250</td></tr>
<tr><td>土夹石（其中碎石、卵石占全重的30% ~ 50%）</td><td>150 ~ 200</td></tr>
<tr><td>中砂、粗砂、砾砂、角砾、圆砾</td><td>150 ~ 200</td></tr>
<tr><td>粉质黏土</td><td>130 ~ 180</td></tr>
<tr><td>灰土</td><td>≥0.95</td><td>200 ~ 250</td></tr>
<tr><td>粉煤灰</td><td>≥0.95</td><td>120 ~ 150</td></tr>
<tr><td>石屑</td><td rowspan="2"></td><td>120 ~ 150</td></tr>
<tr><td>矿渣</td><td>200 ~ 300</td></tr>
</table>

注：1. 压实系数小的垫层，承载力标准值取低值，反之取高值；原状矿渣垫层取低值，分级矿渣或混合矿渣垫层取高值。

2. 压实系数 λ_c 为土的控制干密度 ρ_d 与最大干密度 ρ_{dmax} 的比值；土的最大干密度采用击实试验确定，碎石或卵石的最大干密度可取 2.1 ~ 2.2t/m³。

3. 表中压实系数 λ_c 系使用轻型击实试验测定土的最大干密度 ρ_{dmax} 时给出的压实控制标准，采用重型击实试验时，对粉质黏土、灰土、粉煤灰及其他材料的压实标准应为压实系数 $\lambda_c \geq 0.94$。

2.4.4 沉降计算

对比较重要的建（构）筑物，如果垫层下存在软弱下卧层，还需要验算其基础的沉降，以便使建（构）筑物基础的最终沉降值小于其容许沉降值。此时，沉降计算可由两部分组成：一部分是垫层的自身沉降，另一部分是在砂垫层下压缩层范围内的软弱土层的沉降。

垫层的自身沉降在施工期间已经基本完成，其值很小；在垫层下压缩层范围内的软弱土层的沉降较大，可以按照《建筑地基基础设计规范》（GB 50007—2002）的有关规定计算。

对超出原地面标高的垫层或换填材料的重度大于天然土层重度的垫层，宜早换填并应考虑其附加的荷载对建造的建（构）筑物及邻近建（构）筑物的影响。

2.4.5 垫层材料

2.4.5.1 砂石

宜选用碎石、卵石、角砾、圆砾、砾砂、粗砂、中砂或石屑（粒径小于2mm的部分不应超过总重的45%），应级配良好，不含植物残体、垃圾等杂质。当使用粉细砂或石粉（粒径小于0.075mm的部分不超过总重的9%）时，应掺入不少于总重的30%的碎石或卵石。砂石的最大粒径不应大于50mm。对湿陷性黄土或膨胀土地基，不得选用砂石等透水性材料。

2.4.5.2 粉质黏土

土料中的有机物含量不得超过5%，且不得含有冻土和膨胀土。当含有碎石时，其粒径不宜大于50mm。用于湿陷性黄土或膨胀土地基的粉质黏土垫层，土料中不得夹有砖、瓦或石块等。

2.4.5.3 灰土

灰土垫层中石灰与土的体积配合比宜为2∶8或3∶7，土料宜选用粉质黏土，不宜使用块状黏土，且不得含有松软杂质，并应过筛，且其颗粒不得大于15mm。石灰宜选用新鲜的消石灰，其颗粒不得大于5mm。

素土垫层或灰土垫层总称为土垫层，是一种以土治土处理湿陷性黄土地基的传统方法，处理深度一般为1～3m。

湿陷性黄土地基在外荷载作用下受水浸湿后产生的湿陷变形包括土的竖向变形和侧向挤出两部分。载荷试验表明，若垫层宽度超出基础底面宽度的值较小时，防止浸湿后的地基土产生侧向挤出的作用也较小，地基土的湿陷变形量仍然较大。因此，工程实践中，将垫层每边超出基础底面的宽度，控制在不得小于垫层厚度的40%，且不得小于0.5m。通过处理基底下的部分湿陷性土层，可以减小地基的总湿陷量，并控制未处理土层的湿陷量不大于规定值，以保证处理效果。

素土垫层或灰土垫层按垫层布置范围可分为局部垫层和整片垫层。在应力扩散角满足要求的前提下，前者仅布置在基础（单独基础、条形基础）底面以下一定范围内，而后者则布置于整个建筑物范围内。为了保护整个建筑物范围内垫层下的湿陷性黄土不致受水浸湿，整片土垫层超出外墙基础外缘的宽度不宜小于土垫层的厚度，且不得小于1.5m。当仅要求消除基底下处理土层的湿陷性时，宜采用素土垫层。除了上述要求以外，还要求提高地基土的承载力或水稳性时，则宜采用灰土垫层。

2.4.5.4 粉煤灰

经研究证实，作为燃煤电厂废弃物的粉煤灰，也是一种良好的地基处理材料。由于该材料的物理、力学性能能满足地基处理工程设计的技术要求，利用粉煤灰作为地基处理材料已成为岩土工程领域的一项新技术。

粉煤灰类似于砂质粉土，粉煤灰垫层的应力扩散角$\theta = 22°$。粉煤灰垫层的最大干密度和最优含水量在设计和施工前，应按照《土工试验方法标准》（GB/T 50123—1999）的击实试验法测定。粉煤灰的内摩擦角φ、黏聚力c、压缩模量E_s和渗透系数k随粉煤灰的材料性质和压实密度而变化，应该通过室内土工试验确定。

粉煤灰填料级配状况单一且具有通水后强度降低的特点，上海地区的经验数值为：对压实系数 $\lambda_c = 0.9 \sim 0.95$ 的浸水粉煤灰垫层，其承载力特征值可采用120~200kPa，但仍应满足软弱下卧层的强度与地基变形要求。当 $\lambda_c \geqslant 0.90$ 时，可以抵抗7级地震。

2.4.5.5 干渣

干渣也称矿渣，亦称高炉重矿渣，是高炉冶炼生铁过程中所产生的固体废渣经自然冷却而形成的，也可以作为一种换土垫层的填料。

高炉重矿渣在力学性质上最为重要的特点是：当垫层压实效果符合标准时，则荷载与变形关系具有直线变形体的一系列特点；如果垫层压实不佳，强度不足，则会引起显著的非线性变形。

素土垫层改灰土垫层、粉煤灰垫层和干渣垫层的设计可以根据砂垫层的设计原则，再结合各自的垫层特点和场地条件与施工机械条件，确定合理的施工方法和选择各种设计计算参数，并可参照有关的技术和文献资料。

2.5 垫层施工方法及施工要点

2.5.1 垫层施工方法

垫层施工方法可按密实土体不同方法和垫层材料进行分类。

2.5.1.1 按密实土体不同方法分类

A 机械碾压法

本法是采用如表2-3所示的各种压实机械来压实地基土。此法常用于基础面积宽大和开挖方量较大的工程。

表2-3 垫层的每层铺填厚度及压实遍数

施工设备	每层铺填厚度/mm	每层压实遍数
平碾（8~12t）	200~300	6~8
羊足碾（5~16t）	200~350	8~16
蛙式夯（200kg）	200~250	3~4
振动碾（8~15t）	500~1200	6~8
振动压实机（2t，振动力98kN）	1200~1500	10
插入式振动器	200~500	
平板式振动器	150~250	

对垫层碾压质量的检验，要求获得填土最大干密度。当垫层为黏性土或砂性土时，其最大干密度宜采用击实试验确定。击实试验所采用的击实仪，其锤重为2.5kg，锤底直径50mm，落距460mm，击实筒内径92.15mm，容积 $10\times10^5 mm^3$，土料粒径小于5mm，分三层夯实，每层击数一般为：砂土和粉土为20击；粉质黏土为30击。为了将室内击实试验

的结果用于设计和施工，必须研究室内击实试验和现场碾压的关系（见图2-2）。所有施工参数（如施工机械、铺筑厚度、碾压遍数与填筑含水量等）都必须由工地试验确定。在施工现场相应的压实功能下，施工现场所达到的干密度一般都低于击实试验所得到的最大干密度，由于现场条件终究与室内试验条件不同，因而对现场应以压实系数 λ_0 与施工含水量进行控制。在不具备试验条件的场合，也可按表2-3选用。

B 重锤夯实法

重锤夯实法用起重机械将夯锤提升到一定高度，然后自由落锤，不断重复夯击以加固地基。重锤夯实法一般适用于地下水位距地表0.8m以上稍湿的黏性土、砂土、湿陷性黄土、杂填土和分层填土。

重锤夯实法的主要设备为起重机械、夯锤、钢丝绳和吊钩等。

当直接用钢丝绳悬吊夯锤时，吊车的起重能力一般应大于锤重的3倍。采用脱钩夯锤时，起重能力应大于夯锤重量的1.5倍。夯锤宜采用圆台形（如图2-4所示），锤重宜大于2t，锤底面单位静压力宜为15~20kPa。夯锤落距宜大于4m。重锤夯实宜一夯挨一夯顺序进行。在独立柱基基坑内，宜按先外后里的顺序夯击。同一基坑底面标高不同时，应按先深后浅的顺序逐层夯实。累计夯击10~15次，最后两击平均夯沉量，对砂土不能超过5~10mm，对细颗粒土不应超过10~20mm。重锤夯实的现场试验应确定最少夯击遍数、最后两遍平均夯沉量和有效夯实深度等。一般重锤夯实的有效夯实深度可达1m左右，并可消除1.0~1.5m厚土层的湿陷性。

C 平板振动法

平板振动法是使用振动压实机（如图2-5所示）来处理无黏性土或黏粒含量少、透水性较好的松散杂填土地基的一种方法。振动压实机的工作原理是由电动机带动两个偏心块以相同速度反向转动而产生很大的垂直振动力。这种振动机的频率为1160~1180r/min，振幅为3.5mm，重量2t，振动力可达50~100kN，并能通过操纵机械使它前后移动或转弯。振动压实的效果与填土成分、振动时间等因素有关，一般振动时间越长，效果越好，但振动时间超过某一值后，振动引起的下沉基本稳定，再继续振动就不能起到进一步压实的作用。

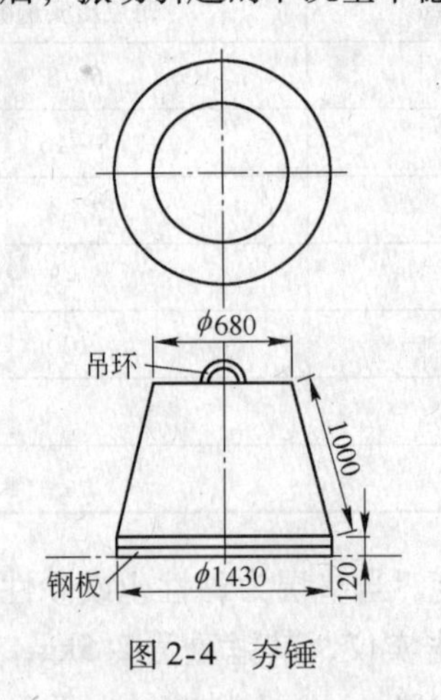

图2-4 夯锤

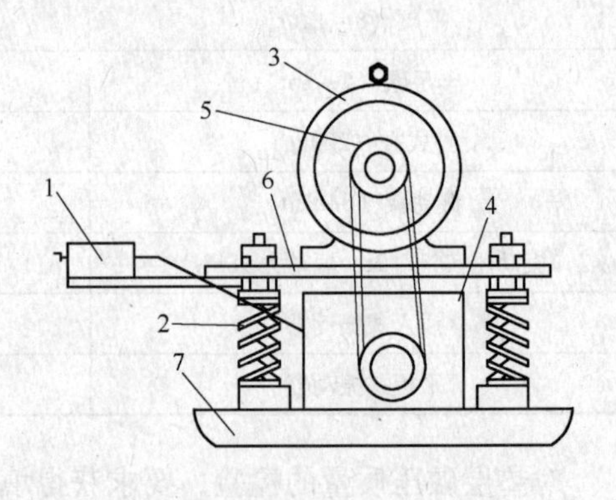

图2-5 振动压实机示意图

1—操纵机械；2—弹簧减振器；3—电动机；4—振动器；5—振动机槽轮；6—减振架；7—振动板

为此，需要在施工前进行试振，得出稳定下沉量和时间的关系。对主要由炉碴、碎砖、瓦块组成的建筑垃圾，振实时间约在 1min 以上；对含炉灰等细颗粒的填土，振实时间约为 3~5min，有效振实深度为 1.2~1.5m。振实范围应从基础边缘放出 0.6m 左右，基槽两边先振实，中间部分后振，振实的标准是以振动机原地振实不再继续下沉为合格，并辅以轻便触探试验检验其均匀性及影响深度。振实后地基承载力宜通过现场荷载试验确定，一般振实的杂填土地基承载力可达 100~120kPa。

以上三种方法的作用、原理和适用范围见表 2-4。

表 2-4　三种方法的作用和原理以及适用范围

分类	处理方法	原理及作用	适用范围
换填垫层法	机械碾压法	挖除浅层软弱土或不良土，分层碾压或夯实土，按回填的材料可分为砂垫层、碎石垫层、粉煤灰垫层、干渣垫层、灰土垫层、二灰垫层和素土垫层等。它可提高持力层的承载力，减少沉降量，消除或部分消除土的湿陷性和胀缩性，防止土的冻胀作用以及改善土的抗液化性	常用于基坑面积宽大和开挖土方量较大的回填土方工程，一般适用于处理浅层软弱地基、湿陷性黄土地基、膨胀土地基、季节性冻土地基、素填土和杂填土地基
	重锤夯实法		一般适用于地下水位以上稍湿的黏性土、砂土、湿陷性黄土、杂填土以及分层回填地基
	平板振动法		适用于处理无黏性土或黏粒含量少和透水性好的杂填土地基

2.5.1.2 按垫层材料分类

A 砂（或砂石）垫层的施工方法

砂垫层材料应选用级配良好的中粗砂，含泥量不超过 3%，并应除去树皮、草皮等杂质。若用细砂，应掺入 30%~50% 的碎石，碎石最大粒径不宜大于 50mm，并应通过试验确定铺填厚度、振捣遍数、振捣器功率等技术参数。

开挖基坑时应避免坑底土层扰动，可保留 20mm 厚土层暂不挖去，待铺砂前再挖至设计标高，如有浮土必须清除。当基底为饱和软土时，需在与土面接触处铺一层细砂起反滤作用，其厚度不计入砂垫层设计厚度内。

砂垫层施工一般可采用分层振实法，压实机械宜采用 1.55~2.2kW 的平板振捣器。

第一分层（底层）松砂铺填厚度宜为 150~200mm，应仔细夯实并防止扰动坑底原状土，其余分层铺填厚度可取 200~250mm。

施工时应重叠半板往复振实，宜由四周逐步向中间推进。每层压实量以 50~70mm 为宜。同座建筑物下砂垫层设计厚度不同时，顶面标高应相同。厚度不同的砂垫层交接处或分段施工的交接处，应作成踏步或斜坡，加强捣实，并酌量增加质量检查点。

基础做好后应立即回填基坑，建（构）筑物完工后，在邻近处进行低于砂垫层顶面的开挖工作时，应采取措施以保证砂垫层的稳定。

对砂垫层可用环刀法或钢筋贯入检验垫层质量。使用环刀容积不应小于 $200cm^3$，以减少其偶然误差。砂垫层干密度控制标准：中砂为 $1.6t/m^3$，粗砂为 $1.7t/m^3$。用钢筋检验砂垫层质量时，通常可用 ϕ20mm 的平头钢筋，钢筋长 1.25m，垂直举离砂面 0.7m，自由落下，测其贯入度，检验点的间距应小于 4m。对砂石垫层可设置纯砂检验点，再按环刀法取样检验。垫层质量检验点，对大基坑，每 $50\sim100m^2$ 应不少于一个检验点；对基槽，每

10～20m 应不少于 1 个点，每个单独柱基应不少于 1 个点。

B 素土垫层的施工方法

素土（或灰土等）垫层材料的施工含水量宜控制在最优含水量 ω_{opt} ±2% 范围内。

素土（或灰土）垫层分段施工时不得在柱基、墙角及承重窗间墙下接缝。上下两层的缝距不得小于 500mm。灰土应拌和均匀，应当日铺填夯压，压实后 3 天内不得受水浸泡。

素土（或灰土）可用环刀法或钢筋贯入法检验垫层质量。垫层的质量检验必须分层进行，每夯完一层，应检验该层的平均压实系数。当压实系数符合设计要求后，才能铺填上层。当采用环刀法取样时，取样点应位于每层 2/3 的深度处。

当采用钢筋贯入法或环刀法检验垫层质量时，其检验点数量与砂垫层检验标准相同。

C 粉煤灰垫层的施工方法

粉煤灰垫层可采用分层压实法，压实可用压路机和振动压路机、平板振动器、蛙式打夯机。机具选用应根据工程性质、设计要求和工程地质条件等确定。

对过湿的粉煤灰应滤干装运，装运时含水量以 15%～25% 为宜。底层粉煤灰宜选用较粗的灰，并使含水量稍低于最佳含水量。

施工压实参数（ρ_{dmax}，ω_{opt}）可由室内击实试验确定。压实系数一般为 0.9～0.95，根据工程性质、施工工具、地质条件等因素确定。

填筑应分层铺筑与碾压，设置泄水沟或排水盲沟。虚铺厚度、碾压遍数应通过现场小型试验确定。若无试验资料时，可选用铺筑厚度 200～300mm，压实厚度 150～200mm。

小型工程可采用人工分层摊铺，在整平后用平板振动器或蛙式打夯机进行压实。施工时须一板压 1/2～1/3 板，往复压实，由外围向中间进行，直至达到设计密实度要求。

大中型工程可采用机械摊铺，在整平后用履带式机具碾压两遍，然后用中、重型压路机碾压。施工时须一轮压 1/2～1/3 轮，往复碾压，后轮必须超过两施工段的接缝，碾压次数一般为 4～6 遍，直至达到设计密实度要求。

施工时宜当天铺筑、当天压实。若压实时呈松散状，则应洒水湿润再压实。洒水的水质应不含油质，pH 值为 6～9；若出现“橡皮土”现象，则应暂缓压实，采取开槽，翻开晾晒或换灰等方法处理，施工压实含水量可控制在 ω_{opt} ±4% 范围内。施工最低气温不低于 0℃，以防止粉煤灰含水冻胀。

每一层粉煤灰垫层经验收合格后，应及时铺筑上层或采用封层，以防干燥松散起尘污染环境，并禁止车辆在其上行驶通行。

粉煤灰质量检验可用环刀压入法或钢筋贯入法。对大中型工程测点布置要求为：环刀法按每 100～400m^2 布置 3 个测点；钢筋贯入法按每 20～50m^2 布置 1 个测点。

D 干渣垫层的施工方法

干渣垫层材料可根据工程的具体条件选用分级干渣、混合干渣或原状干渣。小面积垫层一般用 8～40mm 与 40～60mm 的分级干渣，或 0～60mm 的混合干渣；大面积铺填时，可采用混合干渣或原状干渣，原状干渣最大粒径不大于 200mm 或不大于碾压分层虚铺厚度的 2/3。

用于垫层的干渣技术条件应符合下列规定：稳定性合格；松散密度不小于 1.1t/m^3；泥土与有机杂质含量不大于 5%。对于一般场地平整，干渣质量可不受上述指标限制。

施工采用分层压实法。压实可用平板振动法或机械碾压法。小面积施工宜采用平板振动器振实，电动功率大于1.5kW，每层虚铺厚度200~250mm，振捣遍数由试验确定，以达到设计密实度为准。大面积施工宜采用8~12t压路机，每层虚铺厚度不大于300mm；也可采用振动压路机碾压，碾压遍数均可由现场试验确定。

2.5.2 各类垫层的施工要点

工程中砂和碎石类垫层较多，本节以砂和砂石、碎石垫层的施工要点进行阐述。

（1）对材料的要求。砂和砂石垫层的材料，宜采用级配良好、质地坚硬的材料，其颗粒的不均匀系数最好不小于10，以中、粗砂为好，可掺入一定数量的碎（卵）石，但要分布均匀。细砂也可作为垫层材料，但不易压实，而且强度也不高，使用时也宜掺入一定数量的碎（卵）石。砂垫层的用料虽然不是很严格，但含泥量不应超过5%，也不得含有草根、垃圾等有机杂物。如用作排水固结地基的砂、石材料，含泥量不宜超过3%，并且不应夹有过大的石块或碎石，因为碎石过大会导致垫层本身的不均匀压缩，一般要求碎卵石最大粒径不宜大于50mm。

（2）施工要点包括：

1）砂垫层施工中的关键是将砂加密到设计要求的密实度。加密的方法常用的有振动法（包括平振、插振、夯实）、水撼法、碾压法等，如表2-5所示。这些方法要求在基坑内分层铺筑厚度不宜超过表2-5所规定的数值。分层厚度可用样桩控制。施工时，下层的密实度经检验合格后，方可进行上层施工。

2）铺筑前，应先行验槽。浮土应清除，边坡必须稳定，防止塌土。基坑（槽）两侧附近如有低于地基的孔洞、沟、井和墓穴等，应在未做垫层前加以填实。

3）开挖基坑铺设砂垫层时，必须避免扰动软弱土层的表面，否则坑底土的结构在施工时遭到破坏后，其强度就会显著降低，以致在建（构）筑物荷重的作用下，将产生很大的附加沉降。因此，基坑开挖后应及时回填，不应暴露过久或浸水，并防止践踏坑底。

4）砂、砂石垫层底面宜铺设在同一标高上，如深度不同时，基坑地基土面应挖成踏步或斜坡搭接，各分层搭接位置应错开0.5~1.0m距离，搭接处应注意捣实，施工应按先深后浅的顺序进行。

5）人工级配的砂石垫层应将砂石拌和均匀后，再进行铺填捣实。

6）捣实砂石垫层时，应注意不要破坏基坑底面和侧面土的强度。因此，基坑下对压力反应大的地基土应在垫层下先铺设一层15~20cm厚的松砂，只用木夯夯实，不得使用振捣器，以免破坏基底土的结构。

7）采用细砂作填层的填料时，应注意地下水的影响，且不宜使用平振法、插振法和水撼法。

8）水撼法施工时，在基槽两侧设置样桩，控制铺砂厚度，每层为25cm。铺砂后灌水与砂面齐平，然后用钢叉插入砂中摇撼十几次，如砂沉实，便将钢叉拔出，在相距10cm处重新插入摇撼，直至这一层全部结束，经检查合格后铺第二层（不合格时需再插摇），每铺一次，灌水一次进行摇撼，直至设计标高为止。

表 2-5 砂和砂石垫层每层铺筑厚度及最优含水量

序号	捣实方法	每层铺筑厚度/mm	施工时最优含水率/%	施 工 说 明	备 注
1	平振法	150~200	15~20	用平板式振捣器往复振捣	
2	插振法	振捣器插入深度	饱和	1. 用插入式振捣器； 2. 插入间距可根据机械振幅大小决定； 3. 不应插至下卧黏性土层； 4. 插入式振捣器完毕后所留的孔洞应用砂填实	不宜使用细砂或含泥量较大的砂所铺设的砂垫层
3	水撼法	250	饱和	1. 注水高度应超过每次铺筑面； 2. 钢叉摇撼捣实，插入点间距为100mm； 3. 钢叉分四齿，齿的间距为80mm，长300mm，木柄长90mm，重40N	湿陷性黄土、膨胀土地区不得使用
4	夯实法	150~200	8~12	1. 用木夯或机械夯； 2. 木夯重400N，落距400~500mm； 3. 一夯压半夯，全面夯实	
5	碾压法	250~350	8~12	60~100kN 压路机往复碾压	1. 适用于大面积砂垫层； 2. 不宜用于地下水位以下的砂垫层

注：在地下水位的垫层，其最下层的铺筑厚度可比本表增加 50mm。

2.6 垫层质量检验

垫层施工过程中和施工完成以后，应进行垫层的施工质量检验，以验证垫层设计的合理性和施工质量。

砂或砂（碎）石垫层的质量检验，应采用下列方法进行。

2.6.1 环刀取样法

在夯（压、振）实后的砂垫层中用容积不小于 200cm^3 的环刀取样，测定其干土重度，以不小于该砂料在中密状态时的干土重度数值为合格。中砂在中密状态时的干土重度一般为 15.5~16.0kN/m^3。

对砂石或碎石垫层的质量检验，可以在垫层中设置纯砂检查点，在不同施工条件下，按上述方法检验，或用灌砂法进行检查。

2.6.2 贯入测定法

检验时应先将垫层表面的砂刮去 30mm 左右，并用贯入仪、钢筋或钢叉等以贯入度大小来检查砂垫层的质量，以不大于通过试验所确定的贯入度为合格。

钢筋贯入测定法是用直径 20mm、长 125cm 的平头钢筋，举起并离开砂层面 0.7m 处自由下落，插入深度应根据该砂的控制干土重度确定。

钢叉贯入测定法是采用水撼法使用的钢叉，将钢叉举离砂层面 0.5m 处自由落下。同样，插入深度应该根据此砂的控制干土重度确定。

另外，土体原位测试的一些方法，如载荷试验、标准贯入试验、静力触探试验和旁压试验等，也可以用来进行垫层的质量检验。这些内容可参考有关的文献和资料。

2.7 工程实例

2.7.1 工程实例一

A. 工程概况

某工厂四层职工宿舍混合结构，建造在冲填土的暗浜范围内，上部建筑正立面与基础平剖面布置如图 2-6 和图 2-7 所示。

图 2-6 建筑物正立面（单位：mm）

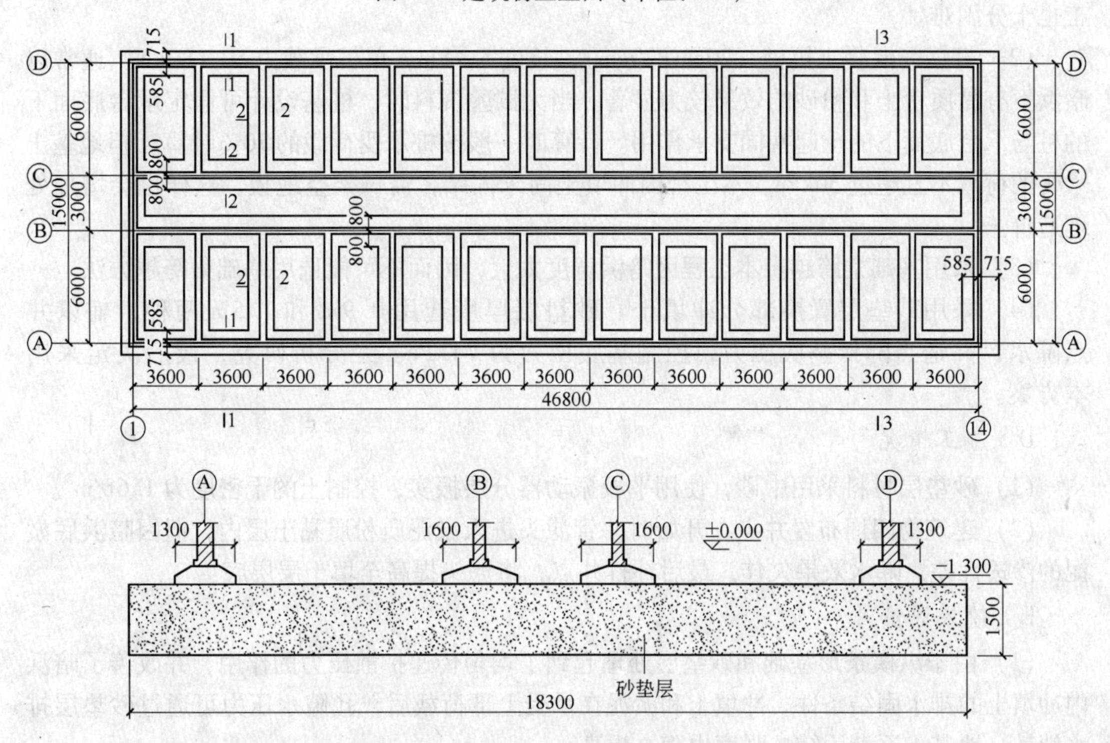

图 2-7 基础平剖面（单位：mm）

B 工程地质条件

建筑物场地为一湿地，冲填时湿地底部淤泥未挖除，地下水位较高，冲填龄期虽然已达40年之久，但地基土仍未能固结，其主要物理力学指标见表2-6。在基础平面外冲填土层曾做过两个载荷试验，地基承载力特征值为50kPa和70kPa。

表2-6 地基土主要物理力学指标

土层类别	土层厚度/m	层底标高/m	ω/%	γ /kN·m^{-3}	I_p	e	c/kPa	φ/(°)	a_{1-2} /MPa^{-1}	f
褐黄色冲填土	1.0	+3.38								
灰色冲填土	2.3	+1.08	35.6	17.74	11.3	1.04	8.8	22.5	0.29	
塘底淤泥	0.5	+0.58	43.9	16.95	14.5	1.30	8.8	16	0.61	
淤泥质粉黏土	7	-6.2	34.2	18.23	11.5	1.00	8.8	21	0.43	98
淤泥质黏土			53	16.66	20	1.47	8.8	11.5		59

C 设计方案选择

设计时曾经考虑过下列方案：

(1) 挖除填土，将基础落深。如将基础落深至淤泥质粉质黏土层内，需挖土4m，因而土方工程量大，地下水位又高，淤泥渗透性差，采用井点降水效果估计不够理想，且施工也十分困难。

(2) 打钢筋混凝土短桩（20cm×20cm），长度5～8m，单桩承载力50～80kN。通常以暗浜下有黏质粉土和粉砂的效果较为显著。当无试验资料时，桩基设计可假定承台底面下的桩与承台底面下的土起共同支承作用。计算时一般按桩承受荷载的70%计算，但地基土承受的荷载不宜超过30kPa。本工程因冲填土尚未固结，需做架空地板，这样也会增加处理造价。

(3) 采用基础梁跨越。本工程因暗浜宽度太大，因而不可能选用基础梁跨越方法。

(4) 采用砂垫层置换部分冲填土。砂垫层厚度选用0.9m和1.5m两种，辅以井点降水，并适当降低基底压力，控制基底压力为74kPa。经分析研究，最后决定采用本方案。

D 施工情况

(1) 砂垫层材料采用中砂，使用平板振动器分层振实，控制土的干密度为1.6t/m^3。

(2) 建筑物四周布置井点，开始时井管滤头进入淤泥质粉质黏土层内，但因暗浜底淤泥的渗透性差，降水效果欠佳，最后补打井点，将滤头提高至填土层层底：

E 效果评价

(1) 由于纵横条形基础和砂垫层处理起到了均匀传递扩散压力的作用，并改善了暗浜内冲填土的排水固结条件。冲填土和淤泥在承受上部荷载后，孔隙水压力可通过砂垫层排水消散，地基土逐渐固结，强度也随之提高。

(2) 实测沉降量约200mm，在规范容许沉降范围以内，实际使用效果良好。

2.7.2 工程实例二

某砌体结构承重住宅，墙下条形基础（如图2-8所示）宽1.2m，基础承受上部结构传来的荷载效应，$F_k=150\text{kPa}$，基础深度1.0m。地基土层：表层为黏土层，厚度为1.0m，重度为17.6kN/m^3；其下为较厚的淤泥质黏土，重度为18.0kN/m^3；地基承载力特征值为65kPa。拟采用换填砂垫层法处理基础，砂料为粗砂，最大干密度$\rho_{\text{dmax}}=160\text{t/m}^3$。试确定垫层厚度及宽度，并进行垫层软弱下卧层验算。

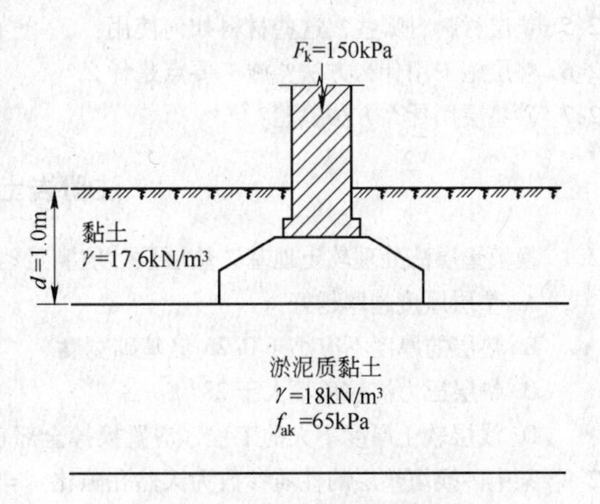

图2-8 墙下条形基础示意图

解：（1）基底平均压力p_k及自重应力p_c为：

$$p_k=\frac{F_k+G_k}{A}=\frac{F_k+\gamma_G bd}{A}=\frac{150+20\times1.2\times1.0}{1.2}=145\text{kPa}$$

$$p_c=17.6\times1.0=17.6\text{kPa}$$

（2）确定垫层厚度及宽度。$z/b=2.0/1.2=1.67>0.5$，查表得$\theta=30°$，设垫层厚度为2.0m，则垫层宽度为：

$$b'\geqslant b+2z\tan\theta=1.2+2\times2\times\tan\theta=3.5\text{m}$$

（3）垫层承载力计算。垫层顶面以上土的平均重度为：

$$\gamma_m=\frac{1\times17.6+2\times18.0}{3}=17.9\ \text{kN/m}^3$$

修正后的地基承载力特征值计算，其中深度修正系数$\eta_d=1.0$，宽度修正系数$\eta_b=0$，即

$$f_a=f_{ak}+\eta_b\gamma(d-3)+\eta_d\gamma_m(d-0.5)=65+1.0\times17.9\times(3-0.5)=110.0\text{kPa}$$

垫层底面处的附加应力为：

$$p_z=\frac{b(p_k-p_c)}{b+2z\tan\theta}=\frac{1.2\times(145-17.6)}{1.2+2\times2\times\tan\theta}=43.57\text{kPa}$$

垫层底面处的自重应力为：

$$p_z+p_c=43.57+53.6=97.17\text{kPa}<f_a=110.0\text{kPa}\ (\text{满足})$$

思 考 题

2-1 什么是换填法？它适用什么范围？

2-2 换填垫层有什么作用？

2-3 垫层厚度如何确定?

2-4 垫层宽度如何确定?

2-5 垫层材料有哪些? 这些材料如何使用?

2-6 垫层施工用什么方法? 施工要点是什么?

2-7 砂垫层用什么方法检验?

注册岩土工程师考题

2-1 换填垫层法处理软土地基，垫层设计应满足地基的承载力和变形要求，垫层设计时要求（ ）。

A. 垫层厚度越厚越好

B. 垫层的厚度不应小于0.25倍基础宽度

C. 垫层压力扩散角不大于28°

D. 浅层软土厚度不大的工程，应置换掉全部软土

2-2 某中砂换填垫层的性质参数为天然孔隙比 $e_0=0.7$，最大干密度 $\rho_{dmax}=1.8g/cm^3$，现场检测的控制干密度 $\rho_d=1.7g/cm^3$，试问该换填垫层的压实系数 λ_c 约等于（ ）。

A. 0.94

B. 0.89

C. 0.85

D. 0.80

2-3 用于换填垫层的土工合成材料，在地基中主要起的作用是（ ）。

A. 换填作用

B. 排水作用

C. 防渗作用

D. 加筋作用

2-4 换填法不适用于（ ）。

A. 湿陷性黄土　　B. 杂填土　　C. 深层松砂地基　　D. 淤泥质土

2-5 作为换填垫层法的土垫层的压实标准，压实系数的定义为（ ）。

A. 土的最大干密度与天然干密度之比

B. 土的控制干密度与最大干密度之比

C. 土的天然干密度与最小干密度之比

D. 土的最小干密度与控制干密度之比

参考答案： 2-1. D　2-2. A　2-3. D　2-4. C　2-5. B

3 强 夯 法

本章概要

强夯法为加固较厚软弱地基土的一种有效方法，在工程中得到了广泛应用。本章介绍强夯法的适用范围及加固基本原理，并对强夯法的设计计算内容、施工方法进行详细的讲解，最后结合工程实例介绍强夯法在湿陷性黄土及液化土地基中的应用。

本章的重点内容为强夯法的加固原理和强夯法的设计计算方法。要求能用该方法进行地基处理方案的设计，解决实际工程中的问题。

3.1 概 述

强夯法，又称动力固结法或动力压密法，是1969年法国Menard技术公司首创的一种崭新的地基加固方法。它通常利用夯锤自由下落产生强大的冲击能量，对地基进行强力夯实，一般重锤采用80～300kN（最重可达2000kN），落距为8～20m（最高可达40m），夯击能量通常为500～8000kN·m。

强夯法最初用于处理松散砂土和碎石土地基，后来用于处理杂填土、黏性土和湿陷性黄土等地基，但对饱和软黏土地基的加固效果尚无定论，采用时应持慎重态度。工程实践表明，应用此法可提高地基的承载力，降低压缩性，改善抗液化能力和消除湿陷性。

强夯法首次用于法国夏纳（Cannes）附近纳普尔（Napoule）海滨一由采石场废土石围海造成的场地上，在该场地上要求建造20幢8层住宅建筑。该现场是新近填筑的，约有9m厚的碎石填土，其下为12m厚疏松的砂质粉土，底部为泥灰岩。工程起初拟用桩基，因负摩阻力占桩基承载力的60%～70%，不经济。后考虑预压加固，堆土高5m，历时3个月，沉降仅20cm，无法采用。最后改为强夯，锤重10t，落距为13m，夯击一遍，夯击能1200kN·m/m^2，沉降量达50cm，满足工程要求。8层楼竣工后，基底压力为300kPa，地基沉降量仅为13mm。

强夯法具有以下特点：

（1）处理范围广泛，见本章3.2节。

（2）加固效果显著。强夯法处理后，可明显提高地基的承载力，减少孔隙比，降低压缩性，消除湿陷性和液化，改善均匀性。

（3）节省材料，降低工程造价。一般强夯法处理是原土夯实，无需添加其他建筑材料，节省了建筑材料的购置、运输、制作、打入费用，其主要消耗是油料，其他消耗很少，因此工程造价低廉，每平方米处理造价仅为其他处理费用的1/2～1/4，大大降低了工程造价。

（4）施工速度快，工期短。只要工艺和施工机具恰当，强夯施工速度快捷，特别是对于粗颗粒的非饱和土，施工周期更短，单机每天处理面积一般可达200m^2左右，具有明显的间接经济效益。

（5）施工机具简单。强夯施工的主要机具是起重机、夯锤和自动脱钩装置。当起吊能力有限时可辅以龙门架或其他装置。当机械设备困难时还可因地制宜地采用打桩机、龙门吊和桅杆等。

强夯法试验成功后，迅速在世界各国推广。至1978年已在20多个国家300多项工程中应用，效果良好。1978年11月至1979年初，我国交通部一航局科研所等单位在天津新港13号公路首次进行了强夯法试验研究；1979年8～9月又在秦皇岛码头堆煤场的细砂地基中进行了试验，效果显著，正式采用强夯法加固该煤场地基。中国建筑科学研究院等单位于1979年4月在河北廊坊进行了强夯法试验，处理可液化砂土与粉土地基，并于同年6月正式进行工程施工。由于强夯法施工简单、快速、经济，在我国发展迅速，1992年我国《建筑地基处理技术规范》（JGJ79—91）颁布，其中包括9种方法，强夯法是其中之一，说明这项新技术已成熟，目前已经成为我国最常用和最经济的地基处理方法之一。

我国从1978年开始引进强夯技术，先后在天津、山西、河北秦皇岛、上海等地结合工程开展了强夯法处理高填土、杂填土、松散砂土和软土地基的试验研究。陕西省于1980年开始进行强夯法处理湿陷性黄土地基的试验研究，主要结合陕西省物资局金属仓库、渭河发电厂冷却塔、东风仪表厂科研楼、阎良603所、武警部队西安仓库等几十项工程，对强夯法处理湿陷性黄土地基的技术和经济效果进行了系统的试验研究，取得了丰富的成果和经验，于1990年编制了陕西省地方标准《强夯法处理湿陷性黄土地基规程》（DBJ24—9—90）。20多年以来，强夯法以其效果显著、施工方便，设备简单、材料节省、经济效果好等优点在陕西省得到了广泛的应用，大量用于处理机场跑道、停机坪、公路、工业与民用建筑的地基，处理范围包括湿陷性黄土、杂填土、素填土、砂土等，强夯最大能量达到8000kN·m，取得了明显的经济和社会效益。

3.2 强夯法适用范围

强夯法处理范围广泛，可用于加固各类碎石土、砂土、粉土、黏性土、湿陷性黄土和填土地基，在处理其他方法难以处理的由大块碎石类土、建筑垃圾和工业废料组成的杂填土地基上具有独特的优势，此外也可见到在饱和土地基上应用强夯法取得成功的实例报道。在陕西省境内，强夯法主要用于处理湿陷性黄土、填土、砂土和杂填土地基，目前尚无在饱和土地基上应用强夯法的实例。强夯置换法主要用于处理高饱和度的粉土与软塑～流塑的黏性土等地基且对变形要求不严格的工程中。应用强夯法需考虑以下因素：

（1）环境因素。带有强大能量的夯锤冲击土体时，在土中产生纵波、横波和表面波，这些波以一定的速度向四周传播开去，使周围一定范围内的土体产生振动。强夯振动频率大多低于12Hz，一般在5Hz左右，通常对周围建（构）筑物没有危险。但地面振幅必须限制在一定范围内，振幅太大时会对人的心理造成影响，给施工造成不必要的障碍。因此必须考察施工周围环境，如附近有无重要的管线，有无重要的建筑、精密的仪器，附近住宅民房距离远近，住宅结构质量等各种情况，必要时先做一定的处理，确保不受干扰后方可施工。

（2）土的类别和土性参数。对碎石类土及砂土地基应用强夯法一般无特殊要求。对粉土、黏性土、湿陷性黄土地基应用强夯法时则必须考虑各土层的含水量情况。土层含水量低，土粒间摩阻力就高，一般情况下土的结构强度也高，土层很难夯实，达到同样效果时需要的夯击能量就越高，往往事倍功半。反之，土层含水量高时，应用强夯法更需慎重，土层在承受瞬间强大夯击能时，土粒间空隙被急速压缩，孔隙水不能马上排除，孔隙水压力急速上升，严重时土层会被夯成“橡皮土”，处理起来非常麻烦。适于强夯法处理的土的最佳含水量为土的塑限含水量，天然土层含水量不应和塑限含水量相差太远。差别较大时则需采取合理的预处理措施或适当的施工工艺措施。

（3）施工机具因素。应用强夯法时需要考虑的另一个因素就是施工机具。要综合考虑本地区的施工机具的施工能力，包括最大起吊重量、起吊高度、夯锤重量、机具数量等。

（4）处理土层厚度。由于受施工能力限制，目前我国应用强夯法处理土层的厚度一般不超过9m，湿陷性黄土地区一般处理土层厚度不超过6m。处理土层厚度较大时要么采用大能量强夯，要么分层强夯，采用这两种方法费用均较高，应用时最好进行技术经济分析后再做决定。

3.3 强夯法加固地基的原理

3.3.1 概述

关于强夯法加固地基的机理，国内外学者从不同的角度进行了大量的研究，看法很不一致。这主要是由土的类型多、不同类型土的性能不同和加固效果的影响因素很多所造成的。对强夯法加固地基的机理认识，首先应分宏观机理和微观机理。宏观机理从加固区土所受冲击力、应力波的传播、土的强度对土加密的影响做出解释。微观机理则对冲击力作用下，土微观结构的变化，如土颗粒的重新排列、连接做出解释。宏观机理是外部表现，微观机理是内部依据。其次应对饱和土和非饱和土加以区别，饱和土存在孔隙水排出土才能压实固结这一问题。还应区分黏性土和无黏性土，它们的渗透性不同，黏性土存在固化内聚力，砂土则不然。另外对一些特殊土，如湿陷性黄土、填土、淤泥等，由于它们具有各自的特殊性能，其加固机理也存在特殊性。强夯机理研究中还有一个必须研究的内容就是夯击能量的传递，即确定夯击能量中真正用于加固地基的那部分能量和该部分能量加固地基的原理。

Leon 认为，强夯加固作用应与土层在被处理过程中的三种不同机理有关。其一是加密作用，以空气和气体的排出为特征；其二是固结作用，以孔隙水的排出为特征；其三是预加变形作用，以各种颗粒成分在结构上的重新排列以及颗粒结构和形态的改变为特征。由于加固地基土的复杂性，他认为不可能建立对各类地基具有普遍意义的理论。

目前普遍一致的看法是，经强夯后，土强度提高过程可分为四个阶段：（1）夯击能量转化，同时伴随强制压缩或振密（包括气体的排出、孔隙水压力上升）；（2）土体液化或土体结构破坏（表现为土体强度降低或抗剪强度丧失）；（3）排水固结压密（表现为渗透性能改变、土体裂隙发展、土体强度提高)；(4) 触变恢复并伴随固结压密(包括部分自由水又变成薄膜水，土的强度继续提高)。其中阶段(1) 是瞬时发生的，阶段(4) 是强夯终止后很长时间才能达到的(可长达几个月以上)，中间两个阶段则介于上述两者之间。

3.3.2 饱和土的加固机理

目前对于饱和黏性土主要用法国人 Menard 提出的动力固结模型来分析土强度的增长过程、夯击能量的传递机理、在夯击能量作用下孔隙水的变化机理以及强夯的时间效应等。

3.3.2.1 动力固结模型

Menard 提出的动力固结模型(见图 3-1) 主要有以下几个特点：

(1) 有摩擦的活塞。夯击土被压缩后，含有空气的孔隙具有滞后现象，气相体积不能立即膨胀，也就是夯坑较深的压密土被外围土约束而不能膨胀，这一特征用有摩擦的活塞表示。

(2) 液体可压缩。由于土体中有机物的分解，土中总是有微小气泡，其体积约为土体积的1% ~3%，这是强夯时土体产生瞬间压密变形的条件。

(3) 不定比弹簧。夯击时土体结构破坏，土颗粒周围弱结合水由于振动和温度影响变成自由水，孔压上升，土的强度降低。随着孔隙水压力降低，结构恢复，强度增加，因此弹簧强度是可变的。

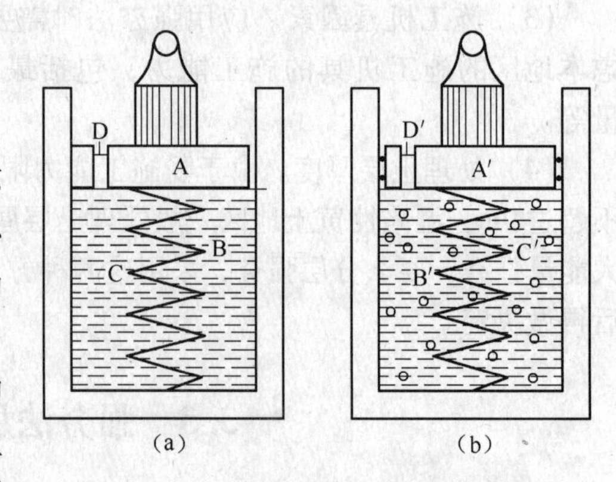

图 3-1 太沙基模型和动力固结模型对比图

(a) 太沙基模型；(b) 动力固结模型

A—无摩擦活塞；A′—有摩擦活塞；B—不可压缩的液体

B′—含有少量气泡可压缩的液体；

C—定比弹簧；C′—不定比弹簧；

D—不变孔径活塞；D′—可变孔径活塞

(4) 变孔径排水活塞。夯击能转换成波的形式向土中传递，使土中的应力场重新分布。当土中某点拉应力大于土体的抗拉能力时，该点出现裂隙，形成树根桩排水网络，孔隙水得以顺利溢出，这是变孔径排水的理论基础。强夯时夯坑及邻近夯坑的涌水冒砂现象说明了这点。

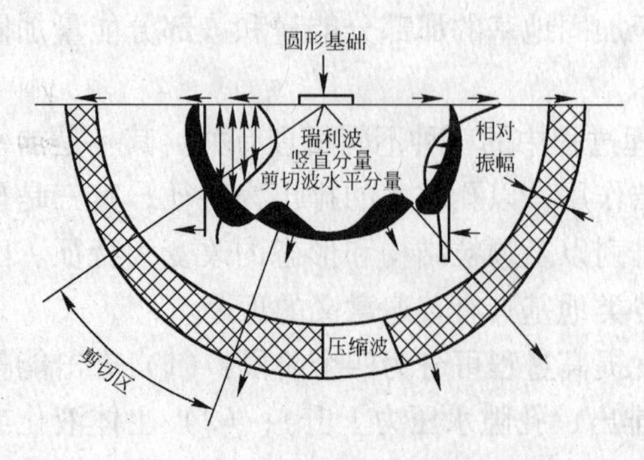

图 3-2 强夯在地基中产生的波场

3.3.2.2 夯击能的传递机理

由弹性波的传播理论知，强夯法产生的巨大能量将转化为压缩波(P 波)、剪切波(S 波) 和瑞利波(R 波) 在土中传播(见图 3-2)。体波(压缩波与剪切波) 沿着一个半球波阵面径向地向外传播，而瑞利波则沿着一个圆柱波阵面径向地向外传播。

压缩波传播速度最快，但它仅携带振动能量的7%左右，其质点运动是属于平行于波阵面方向的一种推拉运动，这种波使孔隙水压力增大，同时还使土粒错位，随后到达的剪切波占振动能量的26%，其质点运动引起和波阵面方向正交的横向位移；瑞利波传播速度最慢，携带振动能量的67%，瑞利波的质点运动由水平和竖向分量所组成。剪切波和瑞利波的水平分量使土颗粒间受剪，可使土密实。

对于位于均质各向同性弹性半空间表面上竖向振动的、均布的圆形振动源，由于瑞利波占了来自竖向振动的总输入能量的2/3，且瑞利波随距离的增加而衰减要比体波慢得多，所以对于位于或接近地面的地基土，瑞利波的竖向分量起松动作用。但最新研究表明，瑞利波的传播也有利于深层地基土的压实。

3.3.2.3 土强度的增长过程机理

在重复夯击作用下，施加于土体的夯击能迫使土结构破坏，孔隙水压力上升，使孔隙水中气体逐渐受到压缩。因此，土体的沉降量与夯击能成正比。当气体按体积百分比接近零时，土体便变得不可压缩。当施加到相应于孔隙水压力上升到与覆盖压力相等的能量时，土体即产生液化。图3-3所示为强夯阶段土的强度增长过程。图中①为夯击能随时间变化曲线；②为地基土变形曲线；③为孔隙水压力随时间变化曲线；④为地基土强度随时间变化曲线。该图表明，当土体出现液化或接近液化时，土体中将产生裂隙，土的渗透性骤增，孔隙水得以顺利排出（图中第⑤阶段，称为液化阶段）。随着孔隙水压力的消散，土中裂隙闭合，土颗粒间接触将较夯击前紧密，土的抗剪强度和变形模量会有较大幅度增长（图中第⑥阶段，称为强度增长阶段）。孔隙水压力完全消散后，土的抗剪强度与变形模量仍会缓慢增加，此阶段为触变恢复阶段（图中第⑦阶段）。经验表明，如以孔隙水压力消散后测得的数值作为新的强度基值（一般在夯后1个月），则6个月后，强度平均增加20%～30%，变形模量增加30%～80%。实际上这一现象对所有细颗粒土都是明显的，仅是程度不同而已。

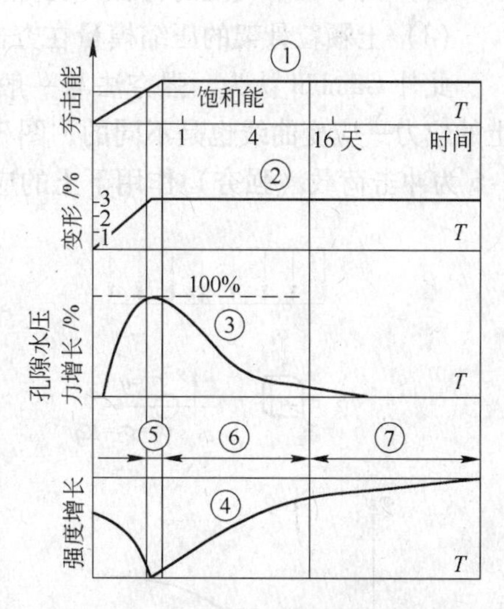

图3-3 强夯阶段土的强度增长过程

3.3.2.4 孔隙水压力变化机理

在强大夯击能作用下，土中孔隙水压力上升，随着时间的推移，土中孔隙水压力会逐渐消散。消散过程中，土的渗透性不断变化，图3-4是土的渗透系数与液化度关系曲线。图中液化度为孔隙水压力与压力之比，当液化度小于α_i时，渗透系数随液化度成比例增长；当液化度超过α_i时，渗透系数骤增。这是因为当出现的孔隙水压力大于颗粒间侧向压力时，土颗粒间出现裂隙，形成了良好的排水通道。故在有规则网格布置夯点的现场，通过积聚的夯击能

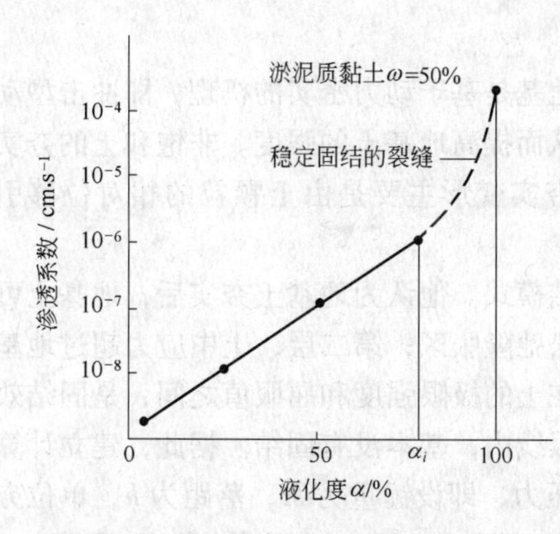

图3-4 土的渗透系数与液化度关系曲线

量，在夯坑四周会形成有规则的垂直裂隙，夯坑附近出现涌水现象。因此现场夯击前测定的渗透系数，不能反映夯击后孔隙水压力迅速消散的特性。

当孔隙水压力消散到小于颗粒间侧向压力时，裂隙即自行闭合，土中水的运动重新恢复常态。国外资料报道，夯击时出现的冲击波，也会将土颗粒间吸附水转化为自由水，因而促进了毛细管通道横截面的增大。

综上所述，动力固结理论与静力固结理论相比，有以下不同之处：

（1）荷载与沉降的关系具有滞后效应；

（2）由于土中气泡的存在，孔隙水具有压缩性；

（3）土颗粒骨架的压缩模量在夯击过程中不断改变，渗透系数亦随时间而变化。

此外 Gambin 认为，强夯法与一般固结理论不同之处还在于强夯作用下（冲击荷载）土的应力—应变曲线也是不同的，图 3-5 为静荷载下土的应力-应变曲线（预压荷载），图 3-6 为冲击荷载（强夯）作用下土的应力-应变曲线。

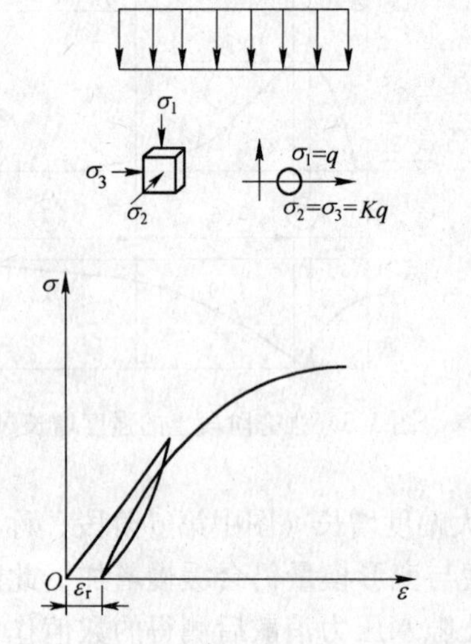

图 3-5 静荷载作用下土的应力-应变曲线

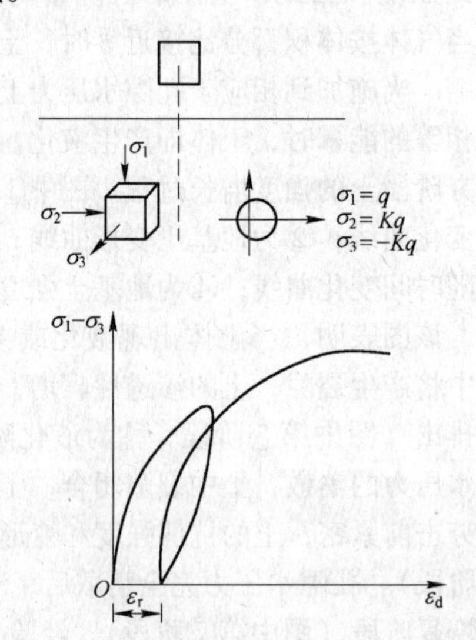

图 3-6 冲击荷载作用下土的应力-应变曲线

3.3.3 非饱和土的加固机理

采用强夯法加固多孔隙、粗颗粒、非饱和土地基是基于动力密实的机理，即冲击型动力荷载使土体的孔隙体积减小，土体变得密实，从而提高地基土的强度。非饱和土的夯实过程就是土中气相（空气）被挤出的过程，其夯实变形主要是由土颗粒的相对位移引起的。

日本学者板口旭曾对夯击土提出一种地基固结模式。他认为地基土夯实后，地基土可分为四层：第一层，在夯实底以上，是受扰动的松弛隆胀区；第二层，土中应力超过地基土的极限强度，固结程度高；第三层，土中应力在土的极限强度和屈服值之间，是固结效果迅速下降的区域；第四层，土中应力在土的屈服线内，基本没有固结。据此，建立计算加固深度的方法，首先根据锤击能原理计算锤底压力，即设锤重为 M，落距为 h，单位夯沉量为 Δh，效率系数为 η（振动、回弹等损耗），η 可取 0.5 ~ 1.0，则冲击能 E_0 为：

$$E_0 = \eta Mh \tag{3-1}$$

设锤底动压力为 P_d，锤底面积为 A，则地基吸收能量 E 为：

$$E = \frac{1}{2}P_d A\Delta h \tag{3-2}$$

设 $E_0 = E$，则

$$P_d = \frac{2\eta Mh}{A\Delta h} \tag{3-3}$$

其次，将求得的 P_d 作为静荷载，利用半无限弹性地基公式计算土中动应力 σ_d 分布，与旁压试验测得的屈服强度 P_u 比较，土中动应力与屈服强度线交点的深度即为计算加固深度。该法虽与地基变形在夯击时已处于弹塑性状态不符，也与动应力与静荷应力的传播不一致，但对压实区是土破坏区的解释则从宏观上解释了夯击能的加固作用。

根据大量国内外试验资料，从土动应力场、干密度变化、土体产生较大的瞬时沉降，锤底土形成土塞，因锤底下的土中压力超过土的极限强度，土结构破坏。土结构破坏使土软化，侧压力系数增大；侧压力增大，土不仅被竖向压密而且被侧向挤密，这一主压实区就是图 3-7 中的 A 区，即土的破坏压实区。这一区的土应力 σ（动应力加自重应力）超过土的压实区土应力，该区土应力小于土的极限强度 σ_f，土被破坏后压实。由于土被破坏，侧挤作用加大，因此水平向加固宽度也大，故加固区不同于静载土中应力椭圆形分布而变成水平宽度大的苹果形。在该区外为次压实区，该区土应力小于土的极限强度 σ_f，而大于土的弹性极限 σ_L，即图 3-7 中的 B 区。该区土可能被破坏，但未被充分压实，或仅被

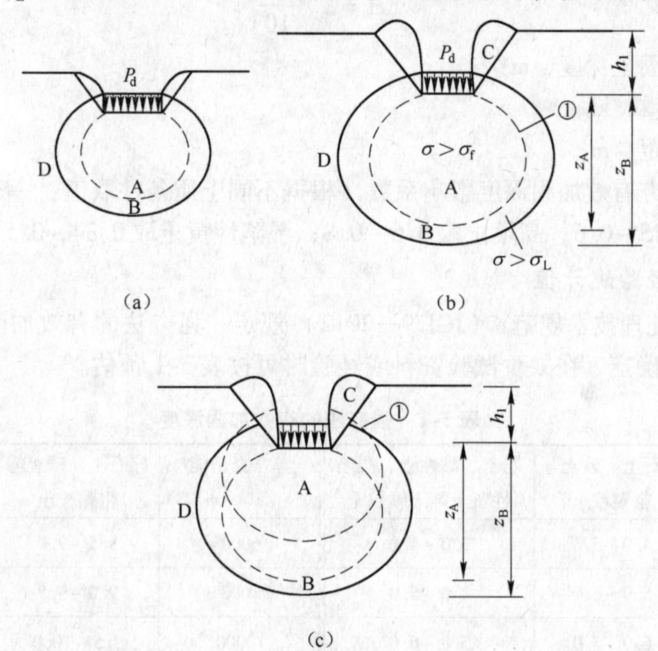

图 3-7 强夯地基加固模式图

（a）前数击加固区正扩大；（b）加固区形成；（c）加固区形成后，等速下沉，加固区下移

A—主压实区，$\sigma>\sigma_f$；B—次压实区，$\sigma>\sigma_f$，$\sigma>\sigma_L$；C—压密、挤密、松动区；D—振动影响区；

σ—土压力；σ_f—土的极限强度；σ_L—土的弹性极限强度；z_A—主压实区深度范围；

z_B—次压实区深度范围；P_d—锤底动压力；①—加固区形成时主加固区位置

破坏而未被压实，其原位测试结果表现为数据波动（增长、下降或不变），故也可称为破坏削弱区。由于动应力远大于原来土的自重应力，坑底土在侧向挤出时，坑侧土在侧向分力作用下将隆起，形成被动破坏区，这就是图3-7中的C区。夯坑越深，则被动土压力越大。在B区外为D区。这一区由于土动应力影响小，已不能破坏土结构，故不再被压密或挤密，但强夯引起的振动可使这一区产生响应。对黏性土，因其具有内聚力，土粒在振动影响下难以错动落入新的平衡位置，故振动影响不足以改变土的结构而产生振密作用。对砂土、粉土及粉质黏土，其内聚力低，在振动波的作用下，土粒受剪而错动，落入新的平衡位置，松砂类土可振密，而密砂可能变松。因此这类土除夯点加固深度较大外，邻近的地面也可震陷，甚至危害邻近建筑，使其产生震陷或裂缝。

3.4 设计计算——强夯参数的确定及确定原则

3.4.1 加固深度的确定

影响加固深度的因素很多，应根据工程的规模与特点，结合地基土层情况来确定强夯处理深度。

3.4.1.1 公式计算

根据我国各单位的实践经验，修正了法国人 Menard 最初提出的公式，按下式计算：

$$H = k\sqrt{\frac{Wh}{10}} \tag{3-4}$$

式中 H——加固土深度，m；

W——锤重，kN；

h——落距，m；

k——强夯有效加固深度影响系数（根据不同土质条件取值：一般黏性土、砂土取 0.45～0.6；高填土取0.6～0.8；湿陷性黄土取0.34～0.5）。

3.4.1.2 经验统计值

《建筑地基处理技术规范》（JGJ79—2012）规定，强夯法的有效加固深度应根据现场试夯或当地经验确定，在缺少试验资料或经验时可按表3-1预估。

表3-1 强夯法的有效加固深度 （m）

单击夯击能 /kN·m	碎石土、砂土等粗颗粒土	粉土、黏性土、湿陷性黄土等细颗粒土	单击夯击能 /kN·m	碎石土、砂土等粗颗粒土	粉土、黏性土、湿陷性黄土等细颗粒土
1000	4.0～5.0	3.0～4.0	6000	8.5～9.0	7.5～8.0
2000	5.0～6.0	4.0～5.0	8000	9.0～9.5	8.0～8.5
3000	6.0～7.0	5.0～6.0	10000	9.5～10.0	8.5～9.0
4000	7.0～8.0	6.0～7.0	12000	10.0～11.0	9.0～10.0
5000	8.0～8.5	7.0～7.5			

注：强夯法的有效加固深度应从起夯面算起；单击夯击能 E 大于12000kN·m时，强夯的有效加固深度应通过试验确定。

3.4.1.3 现场试夯

按式（3-1）与表 3-1 初步确定强夯的有效加固深度与夯击功能的关系，选用强夯的重锤与落距，最终以进行现场试夯为准。

3.4.1.4 影响 k 值的因素研究

影响 k 值的因素如下：

（1）单位面积上施加的总夯击能（不包括满夯）及遍数。增大单位面积夯击能不仅增大了加固深度，而且增大了土层强度，与饱和土固结理论一致。对饱和黏性土及含水量大的湿陷性黄土，增加夯击遍数，不仅逐遍增大了土的强度及密实度，而且增大了有效加固深度。但含水量大的非饱和土第一遍的夯击效果大，遍数可较少。而分遍夯的效果不及饱和土分遍夯的作用显著。

（2）土本身结构强度影响。从有效加固深度影响系数的比较可知，填土最大，一般黏性土、砂土次之，黄土较小，与这些土的结构强度相反，结构强度大的土的 k 值小。

（3）锤底面积。当单击夯击能相同时，锤底面积大，则锤底动应力大，夯坑浅，因分布面积大，衰减慢，锤底影响深度大。当锤底面积小时，锤底动应力小，夯坑深，因分布面积小，衰减快，锤底影响深度小。

（4）混凝土锤与铸铁锤对比。夯击时，混凝土锤由于重心较高，接地不稳，冲击后夯坑开口较大，夯坑较深，坑侧壁摩擦小。铸铁锤落地稳，夯坑开口较小，夯坑较深，后侧壁摩阻大，且夯坑塌土容易堆在锤顶，堵塞气孔而引起提锤困难。两者加固作用相差不大。

（5）土层分布影响。一些工程实测表明，当土层上层较下层硬，或中间层有薄层硬层的下部软弱土，其下部软弱土加固效果较差，尤其下部软弱土分布深时加固效果差。

3.4.2 单位面积夯击能

3.4.2.1 总单位面积夯击能

单击夯击能为夯锤重 W 与落距 h 的乘积。锤重和落距越大，加固效果越好。整个加固场地的总夯能量（即锤重×落距×总夯击数）除以加固面积称为单位夯击能。强夯的单位夯击能应根据地基土类别、结构类型、荷载大小和要求处理的深度等综合考虑，并可通过试验确定。在一般情况下，对粗颗粒土可取 1000～3000kN·m/m^2，对细颗粒土可取 1500～4000kN·m/m^2。

强夯加固地基似乎有一个加固深度或密实度的极限值，加固极限使强夯加固时也相应有一极限单位面积夯击能（或称饱和夯击能），它不仅与土类型有关，还与加固深度有关，当加固深度大时，采用的单击能大，锤底面积大，总极限夯击能也大。

3.4.2.2 每遍单位面积夯击能

对饱和土需要分遍夯击，这是因为每一遍夯击也存在一极限夯击能。根据 Menard 的饱和土夯击时液化，孔隙水压力升高的观点，人们大都认为（理论上），每遍极限夯击能为地基中孔隙水压力达到土的自重应力时的夯击能，此时土已液化，称之为每遍最佳夯击能或饱和夯击能。单遍夯击饱和夯击能（或其夯击数）可通过相似工程类比决定或根据以下三条原则之一通过试夯决定：

（1）坑侧不隆起（包括不向夯坑内挤出），或每击隆起量小于每击夯沉量，这表明土仍可挤压。

（2）夯坑不得过深，以免造成提锤困难。为增大加固深度，必要时在夯坑内加填粗粒料，形成土塞，增多锤击数。

（3）每击夯沉量不得过小，过小无加固作用。

3.4.3 孔隙水压力增长和消散规律

测定孔隙水压力的意义为：（1）研究加固机理，了解土体动力固结时孔隙水压产生、增长、消散与固结的关系；（2）研究加固深度和范围；（3）确定两次夯击的间歇时间。

3.4.3.1 孔压的增长特征

依据实测可知，对不同类型土，孔隙水压的产生、增长、消散规律是不同的。

在黏性土中由于土的透水性差，在夯击间歇时间内，孔压来不及消散，孔压逐次增长，并趋于稳定值，表示锤底主压实区已形成。增加夯次，或使土隆起，或使土压实区下移，已不增加锤底主压实区的挤压力和范围，只要夯坑不隆起，加固仍有效。

在砂土中，孔压往往经一二锤即可达最大值，以后再不累计增长，而是在二击间歇期消散。

在非饱和黄土中，在介绍机理时已说明强夯时结合水可转化为自由水，产生渗流及孔压。山西某化肥厂工程实测，孔压滞后产生，在单点夯中滞后4天，群夯中滞后6天可达最大值。

3.4.3.2 孔压的消散特征

孔压的消散特征如下：

（1）与土的类别有关。砂土渗透系数大，一般2~3h可消散完；黏性土渗透差，一般需1周以上。

（2）与周围排水条件有关。在单点夯中，土体周围侧面均可排水，孔压消散快；在群夯中，只能上下排水，孔压消散慢。如太原面粉二厂强夯，单点夯12h消散，群夯8天以上只消散90%；山西某化肥厂群夯消散需1个月。夯坑填砂，加打砂井，排水纸板可缩短排水时间。

3.4.3.3 分遍的间隔时间

根据上述孔压的消散特征，分遍的间隔时间为：对非饱和土，透水性好的砂土可连续夯击；一般透水性较好的黏性土1~2周；透水性差的黏性土、淤泥质土不少于3~4周。

3.4.4 夯点间距与分遍

3.4.4.1 夯点间距

由前述加固机理的介绍可知，主要压实区是夯坑底下（1.5~2）D（D为锤底直径），侧面至坑心计起（1.3~1.7）D，考虑加固区的搭接，夯点间距一般取（1.7~2.5）D。密实度要求高时，取较小值，反之取大值。

3.4.4.2 夯点布置

为有效加固深层土，加大土的密实度，强夯常需分遍夯击。为便于说明，将不同时间夯击的夯点称为批。将同一批夯点间隔一定时间夯击称为遍。图3-8所示为常用的夯点布置，其中图3-8（a）所示为一批方格布置，适用于地下水位深、含水量低、场地不容易隆起的土；图3-8（b）、图3-8（c）所示为二批布置，适用于加固一般饱和土、夯击时场地容易隆起及夯坑容易涌土的土。图3-8（b）所示为梅花点布置，多用于要求加固土干密度大时，如清除液化；图3-8（d）所示为三批方格布置，适用于软弱的淤泥、泥炭土场地隆起的土。

对单层厂房和多层建筑，可沿柱列线布置，每个基础或纵横墙交叉点至少布置一个夯点，并应对称。故常采用等边三角形、等腰三角形布置。

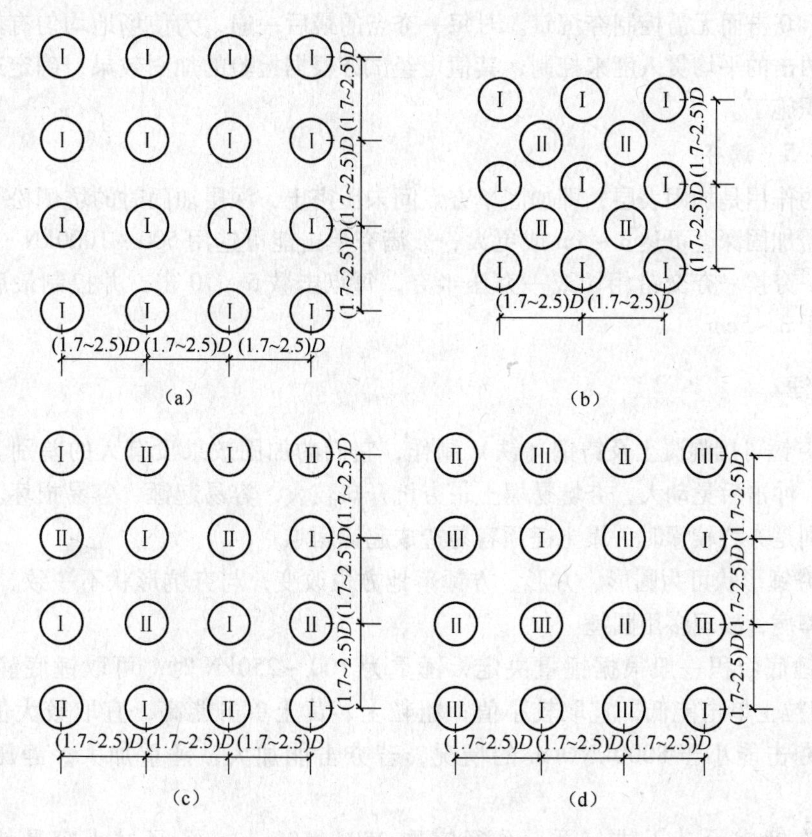

图3-8 夯点布置

（a）一批方格布置；（b）二批梅花布置；（c）二批方格布置；（d）三批方格布置

3.4.4.3 夯击次数

强夯处理范围应大于建筑物基础范围，每边超出基础外缘的宽度，宜为基底下处理深度 H 的1/2～1/3，并不宜小于3m。

夯点的夯击次数，应按现场试夯得到的夯击次数和夯沉量关系确定，并应同时满足下列条件：

（1）最后两击的平均夯沉量不宜大于这些数值：当单击夯击能小于4000kN·m时为50mm；当单击夯击能为4000～6000kN·m时为100mm；当单击夯击能为6000～8000kN·m时为150mm；当单击夯击能为8000～12000kN·m时为200mm。

(2) 夯坑周围地面不应发生过大的隆起。

(3) 不因夯坑过深而发生提锤困难。

3.4.4.4 夯点分遍

当需要逐遍加密饱和土或高含水量土以加大土的密实度，或夯坑要求较深，起锤困难时，加料时对每一夯点需分遍夯击，以便孔隙水压力消散。各批夯点的遍数累计加上满夯组成总的夯击遍数。一般每个夯点夯击1～3遍。根据试验，第二批、第三批夯点，特别是梅花点的夯击遍数可比第一批夯点减少遍数，这时可增大或不增大其每遍的夯击数。对于软弱土，每批夯点需分遍时的第一遍击数，常以控制场地隆起，起锤困难设定击数，一般选用5～10击而无需控制夯沉量。对每一夯点的最后一遍，为使场地均匀有效压密，可以用最后两击的平均贯入度来控制，其值可经试夯根据检验的加固效果，确定适当值，以控制大面积施工。

3.4.4.5 满夯

满夯的作用是加固表层，即加固单夯点间未压密土，深层加固时的坑侧松土及整平夯坑填土，需加固深度可达3～5m或更大，故满夯单击能可选用500～1000kN·m或更大，布点选用一夯挨一夯交错相切或一夯压半夯，每点击数5～10击，并控制最后二击夯沉量，宜小于3～5cm。

3.4.5 夯锤

(1) 夯锤可用混凝土及铸钢（铁）制作，它们的加固效果没有大的差别。混凝土锤重心较高，冲击后晃动大，夯坑易塌土，夯坑开口较大，容易起锤，容易损坏。铸铜锤则相反，特别是夯坑较深时，塌土锤顶容易造成起锤困难。

(2) 夯锤形状可为圆形、方形。方锤落地方位改变，与夯坑形状不一致，影响效果。圆形无此弊病，故现多用圆锤。

(3) 锤底面积一般根据锤重决定，锤重为100～250kN时，可取锤底静压力25～40kPa。细粒土单击能低，宜取较小值；粗粒土、黄土单击能高，宜取较大值。以上适用于单击夯击能小于8000kN·m的情况，若夯击能加大，锤重加大，静压力值相应加大。

(4) 夯锤宜设若干排气孔，孔径宜取250～500mm，孔径过小容易堵孔，丧失作用。

3.4.6 起夯面

为使强夯加密土不被挖除，有效利用其加固深度，起夯面可高于基底或低于基底。高于基底是预留一压实高度，使夯实后表面与基底为同一标高。低于基底是当要求加固深度加大，能级达不到所需加固深度时，降低起夯面。在满夯时再回填至基底以上，使满夯后与基底标高一致，这时满夯加固深度加大，需增大满夯单击能。

3.4.7 垫层

对软弱饱和土或地下水很浅时，常需在表面铺设砂砾石，碎石垫层厚0.5～1.5m，其作用如下：

（1）形成一覆盖压力，减少坑侧隆起，使坑侧土得到加固。

（2）夯击后形成坑底容易透水土塞，从而增大加固深度，并可防止夯坑涌土，有利于坑底土孔隙水压消散。

（3）利于施工机械行走。

3.4.8 强夯时的场地变形及振动影响

强夯的巨大冲击能可使夯击区附近的场地下沉和隆起，并以冲击波向外传播，使附近的场地振动，从而使建筑物振动，危害建筑物及人们的身心健康。因此强夯对建筑物的影响，可以分为场地变形及振动两个方面。

3.4.8.1 强夯时的场地变形

强夯引起的场地变形可以分为沉陷、隆起及震陷。

（1）强夯时夯坑附近的地表变形（沉陷、隆起）随土质、土的含水量差异而不同。在饱和软土中，夯坑附近将隆起；在黄土中则与含水量有关，含水量大时的开始几击，夯坑浅时地表有几毫米的隆起及外移，随后转为下沉及向坑心位移；对砂土、灰渣等松散土则主要引起沉降。

（2）强夯震陷对建筑物的影响。在黏性土特别是黄土地基中，距夯坑5m外的场地位移变形不大，建筑物不受振动影响，不产生震陷。而在灰渣地基中，距50m处也有4mm的沉降，即振动引起的震陷比较均匀，这在强夯方案选择时应予考虑。

3.4.8.2 强夯场地振动对建筑物的影响

（1）强夯振动的特征。强夯为一点振源，两击间隔几分钟以上，为一自由振动，与地震影响不同。强夯时地面振动的周期随土质不同而变化，一般为0.04～0.2s，常见为0.08～0.12s，土质松软振动周期长，土质坚硬振动周期短，并随与振源的距离增长而增长，与爆破振动相似。强夯时随着夯击遍数增加，场地得到加固，振动振幅加大。强夯的振动幅值随与夯点距离增大而急剧衰减，幅值均在10～15m范围内急剧衰减。

（2）强夯振动对建筑物的影响。由上述强夯的振动特征可知，强夯引起的振动与地震显著不同，因此危害也不同。一般认为，强夯振动对建筑物的危害与爆破相当，危害判别标准现在很不统一，有的以爆破地震烈度表控制，有的以地表振动速度控制，有的建议以加速度控制，控制值也相差很大。

3.4.8.3 强夯振动、噪声对人的影响

强夯时产生振动与噪声，对人的生理、心理均产生影响。垂直振动、水平振动随着楼层增高而增大，故高层的住户感觉振动大。对强夯时室外噪声的测试表明，60m外噪声仍超出国家规定。

3.5 施工工艺

为使强夯加固地基得到理想的加固效果，正确适宜地组织施工并加强施工管理非常重

要。由于地质多变及强夯设计参数的经验性，甚至气象条件也可影响施工，需要调整施工工艺。本节扼要介绍强夯施工中的一些要点。

3.5.1 施工机具

（1）吊车。采用单缆起吊，吊车起重量应为锤重的3倍以上，此法施工效率高，但需大吨位吊车，国外已设计了各种强夯专用吊车。采用多缆起吊可使用小型吊车，但需采用自动脱钩装置，这时吊车起重量应大于锤重的1.5倍。为了实现小吊车大能级的强夯，许多部门还增设龙门架以支撑稳定吊臂或以缆绳稳定吊臂。

（2）夯锤。夯锤可采用铸钢（铸铁）锤、外包钢板的混凝土锤。铸钢锤可制作为组合式，以便调整锤重。排气孔若气孔小，下落阻力大，入坑时产生气垫，影响夯击效果，且容易堵孔，清孔难，起锤困难，因此气孔不宜过小。

（3）自动脱钩装置。当起重机将夯锤吊至设计高度时，要求夯锤自动脱钩，使夯锤自由下落夯击地基。自动脱钩装置有两种：一种利用吊车副卷扬机的钢丝绳，吊起特制的焊合件，使锤脱钩下落；另一种采用定高度自动脱锤索，效果良好。

（4）辅助机械。辅助机械包括推土机、碾压机等。

3.5.2 现场作业流程

按照应完成的排水设施，铺平场地，确保设备能够顺利进场。测量定位要根据设计要求进行。现场作业流程如图3-9所示。

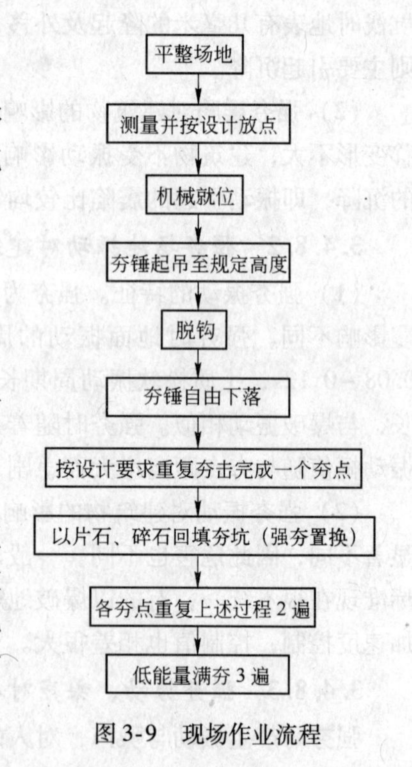

图3-9　现场作业流程

3.5.3 主要操作方法

主要操作方法如下：

（1）清理并平整施工场地。

（2）选用白灰对第一遍夯点做标记，同时对原地面高程进行测量。

（3）准确放置起重机，夯锤中心要对准夯点。

（4）测量夯前锤顶标高，确保零高度。夯锤要吊至规定高度，脱钩后夯锤呈自由落体式脱落；将吊钩放下，对锤顶标高进行测量，对其和零高度差值做好记录，一旦出现因坑底倾斜导致的夯锤歪斜现象，应及时将其填平。

（5）重复步骤（4），一个夯点的夯击完毕以后，形成的夯坑回填并以低能量点夯夯击密实。

（6）单点夯击完毕后最后两击的夯沉量最好不超出5cm。

（7）换夯点，重复进行步骤（3）~（6），所有夯点的第一遍夯击就完成了。

（8）在要求的时间（按照超静孔隙水压力消散时间确定）内，第二遍夯击依照以上步骤进行。

（9）低能量满夯在最后进行，点夯夯击能的1/3~1/2压实表层松土。

3.5.4 施工工艺要点

施工工艺要点如下：

（1）施工时先将场地整平，搞好防振措施。施工机械和强夯锤要根据设计要求选用。

（2）放线定位各夯点。夯完后对夯坑的方位进行检查，及时纠正漏夯和偏差。

（3）若地下水位过高或地表土软弱，施工受到夯坑底积水的影响，则将粗颗粒且厚度一定的垫层铺上或人工降低地下水位，使坑底面高于地下水位 2m。及时排净场地和坑内的积水。

（4）夯前对孔隙水压力进行观测，完成夯击后根据规定的频次和时间再对孔隙水压力进行观测，以对超静孔隙水压力消散过程进行准确的把握。

（5）强夯施工过程中，记录的所有夯击点的每次夯沉量、夯击次数及能量要详细具体。

（6）开始夯击时，首先对夯锤平衡状态做检查，若与规定不符，则通过增减混凝土及夯锤边焊钢板等使其平衡，防止夯坑倾斜。

（7）通过水准仪对夯击深度（零高度和累计差位）进行测量，同时做好记录。

（8）夯击过程中要平稳地落锤，夯位要准确。若坑底过度倾斜和发生错位，及时利用级配良好的碎石及片石填平坑且对填料方量做好记录。

（9）进行强夯施工的过程中，每完成一遍夯击，对场地平均下沉量做测量。

（10）做好施工过程中的现场测量控制网、控制桩及试验夯击布点等。

3.5.5 施工建议

施工建议如下：

（1）强夯施工前，应查明场地范围内的地下构筑物和地下管线的位置及标高等，并采取必要的措施，以免因强夯施工而造成损坏。当强夯施工所产生的振动，对邻近建（构）筑物或设备产生有害的影响时，应采取防振或隔振措施。

（2）对强夯加固效果造成影响的关键因素就是地下水位。若地基土的地下水位较低，强夯加固就会取得较好的效果；若地基土的地下水位较高，则强夯加固效果不佳。所以，强夯处理地基若在水位较高的地区进行，直接转变为强夯置换方式或采取降水措施使地下水位不高于预期加固深度为宜。

（3）强夯加固是否适用的重点在于地基土的类型。若是砂性土、非饱和及粗粒的黄土、粉性土，则会取得较为显著的加固效果。饱和黏性土的加固效果不佳，对于这类地基土，采取强夯置换的方式效果更为显著。

（4）强夯加固处理黏性土特别是饱和黏性土地基均需要合理的间歇时间。强夯后，高含水量黏性土由于触变，结构性遭到破坏，相关力学指标可能反而下降。因此，对要求强度迅速提高的情况不宜采用强夯。

（5）在饱和软弱土地基上施工，应保证吊车的稳定，因此有一定厚度的砂砾石、矿渣等粗粒料垫层是必要的。应根据需要设置粗粒料垫层，粗粒料粒径不应大于 10cm，也不宜用粉细砂。

3.6 效果检验

为了对强夯过的场地做加固效果的评价，检验是否满足设计的预期目标，强夯后的检测是必须进行的项目。

（1）检验的数量应根据场地的复杂程度和建筑物的重要性确定，在简单场地上的一般建筑物，每个建（构）筑物地基不应少于3处。对复杂场地应根据场地变化类型，每个类型不少于3处。强夯面积超过1000m^2时，每增加1000m^2，应增加一处。

（2）强夯检验的项目和方法。对于一般工程，应用两种或两种以上方法综合检验，如室内土工试验测定处理后土体的物理力学指标、现场十字板剪切试验、动力触探试验、静力触探试验、旁压试验、波速试验和载荷试验；对于重要工程，应增加检验项目，必须做现场大型荷载试验，对液化场地，应做标贯试验。检验深度应超过设计处理深度。

（3）强夯检验应在场地施工完成经时效后进行。对粗粒土地基，应充分使孔压消散，一般间隔时间可取1~2周；对饱和细粒粉土、黏性土地基则需孔压消散、土触变恢复后进行，一般需3~4周。由于孔压消散后土体积变化不大，取土检验孔隙比及干密度比较准确。土触变尚未完全恢复容易重受扰动，故动力触探振动容易引起对探杆的握裹力，常使测值偏大。一般说静力触探效果较好，可作为主要的使用方法。越深的土层，触变恢复及固结的时间越长，10~15m范围夯后3个月以后仍显著增长，浅层由于夯坑填砂而迅速稳定。

（4）强夯场地地表夯击过程中标高变化较大，勘察检验时需认真测定孔口标高，换算为统一高程，以便于夯前夯后测定成果对比。

3.7 工程实例

3.7.1 工程实例一

某学院处于陕北地区，临近关中地区，地貌单元为黄土塬，由下而上依次为早更新世Q_1、中更新世Q_2、晚更新世Q_3及全新世Q_4四个时期的黄土及黄土状土，表面为马兰黄土（Q_3）为主的湿陷性黄土。采用强夯进行地基处理，目的是消除地基一定深度内的湿陷性，提高承载力，降低地基压缩性。

A 场地工程地质条件

（1）场地地表以下20m以内的马兰黄土中，黄土层（Q_3^{eol}）、古土壤层（Q_3^{el}）交叉分布。黄土层（Q_3^{eol}）呈褐黄色，坚硬，具虫孔、大孔，土质均匀，可见蜗牛壳、钙质结核。古土壤层（Q_3^{el}）呈褐红色，坚硬，可见虫孔，具团料结构，含较多钙质结核。场地地表以下20m以内土层均为湿陷性黄土，湿陷等级为Ⅳ级，地基土承载力标准值f_k介于180~190kPa之间。

（2）场地地下水水位约在地面下80.0m处。

（3）场地地基土的物理力学性质指标见表3-2。

表 3-2 土的物理力学性质统计表（6m 以上土层平均值）

名称	含水量 $w/\%$	密度 ρ /g·cm^{-3}	干密度 ρ_d /g·cm^{-3}	孔隙比 e	饱和度 $S_r/\%$	液限 $W_L/\%$	塑性指数 I_P	液性指数 I_L	压缩系数 a/MPa^{-1}	压缩模量 E_s/MPa	湿陷系数 δ_s
学生食堂	15.7	1.56	1.35	1.010	42.0	31.1	12.9	<0	0.13	15.46	0.095
公寓楼	10.4	1.47	1.33	1.035	27.0	30.0	12.3	<0	0.36	5.56	0.083
教学楼	17.5	1.52	1.29	1.095	43.0	30.5	12.6	<0	0.20	10.48	0.076

B 强夯参数与施工工艺

强夯参数的设计与施工工艺是通过在学生食堂的一个试夯区内的试验确定的，强夯方案的设计、施工工艺及质量验收标准见表 3-3。

表 3-3 强夯方案的设计、施工工艺及质量验收标准

强夯能量	设计参数	施工工艺	施工控制标准	质量验收标准
主夯：4000kN·m 满夯：1000kN·m	主夯梅花形布点，夯间距 4.0m，排距 3.45m	1. 使用 4000kN·m； 2. 隔行跳打，满夯一遍，锤印搭接 1/3	1. 每点 12 击； 2. 最后 3 击贯入度小于 5cm，每点 3 击	1. 处理后地基承载力特征值大于 200kPa； 2. 强夯有效加固深度大于 5m

C 强夯加固效果及分析

（1）学生食堂。通过以上强夯处理后，静载荷试验结果表明地基承载力特征值 $f_{ak}\geqslant$ 200kPa，地基加固深度（湿陷性消除深度）不小于 5.0m。

（2）公寓楼。部分区域通过以上强夯处理后，静载荷试验结果表明地基承载力特征值 $f_{ak}\geqslant$200kPa。表 3-4 是其中 1 个探井（3 号探井）的室内试验结果。从终夯面下 2m 开始，含水量较低的土层的湿陷性未消除。其原因是公寓楼所处的场地含水量低，大大小于最优含水量，土中水主要为强结合水，土粒周围的结合水膜薄，使土颗粒间有很大的分子引力，阻止颗粒移动，夯实较困难，湿陷性就难以消除。只有增加土的含水量，使土中结合水膜变厚，土粒间黏结力减小而土颗粒易于移动，夯实效果才能变好，湿陷性就可以消除。针对这种情况，对含水量低的场地采取增湿措施，增加土的含水量至最优含水量，加水量按下式计算：

$$Q = V\rho_d k(w_{op} - w) \tag{3-5}$$

式中 Q——计算加水量，m^3；

V——拟加固土的总体积，m^3；

ρ_d——强夯前土的平均干密度，t/m^3；

w_{op}——通过室内土工试验求得的土的最优含水量，%；

w——强夯前土的平均含水量，%；

k——损耗系数，可取 1.05～1.10。

在强夯前 7d，将需增湿的水通过一定数量、深度的渗水孔，均匀渗入土体中，检验需加固土层的含水量达到 17.5%，然后进行强夯施工，施工后静荷载试验结果表明地基承载力特征值 $f_{ak}\geqslant$200kPa，地基加固深度（湿陷性消除深度）不小于 5.0m。

表 3-4 3 号探井土工试验结果报告

取土深度 /m	含水量 w /%	密度 ρ /g·cm^{-3}	干密度 ρ_d /g·cm^{-3}	孔隙比 e	饱和度 S_r/ %	压缩系数 a /MPa^{-1}	压缩模量 E_s /MPa	湿陷系数 δ_s
1.0	10.2	1.66	1.51	0.789	34.9	0.04	47.62	0.007
2.0	11.0	1.64	1.48	0.823	36.1	0.05	33.33	0.023
3.0	12.5	1.65	1.47	0.838	40.3	0.04	42.55	0.026
4.0	11.5	1.60	1.43	0.883	35.2	0.05	37.04	0.040
5.0	14.2	1.58	1.38	0.961	40.0	0.10	18.69	0.078
6.0	14.7	1.67	1.46	0.852	46.6	0.12	15.27	0.043

(3) 教学楼。按照强夯施工工艺进行施工。主夯施工结束后，场地推平进行满夯。满夯施工到一半时，由于遇到长时间的降雨天气，尽管场地采取了排水措施，还是受到了长达 2 个月的雨水浸泡。静置 6 个月后，在经过主夯、遍夯后的区域采用 3 台仪器进行静载荷试验，其中 1 台浸水后载荷试验及正常强夯载荷试验的 p-s 曲线见图 3-10。强夯后的地基由于浅层地基土含水量过大，地基承载力特征值 f_{ak} = 140kPa，比天然地基的承载力低。对地基土的含水量进行测试，表层 0.3m 厚的土层含水量较低，为 15% 左右；0.3m 以下至 1.2 ~ 1.5m 深度范围内的土层含水量均大于 20%。针对这种情况，将教学楼场地的含水量大于 18% 的浅层土（深度 1.5m 左右）挖除，在挖除后的标高上进行载荷试验，结果地基承载力特征值 f_{ak} ≥200kPa。开挖探井取样进行室内试验，结果表明湿陷性消除情况满足设计要求。然后在开挖面回填，碾压2∶8 灰土、3∶7 灰土至基底标高。在基底标高上进行载荷试验，结果地基承载力特征值 f_{ak} ≥200kPa。

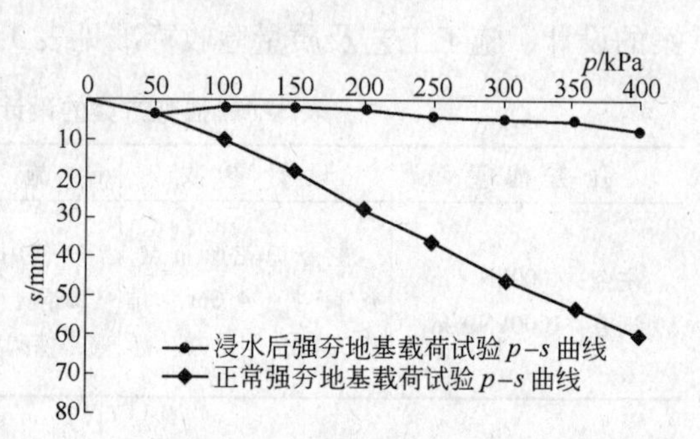

图 3-10 静载荷试验的 p-s 曲线

3.7.2 工程实例二

A 工程概况

拟建场地矿坑为人工采石开挖后形成的，面积约 4×10^4 m^2，最深处约 30m，近似锅形，年久积水。开发商拟回填后建造多层别墅。矿坑回填及地基处理方案的技术标准为：交工面地基承载力特征值 f_{ak} ≥180kPa；交工面地基变形模量 E_0 ≥10MPa。

自投标至设计图定型期间召开过多次专家评审会，专家意见主要集中于以下几点：

(1) 矿坑填筑是采用抽水后填筑还是水下填筑?

(2) 由于场地为岩溶地区，岩溶是否连通? 降水对周边建（构）筑物（天然基础）影响如何? 降深多少合适?

(3) 降水过程中边坡稳定如何?

(4) 填筑方式? 填筑材料?

(5) 地基处理方法及工后沉降控制措施? 30m 深回填土上是否适用天然地基?

设计最终方案对上述问题进行了回应，要点为：鉴于场地原为露天采石场，地下岩溶连通性应较差，可采取降水后填筑；为保护周边建筑物，降水结合沉降观测进行，初定降深水位15m；降水后采用分层填筑、分层强夯处理地基；为控制工后沉降，提高变形模量，填筑料以土夹石为主；降水过程中对周边土坡采用锚杆喷射混凝土支护。

施工期间由于观测到降水对周边建筑影响较小，最终降深达20m，实际采用的处理剖面如图3-11所示。

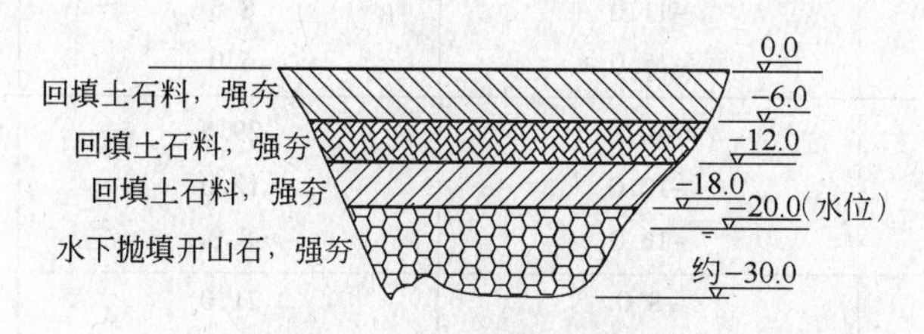

图3-11　填筑及处理剖面图

现场实际施工步骤如下：

（1）降水至-20m，水下抛填开山石至-18m；

（2）5000kN · m能量强夯，夯点间距4m×4m；

（3）填土石料至-12m，3000kN · m能量强夯，夯点间距4m×4m；

（4）填土石料至-6m，3000kN · m能量强夯，夯点间距4m×4m；

（5）填土石料至地面，3000kN · m能量强夯，夯点间距4m×4m；

（6）1000kN · m能量满夯，交工面检测。

施工期间为增大有效应力，加快固结，一直借助降水井保持水位在-20m。施工过程顺利，从变形监测结果看，降水与强夯对周边建（构）筑物影响很小。

B　监测检测数据分析

a　施工检测情况

施工至交工面标高后，对交工面首先进行了填土密实度检测与面层瑞利波检测（20m×20m布点），检测结果合格。针对瑞利波检测相对薄弱区域又增加了12个3m×3m载荷板试验，结果显示地基承载力特征值$f_{ak} \geqslant 180$kPa，变形模量介于22～97MPa之间，平均约48MPa，试验结果合格。载荷板试验的典型p–s曲线图如图3-12所示。

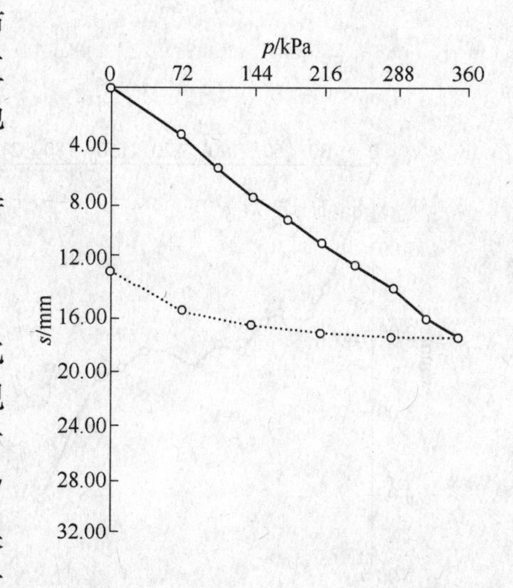

图3-12　载荷实验的p–s曲线

b　分层沉降观测情况

为了了解不同高程点在加载过程中的沉降变化情况，以推算地基土变形模量，进行了分层沉降观测。其时间是从-6m标高填筑并完成强夯后钻孔布设开始，至交工面强夯完成停止监测。钻孔共7孔，每孔设上、中、下三个磁环，由于施工期间保护不力，仅4个测点有完整数据。分层沉降观测数据如表3-5所示。

表 3-5 分层沉降观测数据表

孔 号	磁环初始标高/m	沉降数据/mm	推算变形模量/MPa
3	-10.0 -13.5 -17.5	23.0 18.0 11.0	67.5
4	-7.0 -11.0 -15.0	11.0 8.5 5.0	144
5	-8.0 -12.0 -16.0	29.5 12.0 8.0	40.2
7	-8.0 -11.5 -15.5	21.0 13.5 8.5	64.5

c 竣工后表层沉降观测情况

为探求工后沉降发展情况，在交工面布置了 12 个浅层沉降板，观测时间自 2009 年 3 月至 2009 年 10 月共计 7 个月，累计沉降在 2.4 ~ 4.9mm 之间，平均沉降 3.4mm，沉降速率 0.01 ~ 0.02mm/d，可以看出竣工后因自重产生的沉降很小，处理效果十分理想。

典型的工后沉降曲线（自重情况）如图 3-13 所示。

d 房屋沉降监测

场坪工程完成约 10 个月后，进行多层别墅（3 ~ 5 层）的施工，在施工过程中对别墅基础进行了沉降监测，共设点 92 个，观测时间自 2010 年 1 月至 2010 年 5 月（房屋建成）共计 4 个月，累计沉降在 1.1 ~ 5.1mm 之间，平均沉降 3.5mm 左右，在房屋附加荷载作用下所产生的沉降也很小，说明回填土层的变形模量较高，远超过设计要求的 10MPa。典型的别墅基础沉降曲线如图 3-14 所示。

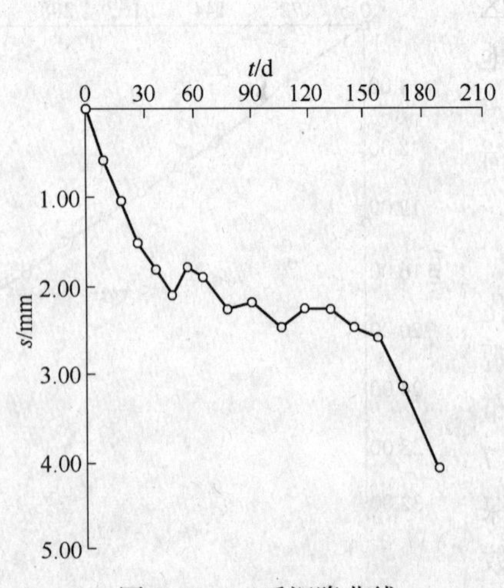

图 3-13 工后沉降曲线

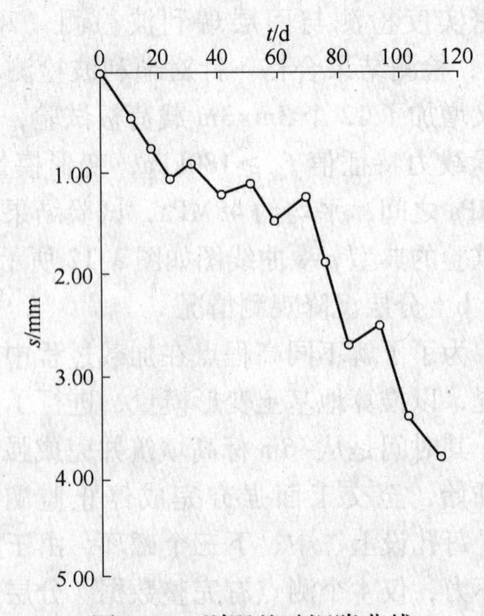

图 3-14 别墅基础沉降曲线

C　结论

通过上述工程实践，并结合施工过程中的监测、检测数据，可得出以下结论：

（1）分层填土强夯法是对深厚填土工程十分有效的地基处理方法。

（2）分层填土厚度与单层强夯能量的确定是分层强夯法成功的关键：分层填土厚，则单层强夯能量大，强夯次数少，工期较短；分层填土薄，则单层强夯能量小，强夯次数多，工期较长。结合现有的施工经验，建议分层厚度以5~10m为宜，强夯能量以2500~5000kN·m为宜。

（3）填料的选择对变形模量影响较大，一般规律为：粗颗粒土含量越大，则孔隙水对强夯质量影响越小，强夯质量好，夯后变形模量大。采用土夹石（含石量70%以上）填筑，处理后变形模量可高达30~50MPa。

（4）由于强夯效果受孔隙水影响较大，建议填土期间设置降水井以保持较低的地下水位。

（5）采用多种实测手段可有效评估施工质量。最常用的监测项目为水位、浅层沉降、分层沉降、震波等，检测手段为标贯（重型触探）、密实度、瑞利波、静载试验等。

思　考　题

3-1　强夯法适用于何种土类？强夯置换法适用于何种土类？

3-2　强夯（压密）法和强夯置换法的加固原理有何不同？各适用于何种土质条件？

3-3　如何确定强夯的设计参数？

3-4　试述强夯法的加固机理。

3-5　采用强夯法施工后，为什么对于不同的土质地基，进行质量检测的间隔时间不同？

注册岩土工程师考题

3-1　强夯法不适用于（　）。

A. 软散砂土

B. 杂填土

C. 饱和软黏土

D. 湿陷性黄土

3-2　某地湿陷性黄土地基采用强夯法处理，拟采用圆底夯锤，质量10t，落距10m。已知梅纳公式的修正系数为0.5，估算此强夯处理加固深度最接近（　）。

A. 3.0m

B. 3.5m

C. 4.0m

D. 5.0m

3-3　采用强夯法施工时，两遍夯击之间的时间间隔取决于（　）。

A. 施工设备是否正常运转

B. 施工单位的施工进度安排

C. 人的因素

D. 土中超静孔隙水压力的消散时间

3-4 某工程采用强夯法进行地基处理，设计加固深度为4.2m，已知基础底面尺寸为20m×15m，试问：强夯处理范围的面积为（ ）。

A. $300m^2$

B. $465m^2$

C. $527m^2$

D. $546m^2$

3-5 关于强夯法的设计与施工的说法中，下列（ ）不正确。

A. 处理范围应大于建筑物或构筑物基础的范围

B. 夯击遍数除与地基条件和工程使用要求有关外，也与每一遍的夯击击数有关

C. 两遍夯击间的时间间隔主要取决于夯击点的间距

D. 有效加固深度不仅与锤重、落距、夯击次数有关，还与地基土质、地下水位及夯锤底面积有关

参考答案：3-1. C 3-2. D 3-3. D 3-4. C 3-5. C

4 砂石桩法

本章概要

砂石桩法可用于处理松散砂土、粉土、黏性土、素填土、杂填土以及液化土地基，是加固软土地基的有效方法之一。本章介绍砂石桩法的适用范围、加固砂类和黏性地基土基本原理，设计计算内容以及施工方法工艺、质量检验，最后结合几个工程实例介绍砂石桩法在工程中的应用。

本章重点内容为砂石桩法加固砂类和黏性地基土基本原理以及设计计算方法，要求能够熟练用该方法进行地基处理方案的设计。

4.1 概 述

碎石桩、砂桩和砂石桩总称为砂石桩，是指采用振动、冲击或水冲等方式在软弱地基中成孔后，再将砂或碎石挤压入已成的孔中，形成大直径的砂石体而构成的密实桩体。砂石桩法是利用振动或冲击方式在软弱地基中成孔后填入砂、砾石、卵石、碎石等材料并将其挤压入土中，形成较大直径的密实砂石桩体的地基处理方法，主要包括砂桩（置换）法、挤密砂桩法和沉管碎石桩法等。

砂石桩在19世纪30年代起源于法国。此后，在很长时间内由于缺乏先进的施工工艺和施工设备，没有较实用的设计计算方法而发展缓慢。1958年，日本开始采用振动重复压拔管施工方法，使砂石桩地基处理技术发展到一个新的水平，施工质量、施工效果和处理深度都有显著提高。

我国1959年首次在上海重型机器厂采用锤击沉管挤密砂桩法处理地基，1978年又在上海宝山钢铁公司采用振动重复压拔管砂桩施工法处理原料堆场地基。这两项工程为我国在饱和软弱黏性土中采用砂石桩特别是砂桩取得了丰富的经验。近年来，我国将砂石桩广泛应用于工业与民用建筑、交通和水利电力等工程建设中。

砂石桩法可用于处理松散砂土、粉土、黏性土、素填土及杂填土地基，该方法处理可液化地基是很有效的。在饱和黏性土地基上对变形控制要求不严的工程也可采用砂石桩法进行置换处理。砂石桩法处理饱和软黏性土地基时，因桩周土约束力差，地基强度提高幅度小，因此应慎用。对大型的、重要的或场地复杂的工程，在正式施工前，应按设计要求，在有代表性的场地上进行试验。

4.2 作用原理

4.2.1 在松散砂土和粉土地基中的作用

4.2.1.1 挤密作用

砂土和粉土属于单粒结构，其组成单元为散粒状体。单粒结构在松散状态时，颗粒的排列位置是很不稳定的，在动力和静力作用下会重新进行排列，趋于较稳定的状态。即使颗粒的排列接近较稳定的密实状态，在动力和静力作用下也将发生位移，改变其原来的排列位置。松散砂土在振动力作用下，其体积缩小可达20%。

无论采用锤击法还是振动法在砂土和粉土中沉入桩管时，对其周围土体都产生很大的横向挤压力，桩管将地基中等于桩管体积的砂挤向桩管周围的土层，使其孔隙比减小，密实度增加，此即砂石桩法的挤密作用。

4.2.1.2 振密作用

沉管特别是采用垂直振动的激振力沉管时，桩管四周的土体受到挤压，同时，桩管的振动能量以波的形式在土体中传播，引起桩四周土体的振动。在挤压和振动作用下，土的结构逐渐破坏，孔隙水压力逐渐增大。由于土结构的破坏，土颗粒重新进行排列，向具较低势能的位置移动，从而使土由较松散状态变为密实状态。随着孔隙水压力的进一步增大，达到大于主应力数值时，土体开始液化成流体状态，流体状态的土变密实的可能性较小，如果有排水通道（砂石桩），土体中的水此时就沿着排泄通道排出地面。随着孔隙水压力的消散，土粒重新排列、固结，形成新的结构。由于孔隙水排出，土体的孔隙比降低，密实度得到提高。在砂土和粉土中振密作用比挤密作用要显著，是砂石桩的主要加固作用之一。振密作用在宏观上表现为振密变形。振动成桩过程中，一般形成以桩管为中心的“沉降漏斗”，直径达（6~9）d（其中d为桩直径），并形成多条环状裂隙。

振动作用的大小不仅与砂土的性质，如起始密实度、湿度、颗粒大小、应力状态有关，还与振动成桩机械的性能，如振动力、振动频率、振动持续时间等有关。例如，砂土的起始密实度越低，抗剪强度越小，破坏其结构强度所需要的能量就少。因此，振密作用影响范围越大，振密作用越显著。

4.2.1.3 抗液化作用

在地震作用或振动作用下，饱和砂土和粉土的结构受到破坏，土中的孔隙水压力升高，从而使土的抗剪强度降低。当土的抗剪强度完全丧失，或者土的抗剪强度降低，使土不再能抵抗它原来所能承受的剪应力时，土体就发生液化流动破坏。

砂石桩法形成的复合地基，其抗液化作用主要有两个方面：（1）桩间可液化土层受到挤密和振密作用。土层的密实度增加，结构强度提高，表现为土层标贯击数的增加，从而提高土层本身的抗液化能力。（2）砂石桩的排水通道作用。砂石桩为良好的排水通道，可以加速挤压和振动作用产生的超孔隙水压力的消散，降低孔隙水压力上升的幅度，因而提高桩间土的抗液化能力。砂土的液化特性不仅与相对密实度和排水体有关，还与砂土的振动应变史有关。预先受过适度水平的循环应力预振的砂土，将具有较大的抗液化强度。由于振动成桩过程中，桩间土受到了多次预振作用，因此使地基土的抗液化能力得到提高。

4.2.2 在黏性土地基中的作用

黏性土结构为蜂窝状或絮状结构，颗粒之间的分子吸引力较强，渗透系数小。对于非饱和的黏性土，沉管时地基能产生一定的挤密作用。但对于饱和黏性土地基，由于沉管成桩过程中的挤压和振动等强烈的扰动，黏粒之间的结合力以及黏粒、离子、水分子所组成的平衡体系受到破坏，孔隙水压力急剧升高，土的强度降低，压缩性增大。砂石桩施工结束后，在上覆土体重力作用下，通过砂石桩良好的排水作用，桩间黏性土发生排水固结，同时由于黏粒、水分子、离子之间重新形成新的稳定平衡体系，使土的结构强度得以恢复。砂石桩处理饱和软弱黏性土地基，主要有置换和排水固结两个作用。

4.2.2.1 置换作用

砂石桩在软弱黏性土中成桩以后与桩间土共同组成复合地基。由密实的砂石桩桩体取代了与桩体体积相同的软弱土，因为砂石桩的强度和抗变形性能等均优于其周围的土，所以形成的复合地基的承载力、模量就比原来天然地基的承载力、模量大，从而提高了地基的整体稳定性，减小了地基的沉降量。复合地基承载力增大率与沉降量的减小率均和置换率成正比关系。

成桩过程中，由于振动力和侧向挤压力的作用，对饱和软黏土，特别是灵敏度高的淤泥质黏土产生剧烈的扰动，发生触变。而且由于桩间土的侧限作用较小，使桩体砂石不容易密实。当黏性土的不排水抗剪强度 C_u<15kPa 时，由于桩间土强度不能平衡砂石料的挤入力，砂石料以较松散的状态挤入并散布在周围的土中，不能形成桩和土共同发挥作用的复合地基。

4.2.2.2 排水固结作用

在饱和黏性土地基中，砂石桩体的排水通道作用是砂石桩法处理饱和软弱黏性土地基的主要作用之一。由于砂石桩缩短了土体的横向排水距离，从而加快了地基的固结速度。

4.3 设计计算

4.3.1 一般原则

砂石料可使用砾砂、粗砂、中砂、圆砾、角砾、卵石、碎石等，这些材料可单独用一种，也可以粗细粒料以一定的比例配合使用，改善级配，提高桩体的密实度，特别是在对砂石桩侧限作用较小的软弱黏性土中，可以使用含有棱角状碎石的混合料，以增大桩体材料的内摩擦角。砂石填料中的含泥量不得大于5%，并且不得含有粒径大于50mm 的颗粒。

砂石桩的直径取决于施工设备的能力、处理的目的和地基土类型等因素。对饱和黏性土地基应采用较大的直径。目前，国内采用的砂石桩的直径为 300~600mm。桩的长度主要取决于需加固处理的软土层的厚度，根据建筑物对地基的强度和变形条件等的设计要求以及地质条件而定，砂土地基还应考虑抗液化的要求。当地基中松软土层厚度不大时，桩的长度根据松软土层厚度确定，砂石桩应穿透松软土层至较好土层。当地基中松软土层厚度较大时，对于按稳定性控制的建（构）筑物来说，桩的长度应不小于最危险滑动面的深度，其长度可以通过复合地基的滑动计算来确定。对于按沉降变形控制的建（构）筑物，桩的长度应满足复合地基的沉降量不超过建（构）筑物的容许沉降量的要求，通过复合地基的沉降计算确定。对于可液化地基，当液化层较薄或上部建（构）筑物要求全部消除地基液化沉陷变形时，桩的长度应穿透液化层，且处理后土层的标准贯入锤击数的实测值大于相应的液化判别的临界值；当液化层厚度较大或上部建（构）筑物要求部分消除地基液化沉陷变形时，桩长的确定应满足：处理深度应使处理后的地基液化指数不大于4，对独立基础与条形基础，桩长还不应小于基础底面下5m和基础宽度的最大值；处理深度范围内，使处理后土层的标准贯入锤击数实测值大于相应的液化判别临界值。

砂桩的长度一般为8~20m。砂桩的平面布置形式要根据基础的形式确定，一般采用等边三角形或正方形布置，也可以按照基础的尺寸采用等腰三角形或长方形布置。

桩的平面加固范围的确定可以考虑上部结构的特征、基础尺寸的大小、基础的形式、荷载条件和工程地质条件。复合地基的宽度应超出基础的宽度，每边放宽不少于1~3排桩；当用于消除地基液化沉陷时，每边放宽不小于处理深度的1/2，并不小于5m。当可液化层上覆盖有厚度大于3m的非液化层时，每边放宽不小于液化层厚度的1/2，并不小于3m。

砂石桩施工之后，桩顶1.0m左右长度的桩体是松散的，密实度较小，此部分应当挖除，或者采取碾压或夯实等方法使之密实，然后再铺设垫层，垫层厚度为200~500mm，垫层应分层压实。垫层材料选用中、粗砂或砂与碎石的混合料。

采用振动沉管法成桩时，对邻近建（构）筑物及其可液化地基的震陷产生一定程度的影响。施工中应对邻近建筑物进行沉降观测并挖设减振沟。一些实测资料表明，振动沉管法施工距相邻建（构）筑物的最小的安全距离约等于处理的深度，一般情况下，应保持8~10m的距离为宜。

对于重要建筑或缺乏经验的场地，选择有代表性场地以不同布桩形式、桩间距、桩长、施工工艺进行制桩试验，以获得较合理的设计参数、施工工艺参数。

4.3.2 桩孔间距的确定

由于砂石桩在松散砂土和粉土中与在黏性土中的作用机理不同，所以桩间距的计算方法也随之有所不同。

4.3.2.1 砂土和粉土地基

考虑振密和挤密两种作用，平面布置为正三角形和正方形，如图4-1所示。

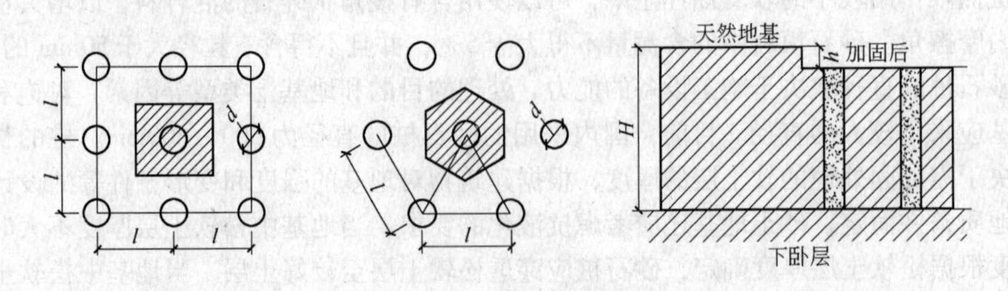

图4-1 砂石桩的布置

（1）对于正三角形布置，则一根桩所处理的范围为六边形（图4-1中阴影部分），加固处理后的土体体积应变为：

$$\varepsilon_V = \frac{\Delta V}{V_0} = \frac{e_0 - e_1}{1 + e_0} \tag{4-1}$$

式中　e_0——天然孔隙比；

　　e_1——处理后要求的孔隙比。

一根桩的处理范围为：

$$V_0 = \frac{\sqrt{3}}{2}s^2 H \tag{4-2}$$

式中　s——桩间距；

　　H——欲处理的天然土层厚度。

所以

$$\Delta V = \varepsilon_V V_0 = \left(\frac{e_0 - e_1}{1 + e_0}\right)\frac{\sqrt{3}}{2}s^2 H \tag{4-3}$$

实际上，Δv 又等于砂石桩体向四周挤排土的挤密作用引起的体积减小和土体在振动作用下发生竖向的振密变形引起的体积减小之和，即

$$\Delta V = \frac{\pi}{4}d^2(H - h) + \frac{\sqrt{3}}{2}s^2 h \tag{4-4}$$

式中　d——桩直径；

　　h——竖向变形（下降时取正值，隆起时取负值）。

将式（4-3）代入式（4-4），得

$$\left(\frac{e_0 - e_1}{1 + e_0}\right)\frac{\sqrt{3}}{2}s^2 H = \frac{\pi d^2}{4}(H - h) + \frac{\sqrt{3}}{2}s^2 h \tag{4-5}$$

整理后，得

$$s = 0.95d\sqrt{\frac{H - h}{\frac{e_0 - e_1}{1 + e_0}H - h}} \tag{4-6}$$

（2）同理，正方形布桩时：

$$s = 0.89d\sqrt{\frac{H - h}{\frac{e_0 - e_1}{1 + e_0}H - h}} \tag{4-7}$$

如不考虑振密作用，式（4-6）和式（4-7）可分别写成如下形式：

正三角形布置

$$s = 0.95d\sqrt{\frac{1 + e_0}{e_0 - e_1}} \tag{4-8}$$

正方形布置

$$s = 0.89d\sqrt{\frac{1 + e_0}{e_0 - e_1}} \tag{4-9}$$

处理后土的孔隙比 e_1 可由式（4-8）求得

$$e_1 = e_{max} - D_r(e_{max} - e_{min}) \tag{4-10}$$

式中 e_{max} ——最大孔隙比，即砂土处于最松散状态的孔隙比，可通过室内试验测得；

e_{min} ——最小孔隙比，即砂土处于最密实状态的孔隙比，可通过室内试验测得；

D_r ——处理后要求达到的相对密度（一般取值为0.70~0.85）。

4.3.2.2 黏性土地基

如图4-1所示，正三角形布置时，一根砂石桩的处理面积A_e为：

$$A_e = \frac{\sqrt{3}}{2}s^2$$

整理为：

$$s = \sqrt{\frac{2}{\sqrt{3}}A_e} = 1.07\sqrt{A_e} \tag{4-11}$$

正方形布置时，$A_e = s^2$，即

$$s = \sqrt{A_e} \tag{4-12}$$

$$A_e = \frac{A_p}{m} \tag{4-13}$$

式中 A_e ——1根砂石桩承担的处理面积；

A_p ——砂石桩的截面积；

m——面积置换率（一般为0.10~0.30）。

4.3.3 砂石桩桩长

砂石桩桩长可根据工程要求和工程地质条件通过计算确定，一般不宜小于4m。当松软土层厚度不大时，砂石桩桩长宜穿过松软土层；当松软土层厚度较大时，砂石桩桩长应不小于最危险滑动面以下2m的深度；对按变形控制的工程，砂石桩桩长应满足处理后地基变形不超过建（构）筑物的地基变形容许值并满足软弱下卧层承载力的要求。

4.3.4 砂土的液化判别

饱和松散的砂土或粉土（不含黄土），地震时易发生液化现象，使地基承载力丧失或减弱，甚至喷水冒砂。

4.3.5 复合地基承载力计算

砂石桩复合地基承载力应根据现场复合地基载荷试验确定，也可用单桩和桩间土的载荷试验按下式确定：

$$f_{spk} = mf_{pk} + (1 - m)f_{sk} \tag{4-14}$$

式中 f_{spk} ——复合地基的承载力特征值；

f_{pk} ——桩体单位截面积承载力特征值；

f_{sk} ——桩间土的承载力特征值；

m——面积置换率，$m = d^2/d_e^2$；

d——桩身平均直径，m；

d_e——1 根桩分担的处理地基面积的等效圆直径，m，等边三角形布桩 $d_e = 1.05s$，正方形布桩 $d_e = 1.13\sqrt{s_1 s_2}$；

s，s_1，s_2——桩间距、纵向桩间距和横向桩间距。

或

$$f_{spk} = [1 + m(n-1)]f_{sk} \tag{4-15}$$

式中 n——桩土应力比（由实测获得；无实测值时，对黏性土可取 2～4，粉土和砂土取 1.5～3。原土强度低取大值，原土强度高取小值）。

由式（4-15）可通过小型载荷试验测得桩间土的承载力特征值，即可计算复合地基的承载力特征值，式中的 f_{sk} 为处理后的桩间土的承载力特征值。对于黏性土地基也可以采用处理以前的天然地基土的承载力特征值来代替。

4.3.6 复合地基沉降量计算

复合地基沉降量为加固区压缩量 z_1 和加固区下卧层压缩量 z_2 之和。可将加固区视为一复合土体，复合土体的压缩模量可以通过砂石桩的压缩模量 E_p 和桩间土的压缩模量 E_s 在面积上进行加权平均的方法求得，即

$$E_{sp} = mE_p + (1-m)E_s \tag{4-16}$$

或

$$E_{sp} = [1 + m(n-1)]E_s \tag{4-17}$$

然后用分层总和法计算沉降。

4.4 施工工艺

目前国内常用的成桩工艺多种多样，这里主要介绍振冲法，其他方法可以参考相关资料。

4.4.1 机械设备

4.4.1.1 主体设备——振冲器

振冲器是利用一个偏心块的旋转来产生一定频率和振幅的水平向振动力进行振冲置换施工的一种专业机械，为中空轴立式潜水电动机带动偏心块振动的短柱状机具。我国用于振冲置换施工的振冲器主要有 ZCQ-30、ZCQ-55 和 ZCQ-75 三种，最大功率已经达到 135kW。

4.4.1.2 配套设备——起吊设备

起吊设备一般为轮胎式或履带式吊机、自行井架式专业平车或抗扭胶管式专业汽车。起吊能力和提升高度应满足施工要求。水泵的规格为出口压力 400～600kPa，流量 20～30m^3/h。每台振冲器配有一台水泵。其他的设备还有运料工具、泥浆泵、配电板等。

施工所用的专用平台车由桩数、工期决定，有时还受到场地大小、交叉施工、水电供应、泥水处理等条件的限制。

4.4.2 施工前的准备工作

（1）三通一平。施工现场的三通一平指的是水通、电通、材料通和场地平整，这是施

工能否顺利进行的重要保证。水通是一方面要保证施工中所需的水量，另一方面也要把施工中产生的泥水排走。电通是施工中需要三相和单相两种电源，三相电源的电压380V，主要供振冲器使用。材料通指的是应准备若干个堆料场，且备足填料。场地平整有两个内容，一方面要清理和尽可能使场地平整，另一方面要清除地基中的障碍物，如废混凝土土块等。

（2）施工场地布置。施工场地的布置随具体工程而定。施工前，对场地中的供水管、电路、运输道路、料场、排泥池、照明设施等均要妥善布置。有多台施工车同时作业的大型加固工程，应该规划出各台施工车的包干作业区。其他如配电房等也应事先安排好。

（3）桩的定位。平整场地后，测量地面高程。加固区的地面高程宜为设计桩顶高程以上1m。如果这一高程低于地下水位，需配备降水设施或者适当提高地面高程。最后，按桩位设计图在现场用小木桩标出桩位，桩位偏差不得大于3cm。

（4）制桩试验。对于中大型工程，应事先选择一试验区，并进行实地制桩试验，以取得各项施工参数。

4.4.3　施工组织设计

根据地基处理设计方案，进行施工组织设计，以便明确施工顺序、施工方法，计算出在允许的施工期内所需配备的机具设备，所需水、电、材料等，排出施工进度计划表并绘出施工平面布置图。

4.4.3.1　施工顺序

施工顺序可以采用“由里向外”或“从一边到另一边”等方式，如图4-2所示。

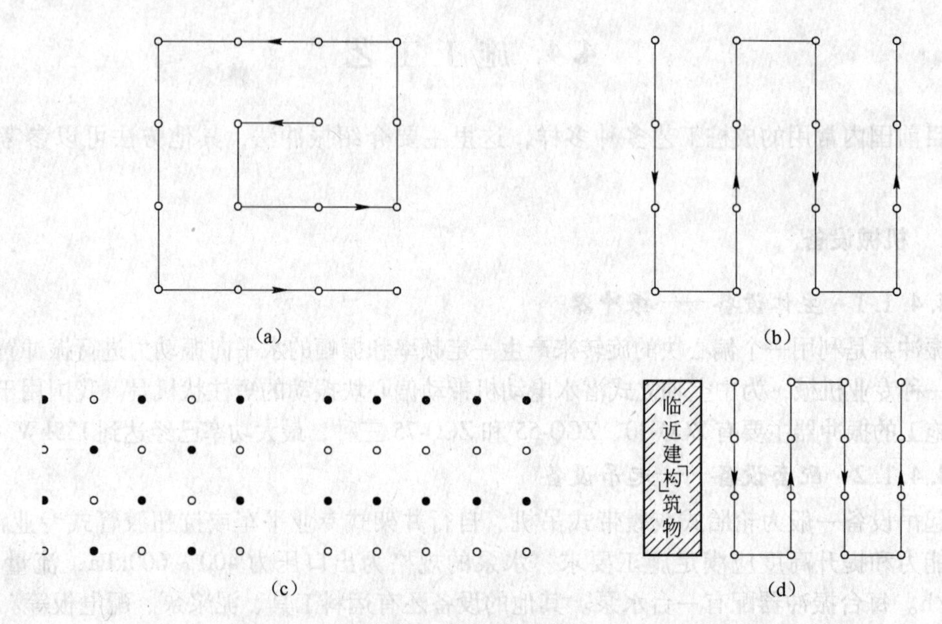

图4-2　桩的施工顺序

（a）由里向外方式；（b）一边到另一边方式；（c）间隔跳打方式；（d）减少对邻近建（构）筑物振动影响的施工顺序

如果“由外向里”施工，由于外围的桩已施工好，再施工里面的桩，则很难挤振，影响施工质量。在地基强度较低的软黏土中施工时，要考虑减少对地基土的扰动影响，因而可以用“间隔跳打”的方法。

当加固区附近有其他建（构）筑物时，必须先从邻近建筑物一边的桩开始施工，然后逐步向外推移。

4.4.3.2 施工方法

振冲法施工的填料方式一般有以下三种：

（1）把振冲器提出孔口，往孔内加入约1m高的填料，再放下振冲器进行振密。

（2）振冲器不提出孔口，向上提升1m左右，使其离开原来振密过的地方，然后往下倒料，再放下振冲器振密。

（3）连续加料，振冲器一直振动，而填料连续不断地往孔内添加，只要在某深度上达到规定的振密标准后就向上提振冲器，并继续振密。

工程施工中具体选用哪种填料方式，主要由地基土的性质决定。在软黏土地基中，由于振冲器振动而形成的孔道常会被坍塌下来的软黏土填塞，常需进行清孔除泥，不宜使用连续加料的方法。而在砂性土地基的孔中，坍孔现象不如软黏土那样严重，所以，为了提高工效，可以使用连续加料的施工方法。

振冲法具体施工可根据“振冲挤密”和“振冲置换”的不同要求而有所不同，可参阅有关的施工手册。

4.4.4 施工过程

振冲法是碎石（砂）桩法的主要施工方法之一，如图4-3所示。振冲挤密法一般的施工过程如下：

（1）振冲器对准桩位。

（2）启动吊机。

（3）当振冲器下沉到设计加固深度以上0.3～0.5m时，需要减少水量，其后继续使振冲器下沉至设计加固深度以下0.5m处，并在此处留振30s。

（4）从地面向孔中逐段挤入碎石，以1～2m/min的速度提升振冲器。每提升振冲器0.3～0.5m就留振30 s，并观察振冲器电动机的电流变化，其密实电流一般超过空振电流25～30A。如此重复填料和振密，直至地面，从而在地基中形成一根大直径的密实度很高的桩体，记录每次提升速度、密实电流和留振时间。

（5）关机、关水，并移位到另一个加固点，重复以上施工过程。

（6）施工现场全部振冲加固后，平整场地，进行表层处理。

4.4.5 施工质量控制

施工过程中的填料量、密实电流和留振时间是振冲法施工中质量检验的关键。“留振时间”是指振冲器在地基中某一深度处停留振动的时间。水量的大小可以保证地基中砂土的充分饱和。饱和砂土在振动作用下会产生液化。振动停止后，经过液化后的砂土颗粒会慢慢重新排列，此时的孔隙比较原来的孔隙比要小，砂土的密实度增加。

实际上，填料量、密实电流和留振时间三者是相互联系和互为保证的。只有在一定填料量的情况下，才能保证达到一定的密实电流，而这时必须要有一定的留振时间，才能把填料挤紧振密。

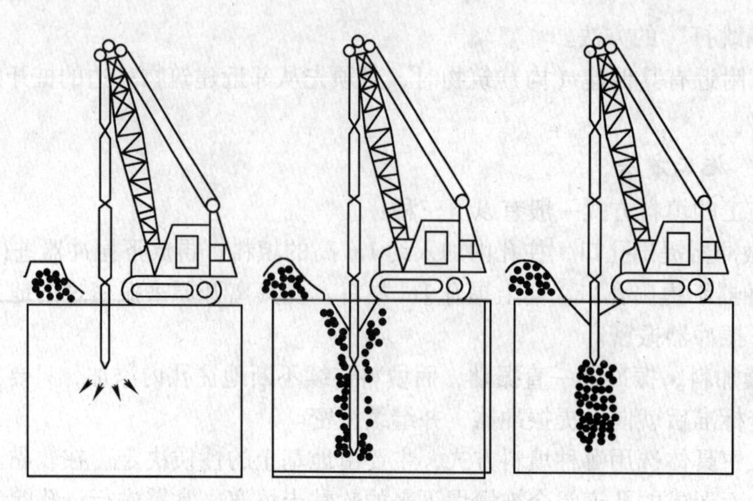

图 4-3 振冲法施工顺序示意图

4.5 质量检测

4.5.1 间隔时间

砂石桩处理完成后，应间隔一定时间后进行检测。对饱和黏性土地基应待孔隙水压力消散后进行，间隔时间不宜少于 28d；对粉土、砂土和杂填土地基，不宜少于 7d；对非饱和土，一般在桩施工后 3 ~5d 即可进行。

4.5.2 检测目的

作为检测单位，一定要明确检测目的。前期试验阶段，应详细了解设计意图，根据经验，初步判定地基处理方法的可行性。按设计要求编写检测方案，除验证复合地基承载力是否满足设计要求外，尚应进行桩体质量检测和桩间土的检测，工作量的布置应全面并具有代表性。所提供的试验报告除包括各项设计指标外，还应对施工工艺的可行性做出评价，发现该处理方法不可行时，应提出改进意见，对新修改后的处理方法，视变动的性质和工作量大小确定是否要再进行试验。

后期工程桩检测，主要应进行复合地基承载力检测、桩体检测及桩间土的检测。工作量布置为：复合地基载荷试验数量为总桩数的 0.5% ~1% ，且每个单体工程不应少于 3 处，地基处理面积在 $500m^2$以上的工程，每超出 $300m^2$ 至少增加 1 处，不足 $300m^2$，按足 $300m^2$计；桩体检测量不应少于桩总数的 0.2%；桩间土的检测每个场地不应少于 6 处。要求检测点应有代表性及随机性，以便全面反映施工质量。对不合格项应扩大检测量，最终提出处理参考意见。

4.5.3 复合地基承载力试验

进行复合地基承载力试验时，承压板面积必须与单桩或实际桩数所承担的地基处理面积相等，最大加载值不少于设计值的 2 倍。放置承压板的试坑，应在试验设备安装时进行开挖处理，以保持试验土层的原状结构及天然强度。其他有关细则应按《建筑地基处理技术规范》（JGJ79—2012）的规定进行。

4.5.4 桩体质量检测

砂石桩桩体质量检测的手段主要有单桩静载试验和动力触探试验，用于检测其承载力和桩体密实度。进行单桩静载试验时，因桩体为松散体，试桩顶面应处理至设计标高。安装试验设备前，桩顶面应放置一块面积与桩设计截面相同的刚性板。对桩体密实度的检测，应采用动力触探试验进行，检测位置应在桩中心，检测时应保持探杆垂直，避免将探头侧向斜打出桩身。动力触探试验的设备和方法应符合《岩土工程勘察规范》（GB50021—2009）的有关规定。

为了更详细地了解砂石桩的体形变化，必要时可进行开槽检测桩身，进一步观测桩径大小及桩的施工质量。

4.5.5 桩间土的检测

砂石桩处理地基最终要满足承载力、变形或消除地基土液化的要求。桩间土的检测方法有标准贯入试验、静力触探试验以及动力触探试验等。检测内容为桩间土的挤密效果，如处理可液化地层时，可按标准贯入试验击数来判定饱和砂土和粉土的液化势。由于桩位布置的等边三角形或正方形中心挤密效果较差，因此检测点平面位置应布置在该处。

4.6 工程实例

4.6.1 工程实例一

A 工程名称

西安石油化工总厂储运设施改造工程（1号、3号）3万平方米原油灌区振冲砂石桩试验。

B 工程地质条件

拟建场地位于西安市西郊，北临八家滩村，东距建章路约600m。场地地形平缓，地貌单元属渭河右岸Ⅰ级阶地。

场地内的地基土分为7层，主要特征描述如下：

第1层为耕土与杂填土，硬塑，结构松散，厚度为0.50～1.50m。

第2层为黄土状土，硬塑～可塑，I_L = 0.3，e = 0.792，f_k = 120kPa，层厚为0.50～3.10m。

第3层为细中砂，以中砂为主，级配不良，稍湿，N = 8，f_k = 100kPa，层厚为0.50～3.10m。

第4层为细中砂，以中砂为主，级配不良，稍湿，N = 14，f_k = 150kPa，层厚为0.60～3.40m。

第5层为粗中砂，以中砂为主，级配不良，稍湿，N = 22，f_k = 250kPa ，层厚为1.00～4.40m。

第6层为中粗砂，以粗砂为主，级配不良，水位以上稍湿～很湿，N = 36，f_k = 300kPa，水位以下饱和，层厚为6.70～9.50m。

第7层为砾粗砂，以粗砂为主，级配不良，密实、饱和，最大揭露厚度为19.50m。

场地地下水属潜水类型，稳定水位埋深为15.50m。

C 设计要求与施工工艺

（1）设计参数。拟建3万平方米原油灌区地基处理采用振冲砂石桩法，设计目的主要为了提高地基承载力，桩径1100mm，桩距为2.30m，有效桩长7.20m，桩位呈正三角形布置，复合地基承载力设计值为260kPa。

（2）桩体施工工艺。施工顺序采用排打法。填料方式为强迫填料方式，填料量每根桩为10～14m³。施工采用的机械为BJ-100kW型振冲器，制桩电压为380V，波动±20V，造孔电流为60～200A，加密电流为90A ，留振时间不小于10s，造孔水压0.3～0.6MPa，制桩水压0.2～0.4MPa，成桩后桩位偏差不大于50mm，造孔速度不大于2.0m/min。

D 试验结果

共进行桩间土平板载荷试验1处，单桩静载试验1处，重型动力触探试验2根，单桩复合地基载荷试验2处。

a 桩间土平板载荷试验

桩间土 $p-s$ 曲线见图4-4。

桩间土的承载力基本值为130kPa。在130kPa荷载作用下变形模量平均值为3.2MPa。

b 单桩静载荷试验

根据试验结果判断，单桩极限承载力取1200kN。单桩静载荷试验曲线见图4-5。

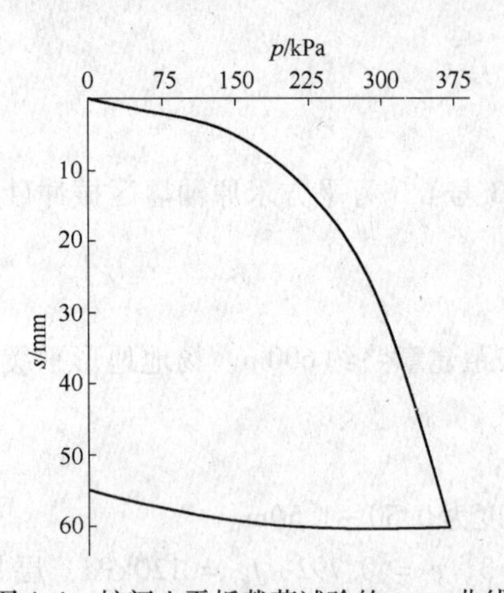

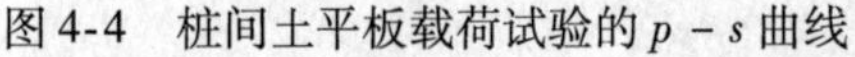
图4-4 桩间土平板载荷试验的 $p-s$ 曲线

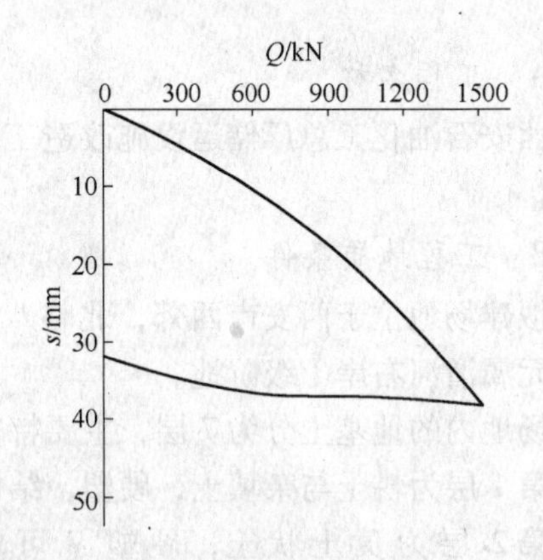

图4-5 S1单桩静载荷试验的 $Q-s$ 曲线

c 重型动力触探试验

将实测击数整理、修正后，进行数理统计，根据统计结果分析：振冲砂石桩的动力触探试验锤击数范围值 N_{120} =5.0～60.0击，平均击数 N_{120} = 28.5击，砂石桩体密实度为稍密～很密实。

根据试验结果分析，2 号桩在设计桩顶标高以下 60cm 密实度为松散，其余为稍密 ~ 很密实，动力触探曲线见图 4-6。

d 单桩复合地基载荷试验

根据试验结果判断，复合地基承载力标准值为 260kPa，满足设计要求。在 260kPa 荷载作用下变形模量平均值为 33.0MPa。单桩复合地基载荷试验 $p-s$ 曲线见图 4-7。

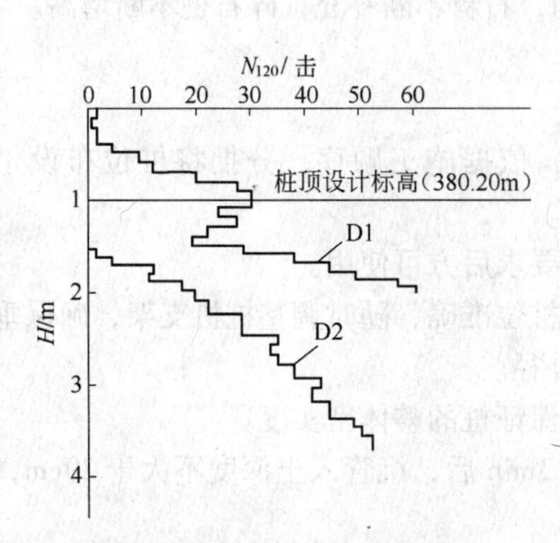

图 4-6 超重型圆锥动力触探曲线

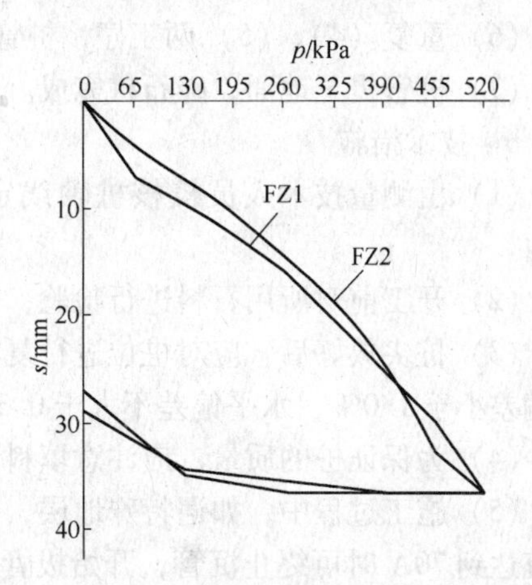

图 4-7 单桩复合地基载荷试验的 $p-s$ 曲线

E 结论

(1) 根据本次试验结果，本工程采用的振冲碎石桩，施工工艺能满足设计要求。单桩复合地基承载力标准值满足 260kPa 的设计要求。

(2) 根据试验结果调查分析，2 号桩顶部存在松散层的原因主要是施工时提升速度过快，留振时间过短，致使填料量较少所致。

4.6.2 工程实例二

A 工程概况

某发电厂位于华北平原中部，沙河、唐河之间的冲洪积扇上。厂区地层为沙河、唐河冲洪积地层，并部分接纳了孟良河洪泛之沉积物，地层变化较大，岩相以河流冲洪积为主，颗粒较粗。表层为黄土类土及粉土，下部地层岩性以中、粗砂和粉土及粉质黏土为主，部分砂层含卵、砾石。

厂区内地下水属第四系孔隙潜水，含水介质主要为中粗砂含卵、砾石地层。目前地下水位埋深一般为 18.00 ~ 20.00m，初见水位略高于稳定水位。各建（构）筑物最大基础埋深小于目前地下水位深度。

根据设计，部分荷载较大的辅助或附属建（构）筑物采用振冲碎石桩法对地基进行处理，其他荷载较小的辅助或附属建（构）筑物可采用天然地基。

B 碎石桩法施工工艺

本次施工采用 DZ- 60 型打桩机。

a 成桩步骤

(1) 移动桩机及导向架，把桩管及桩尖对准桩位。

（2）启动振动锤，将桩管下到预定的深度（成孔达到设计深度）。

（3）向桩管（孔）内投入规定数量的石料。

（4）把桩管提升一定高度（下料顺利时提升高度不超过1～2m），提升时桩尖自打开，桩管内的砂石料流入孔内。

（5）降落桩管，利用振动及桩尖的挤压作用使碎石密实。

（6）重复（4）、（5）两工序，桩管上下运动，石料不断补充，碎石桩不断增高。

（7）桩管提至地面，碎石桩完成。

b 技术措施

（1）由测量技术人员校核桩轴线定位点后，依据施工顺序，分批将桩位布设于场地内。

（2）开工前对所用石料进行检验，满足设计要求后方可使用。

（3）桩尖放好后，应对桩位进行复核，保证桩位准确，随时调整桩机支架，确保垂直度偏差小于1.0%，水平偏差不大于0.3倍套管外径。

（4）为保证桩的质量，应注意填料量控制，保证桩的整体密实度。

（5）施工过程中，如遇特殊地层，连续沉桩3min后，沉管入土深度不大于20cm，或电流达到70A时可终止沉管，开始拔管填料。

（6）沉管时应遵守这些规定：1）沉管前必须将桩尖活瓣合拢，桩尖位置应与设计相符；2）振动沉管时，可用收紧钢丝绳加压，以提高沉管效率；3）振动沉管过程中应记录每根桩的沉管时间；4）沉管沉不到的深度应立即请示技术人员进行处理。

（7）记录员应按记录要求准确记录各项数据，施工一根，记录一根，保证及时无误，不漏桩。

c 施工技术操作要点

（1）桩管提升和反插速度必须均匀，反插深度由浅到深，每根桩在保证桩长和碎石灌入量的前提下，总反插次数一般不少于9次。

（2）施工过程中应及时挖除桩管带出的泥土，防止孔口泥土掉入孔中形成断桩。

（3）施工过程应专门安排记录人员详细记录沉桩深度、成桩时间、每次碎石灌入量、反插次数等。

（4）施工中应及时进行沉降观测和稳定性观测，并及时整理。施工结束后，应及时整平场地测量标高，整理好施工记录并及时归档，检测前最好用振动压路机振压数遍，以增强处理效果。

d 技术措施改进

（1）根据设计要求，现场针对不同的成桩模式进行了挤密试验，试验手段采用动力触探试验，检测结果发现一次成桩模式下的桩体密实度和桩间土挤密效果不理想，不能达到设计要求，后经试验，采用复打反插法成桩工艺可实现较好的处理效果。

（2）根据试桩检测结果，可液化土层中的碎石桩一般不能满足要求，分析原因为在成桩过程中，由于机械振动，使其发生液化，液化土层具有一定压力，致使在成桩过程中碎石桩出现径缩，碎石从管内剔除后没有足够的空间，反插时，桩管上下运动而碎石不动，形成活塞运动，下料慢，桩体充盈系数小，密实度差，承载力低，成桩时间长。解决碎石桩承载力低的关键是保证碎石的投入量，满足设计对充盈系数的要求。

（3）碎石桩为挤土桩，但由于碎石桩入土深度不大，因挤土效应而隆起的现象也很少；但由于从内向外施工时，容易引起桩体散乱、不成形。所以，碎石桩施工时，应按从外向内、螺旋向中心的顺序打桩。

C 碎石桩复合地基检测

复合地基静载荷试验是在场地随机选定5处进行静载荷试验，以确定所完工复合地基的竖向承载力是否满足400kPa的设计要求，试验最大荷载为700kN，承压板采用1.30m×1.30m。

a 试验设备

载荷测试分析仪RS-JYB型2台，油压千斤顶2000kN型2台，位移传感器BWG2A-50mm型6台，准梁，其他配件等。

b 试验方法

本次试验采用了《建筑地基处理技术规范》（JGJ79—2002）附录A规定的慢速维持荷载法。试验的最大荷载为700kN，共分8级加载，第一级荷载为140kN，其余每级荷载均为80kN。每级加载后，每第5、10、15分钟时各测读一次承压板的沉降量，以后每隔15分钟读一次，累计一小时后每隔半小时读一次。承压板的沉降量在一小时内小于0.1mm时，即可加下一级荷载。

c 试验终止条件

当出现下列现象之一时可终止试验：

（1）沉降量急剧增大，土被挤出或承压板周围出现明显的隆起；

（2）承压板的累计沉降量已大于其宽度或直径的6%；

（3）当达不到极限荷载，而最大加载压力已大于设计要求压力值的2倍。

D 碎石桩复合地基加固效果评价

根据静载荷实测资料，本次参加试验的桩土复合地基测点的*Q-s*曲线、*s*-lg*t*曲线均无明显的拐点和陡降段，为一条完整连续的平缓光滑曲线。依据《建筑地基处理技术规范》（JGJ79—2012）中有关确定复合地基承载力特征值的规定，选取$s/b=0.0063$，0.0053，0.0066，0.0050，0.0050所对应的荷载值为39号、172号、267号、360号、516号桩土复合地基的承载力特征值。本次试验资料整理后汇总为表4-1。

表4-1 试验资料

桩号	桩长/m	桩径/mm	成桩日期	终止荷载/kN	总沉降量/mm	测点承载力特征值/kPa	对应沉降量/mm	复合地基承载力特征值/kPa
39	5.5	1100	2006年5月8日	700	25.61	400	8.16	400
172	5.5	1100	2006年5月9日	700	26.38	400	6.92	
267	5.5	1100	2006年5月10日	700	30.35	400	8.56	
360	5.5	1100	2006年5月11日	700	20.91	400	6.47	
516	5.5	1100	2006年5月12日	700	24.60	400	6.54	

经过计算，上述参加试验的复合地基的承载力特征值的极差均不超过平均值的30%，

故取其平均值400kPa为该项目复合地基承载力的特征值。采用重型动力触探方法进行单桩承载力的检测、评估。桩间土采用钎探方法进行检测、评估。当$N_{63.5}$击数达每10cm 7击时，即可判定单桩承载力标准值已达到600～900kPa，满足设计要求；钎探N_{10}击数达到每30mm14击时，即可判定桩间土承载力为140kPa。

检测点由现场监理随机抽取，检测的振冲碎石桩平均击数均大于11击，证明振冲碎石桩密实度良好，由此可以判定振冲碎石桩的单桩承载力满足设计要求；桩间土经过振冲碎石桩的排水及挤密作用之后，经过一段时间的恢复，其强度可以提高10%以上。经过振冲碎石桩加固处理后，复合地基承载力大于400kPa，满足设计要求。同时，采用振冲碎石桩处理复合地基，地基的均匀性较好，可消除场地的不均匀沉降。

4.6.3 工程实例三

A 工程名称

陕西省天然气输气管道建设指挥部9-4号住宅楼干振砂石桩检测。

B 工程地质条件

拟建场地位于西安市北郊的南康村附近。场地地形较平坦。地貌单元属渭河右岸Ⅱ级阶地。

场地内的地基土分为5层，主要岩性描述如下：

第1层为素填土，硬塑，土质松散，不均匀，厚度为1.50～5.00m。

第2层为黄土，可塑，局部坚硬，层厚为2.20～7.00m。

第3层为黄土，可塑～软塑，饱和，层厚为4.90～6.20m。

第4层为古土壤，可塑～软塑，饱和，层厚为4.50～5.60m。

第5层为细砂，中密，饱和，未穿透。

场地地下水属潜水类型，水位埋深介于14.20～14.60m之间。

C 设计要求与施工工艺

(1) 设计参数。地基处理采用干振砂石桩，设计目的主要是为了提高地基承载力，消除湿陷性。桩径400mm，桩距为1.10m，有效桩长4.00～4.30m，呈正三角形满堂布置。复合地基承载力设计值为180kPa。

(2) 桩体施工工艺。砂石料级配（重量比）：20～50mm的卵石为70%，中粗砂为30%，砂石含泥量控制在3%以下。

D 试验结果

本次试验共进行单桩复合地基载荷试验3处，重型动力触探试验3处，取样钻孔3个。

(1) 单桩复合地基载荷试验。根据试验结果判定，该砂石桩复合地基承载力基本值分别为216kPa、286kPa、162kPa，其极差大于30%，该楼地基承载力总体不均匀。

单桩复合地基载荷试验的$p-s$曲线见图4-8。

(2) 重型动力触探试验。将实测击数整理、修正后，进行数理统计，根据统计结果分析：砂石桩体的动力触探试验锤击数范围值$N_{120}=2.0\sim9.0$击，砂石桩体为松散～稍密。砂石桩动力触探曲线见图4-9。

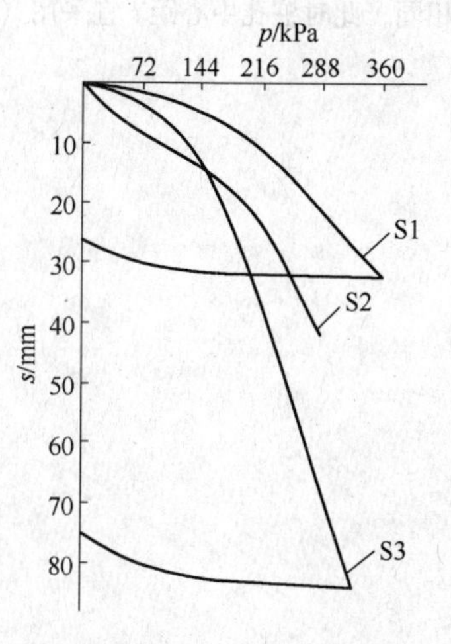

图 4-8　单桩复合地基载荷试验的 $p-s$ 曲线

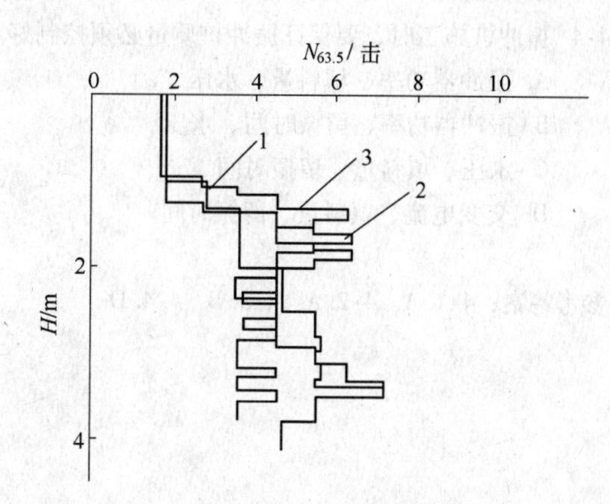

图 4-9　重型圆锥动力触探曲线

（3）桩间土湿陷性。根据土工试验成果报告，湿陷性未完全消除。

E　结论

（1）复合地基承载力总体不均匀，承载力试验结果不满足要求，砂石桩体密度为松散～稍密，密实度差，桩间土湿陷性未完全消除。

（2）根据试验结果分析，主要原因是桩间距过大、干振效果差造成的。

思　考　题

4-1　砂桩法处理砂土和黏性土的作用机理有何不同？

4-2　采用砂桩法处理地基时，对于砂土地基和黏性土地基，分别如何确定桩距和复合地基承载力？

4-3　砂桩法的施工方法有哪些？

4-4　砂桩施工后，必须间歇多长时间方可进行质量检验？

注册岩土工程师考题

4-1　对于采用砂石桩法处理后的杂填土地基，施工结束后应间隔（　）时间方可进行质量检验。

A. 7d

B. 14d

C. 21d

D. 28d

4-2　碎石桩法从加固机理来分，属于哪类地基处理方法（　）。

A. 振冲置换法

B. 振冲密实法

C. 深层搅拌法

D. 降水预压法

4-3　拟用挤密桩法消除湿陷性黄土地基的湿陷性，当挤密桩直径 d 为0.4m，按三角形布桩时，桩孔中心

距 s 采用 1.0m，若桩径改为 0.45m，要求面积置换率 m 相同，此时桩孔中心距 s 宜采用（ ）。

A. 1.08　　B. 1.13　　C. 1.20　　D. 1.27

4-4 振冲桩施工时，要保证振冲桩质量必须控制好（ ）。

A. 振冲器功率、填料量、水压

B. 振冲器功率、留振时间、水压

C. 水压、填料量、留振时间

D. 交变电流、填料量、留振时间

参考答案： 4-1. A　4-2. A　4-3. B　4-4. D

5 石 灰 桩 法

本章概要

石灰桩法适用于加固杂填土、新填土和黏性土地基，有经验时也可用于粉土、淤泥和淤泥质土地基，也是加固软土地基的一种有效方法之一。本章介绍石灰桩的加固原理及适用范围，设计计算内容以及施工方法工艺、效果检验，最后结合几个工程实例介绍石灰桩法在工程中的应用。

本章重点内容为石灰桩法加固地基土的基本原理及设计计算方法，要求能较熟练用该方法进行地基处理方案设计。

5.1 概 述

石灰桩是采用机械或人工在地基中成孔，然后灌入生石灰块或按一定比例加入粉煤灰、炉渣、火山灰等掺合料及少量外加剂进行振密或夯实而形成的桩体，石灰桩与经改良的桩周土共同组成石灰桩复合地基。

我国是用石灰处理软弱地基最早的国家，约有 2000 年的历史，著名的有长城、西藏佛塔等。在古代，石灰加固地基采用的是浅层方式，用作路基、墙基和垫层，或者将石灰块投入土中浅孔中捣实。1953 年我国开始对石灰桩进行研究和工程应用，并逐步将其用于地基的深层处理中。日本于 1965 年开始将石灰桩用于道路、铁路、地铁等的软弱地基的处理中，并研制了专用机械。此后，瑞典也开始了深层石灰搅拌工艺的研究。

石灰桩法适用于加固杂填土、新填土和黏性土地基，有经验时也可用于粉土、淤泥和淤泥质土地基。加固深度从几米到十几米。不适用于地下水位下的砂类土地基。石灰桩法可用于提高地基的承载力，减少沉降量，提高稳定性。

在国外，石灰桩法主要用于路基加固、堆场地基处理、基坑开挖时的边坡稳定工程。在国内，石灰桩法主要用于建（构）筑物软弱地基加固，也少量用于危房加固、路基加固以及基坑开挖时的边坡加固工程。

5.2 加固原理及适用范围

5.2.1 适用范围

石灰桩法适用于处理饱和黏性土、淤泥、淤泥质土、素填土和杂填土等地基。用于地下水位以上的土层时，宜增加掺合料的含水量并减少生石灰用量，或采取土层浸水等措施。加固深度从几米到十几米。但此法不适用于有地下水的砂类土地基。

石灰桩法可用于提高软土地基的承载力，减小沉陷量，提高稳定性，适用于以下工程：

（1）深厚软土地区7层以下，一般软土地区8层以下住宅楼或相当的其他多层工业与民用建（构）筑物。

（2）如配合箱基、筏基，在一些情况下，也可用于12层左右的高层建（构）筑物。

（3）有工程经验时，此法也可用于软土地区大面积堆载场地或大跨度工业与民用建（构）筑物独立柱基下的软弱地基加固。

（4）石灰桩法也可用于机器基础和高层建筑深基开挖的支护结构中。

（5）适用于公路、铁路桥涵后填土，涵洞及路基软土加固。

（6）适用于危房地基加固。

5.2.2　加固原理

5.2.2.1　桩体材料及配合比

A　生石灰

石灰是用主要成分为$CaCO_3$的石灰岩作原料，经过适当温度煅烧所得的一种胶凝材料其主要成分为CaO，也称为生石灰。

石灰是外观具有细微裂缝，多孔，一般呈乳白色的块状物，含杂质多的石灰往往呈灰色、淡黄色，过烧石灰则为灰黑色。

石灰块容易碎，天然重度为8～10kN /m^3，过烧石灰的重度较大，可达13～17kN/m^3，硬度也大。

石灰有气硬性和水硬性两种，石灰桩所用的石灰是气硬性石灰。按MgO的含量多少可分为钙质石灰、镁质石灰。分类界限见表5-1。

表5-1　石灰分类界限

品　种	钙质石灰	镁质石灰
	MgO含量/%	
生石灰	≤5	>5
消石灰	≤4	>4

对石灰质量的要求如下：

（1）石灰活性。石灰桩要求石灰具有高活性。活性与石灰中活性氧化钙和氧化镁含量的总和有关。活性氧化钙和氧化镁能与含硅材料发生化学反应产生胶凝物质的化合物，国家标准中称它为有效氧化钙和有效氧化镁，并以符号A-CaO和A-MgO表示。生石灰是以活性高低划分等级的。

（2）氧化镁含量。因为$MgCO_3$分解温度低（730～760℃），$CaCO_3$分解温度较高（900℃），而石灰的煅烧温度常在1000～1200℃之间，因此，氧化镁常被煅烧成“死烧”状态，其结构致密，消化缓慢，如用于硅酸盐制品及其他工程上，常常是后期才逐渐消化，此时体积膨胀，构件产生裂缝，强度下降。但作为石灰桩的原料，氧化镁的缓慢消化性质有利于加固地基。在使用中不论是钙质或镁质石灰，粉末含量都不宜超过20%。同时在现场非密封条件下存放天数也不能过长，在80%湿度条件下，生石灰的有效钙含量会大幅度降低。活性钙的减少不仅削弱了熟化中的膨胀力，还会影响桩体材料之间的水化胶凝效果，不利于地基加固。

小颗粒（粒径小于2cm）石灰的加固效果优于块灰。模型试验的结果证明，小颗粒石灰桩承载力是块状石灰桩的1.42倍。由于粉灰的污染较大、价格贵，故实际应用中多用块灰。在采用块灰的时候，应尽量将石灰块破碎成小颗粒。

B 掺合料

石灰桩的生石灰用量很大，为了节约生石灰，宜加入掺合料。掺合料的作用是减少生石灰用量和提高桩体强度，应选用价格低廉、方便施工的活性材料。

在实际工程及试桩中，采用过砂、石屑、粉煤灰、火山灰、煤渣、矿渣、黏性土、电石渣作主要掺合料，有时附加少量石膏、水泥。其中以粉煤灰、火山灰应用最多，煤渣次之。

粉煤灰、矿渣、火山灰、黏性土等材料中含有大量SiO_2、Al_2O_3，可与$Ca(OH)_2$反应，生成具有水硬性的水化硅酸钙和水化铝酸钙。这些反应的原理早已为硅酸盐制品、黏土制品和无熟料水泥的生产所证明。粉煤灰是一种烧黏土质火山灰质材料，是火力发电厂除尘器收集的烟道中的细灰，还包括炉底排出的少量烧结渣，是我国一种数量很大的工业废料。

SiO_2及Al_2O_3是粉煤灰的主要成分，含量高者将提高桩体强度。粉煤灰是当前石灰桩最理想的掺合料。

C 桩体材料配合比

为了充分发挥掺合料的填充作用，减少膨胀力内耗，掺合料的数量在理论上至少应该能充满生石灰的孔隙。经测定，生石灰块天然孔隙率为40%左右，因此，掺合料的用量大多为30%~70%（体积比）。

桩体材料配合比的效果与生石灰及掺合料质量、土质、地下水状况、桩距、施工密实度等因素相关。合理的配合比在满足施工要求和经济指标的前提下，首先要使桩体具有较高强度。在选择配合比时，必须考虑以下因素：

(1) 生石灰有效钙含量越高，或同样的有效钙含量，但MgO含量高者，桩体强度有升高趋势，但不显著。

(2) 掺合料中Al_2O_3含量高者，桩体强度高。SiO_2含量的大小对桩体强度的影响尚不清楚，但必须有相当高的SiO_2含量。

(3) 周围土的强度越高，桩体强度相应有所增高。

(4) 在地下水位以下，土的渗透系数小，桩的强度相应增高。其原因是延长生石灰消化时间，减少了生石灰猛烈消化时产生土体隆起而导致的桩体密度降低。同时，水流不致早期大量渗入桩内，阻碍了化学反应的进行而使强度受到影响。

(5) 地下水位以上，土的渗透系数大，孔隙比大对桩体强度的提高有利。如杂填土中的石灰桩即可利用气硬性的性质，使桩体具有较高的强度。但早期土中需有一定的水供给石灰熟化凝固。如土的含水量很小，桩体材料得不到水化时所需的水分，又无水源补充，养护条件干燥，此时桩体强度降低。

(6) 施工密实度（干密度）高者，桩体强度高。

以上诸因素中，尤以施工密实度的影响最大，是一个控制因素，密实度过低的桩体饱和时呈膏状。

上述衡量桩体配合比效果的指标是桩体强度，试验研究中直接从桩上采样，在试验机上测定无侧限抗压强度。

工程实践中，衡量桩体配合比效果的最终指标是复合地基整体的强度。桩体强度高，复合地基强度不一定也高。归纳试验数据及过去研究和应用的成果，整理得出下述规律：

(1) 掺合料的重量在总材料重量的30%～70%之间较为适宜。工程实践中采用体积比较方便。

(2) 在上述配合比的范围内，只要施工密实度有保证，使用各种常用的掺合料时，桩体均能达到0.2MPa以上的无侧限抗压强度，能满足一般的使用要求。以粉煤灰和煤渣作掺合料效果较好，土做掺合料效果较差。

(3) 常用体积比为：生石灰与掺合料体积比为1∶2（甲）或1∶1（乙）或1.5∶1（丙）；按粉煤灰或煤渣折合重量计，生石灰与掺合料重量比为4∶6（甲）或6∶4（乙）或7∶3（丙）。

(4) 配合比的选用可参考以下意见：

1）甲种：适用于$f_{ak}>80$kPa的土，结构性强的土，封口深度小于0.8m时的桩顶部（防止隆起）。

2）乙种：适用于$f_{ak}=60\sim80$kPa的土，$f_{ak}>80$kPa的土中桩体下部0.5m左右范围内（扩大桩尖，增加桩端土的加固效果）。

3）丙种：适用于$f_{ak}\leqslant60$kPa的淤泥、淤泥质土、素填土等饱和软土。

特种配合比指在上述常用配合比的材料中再加入5%～10%的水泥或石膏等材料，此时的桩体强度可提高30%～50%左右，主要适用于地下水渗透严重情况下桩的底部，或为增强桩顶抗压能力而在桩顶部分采用。

(5) 石灰用量超过30%时，一般情况下，桩体强度降低，但对土的挤密效果较好（在桩顶，由于上覆压力不够，造成土体隆起者除外）。

(6) 在无特殊添加剂加入，桩体配合比在前述范围内时，桩在土中侧限时的强度为250～500kPa，供设计时参考。

5.2.2.2 物理加固作用

A 挤密作用

(1) 成桩中挤密桩间土。主要发生在采用不排土成桩工艺时，静压、振动、击入成孔和成桩夯实桩料的情况不同，桩径和桩距不同，对土的挤密效果也不同。挤密效果还与土质、上覆压力及地下水状况有密切关系。作为浅层加固的石灰桩，由于被加固土层的上覆压力不大，且有隆起现象，成桩过程中的挤密效应不大，对于一般黏性土、粉土，可考虑1.1左右的承载力提高系数，而对于杂填土和含水量适当的素填土，可根据具体情况（桩距和施工工艺）考虑1.2左右的提高系数。对饱和软黏土则可不考虑。

(2) 生石灰吸水膨胀挤密桩间土。大量的原位测试及土工试验结果分析表明，石灰桩仅对桩边一定范围内的土体显示了加固效果，而桩周边以外的桩间土在加固前后力学性能并无明显变化（由于成孔中挤密桩间土的情况除外）。由于土的不同约束力以及桩体材料的质量、配合比、密实度不同，所以石灰桩在土中的体胀率也不同。一般情况下，有掺合料的桩直径增大系数为1.1～1.2，相当于体胀系数1.2～1.4。对于膨胀挤密作用的定量研究是困难的，因为这个问题与桩径、桩长、桩距、桩体材料、地下水状况、土质情况及打桩顺序等许多因素有关。大量测试结果表明，经挤密后桩间土的强度为原来强度的1.1～1.2倍。

B　桩和地基土的高温效应

1kg CaO水化生成$Ca(OH)_2$时，理论上放出1164kJ的热量。对于日本的纯生石灰桩，测得的桩内温度最高达400℃；我国加掺合料的石灰桩，桩内温度最高达200～300℃。在通常置换率的情况下，桩间土的温度最高达40～50℃。

当水化温度小于100℃时，升温可以促进生石灰与粉煤灰等桩体掺合料的凝结反应。高温引起了水中水分的大量蒸发，对减少土的含水量，促进桩周土的脱水起了积极作用。

C　置换作用

石灰桩作为纵向的增强体与天然地基土体（基体）组成复合地基，桩土共同工作。桩体强度通常为300～450kPa，石灰桩通常分担了35%～60%的荷载，应力向桩上集中，使得复合地基承载力得到了极大的提高。这种所谓的置换作用不同于局部的换填，它的实质是桩体发挥作用。它在复合地基承载特性中起重要作用。

D　排水固结作用

由于桩体采用了渗透性较好的掺合料，在不同配合比时，测得的渗透系数在$4.07\times10^{-3}\sim6.13\times10^{-5}$cm/s之间，相当于粉细砂，较一般黏性土的渗透系数大10～100倍，表明石灰桩桩体排水作用良好。

沉降观测资料表明，采用石灰桩加固地基的建（构）筑物，开始使用后沉陷已基本完成，沉陷速率都小于0.04mm/d。

石灰桩桩径多采用300～400mm。桩数多，桩距小（$(2\sim3)d$），水平向的排水路径短，有利于桩间土的排水固结。当桩体掺合料采用煤渣、矿渣、钢渣时，排水固结的作用更加显著。

E　加固层的减载作用

由于石灰的密度为0.8～1.0g/cm³，掺合料的干密度为0.6～0.8g/cm³，显著小于土的密度，即使桩体饱和后，其密度也小于土的天然密度。

石灰桩的桩数较多，当采用排土成桩时，加固层的自重减轻；当桩有一定长度时，作用在桩端平面的自重应力减小，即可减小桩底下卧层顶面的附加压力；当下卧层强度低时，这种减载将有一定的作用。

5.2.2.3　石灰桩的化学加固作用

A　桩体材料的胶凝反应

生石灰与活性掺合料的反应是很复杂的，总的看来是$Ca(OH)_2$与活性掺合料中的SiO_2、Al_2O_3反应，生成了硅酸钙及铝酸钙水化物。原华中理工大学、原武汉工业大学曾进行了桩体材料的电子显微镜扫描和X光衍射。结果表明：由石灰和粉煤灰组成的桩体，反应后由6种化合物组成，其中以$Ca_3SiO_2O_7$为主，其次为$CaSiO_2 \cdot H_2O$。新生物不仅仅是单一硅酸盐类，还有复式盐及碳酸盐类。这些盐不溶于水，在含水量很高的土中可以硬化。

B　石灰与桩周土的化学反应

生石灰熟化中的吸水、膨胀、发热等物理效应是在短期内完成的，一般约4个星期趋于稳定，称之为速效效应。这正是石灰桩能迅速取得改良软土效果的原因，下述的化学反应则要进行很长时间：

（1）离子化作用（熟石灰的吸水作用）。生石灰熟化生成的$Ca(OH)_2$处于绝对干燥状态，仍保持很高的吸水能力，它将继续吸收周围土中的水分。

（2）离子交换。组成黏土的黏性矿物的板状、针状结晶由SiO_2骨架组成，其表面带负电，颗粒表面吸附着水中的阳离子，水中的阴离子又经常吸附水分子，于是土颗粒就被厚的弱结合水膜所包围，所以黏土塑性大，抗剪强度低。

$Ca(OH)_2$离子化产生的钙离子和黏土颗粒表面的阳离子进行交换并吸附在颗粒表面，改变了黏土颗粒带电状态，使表面弱结合水膜减薄，土粒凝聚，团粒增大，塑性减小，抗剪强度增大，这种作用称为水胶联结。

（3）固结反应。离子交换对黏土的塑性减小有一定限度。当石灰量超过某个限值时，塑性就不再减小，但仍存在着钙离子与黏土中的SiO_2、Al_2O_3化合发生化学固结反应。同时在pH值增高的环境下，硅的溶解性提高，土中游离硅增多，$Ca(OH)_2$和土中胶态硅和胶态铝发生化学反应生成复杂的化合物。这些反应进行得很缓慢，成为胶结剂后，土的强度就显著提高。而且这个强度随时间延续而增大，具有长期稳定性。这是石灰桩桩周一定厚度的环形内土体强度很高的另一原因。

（4）石灰的碳酸化。$Ca(OH)_2$与空气中的CO_2反应后生成$CaCO_3$结晶，又与$Ca(OH)_2$结晶相结合，构成$CaCO_3 \cdot Ca(OH)_2$合成结晶，这种碳酸化作用，也使桩周土形成强度较高的硬壳层。碳酸化的反应很缓慢，只能作为长期的强度储备来考虑。

5.2.2.4　石灰桩的水下硬化机理

石灰桩在水下软化（糖心）的现象，曾经是石灰桩研究和应用中的重大障碍。导致石灰桩被怀疑的原因是一种旧观念，即石灰为气硬性材料，在水下不能硬化。

针对石灰桩的特定环境，工程实践和室内外试验表明，只要保持桩体密实度即可防止桩体软化，但对生石灰水下硬化的机理没有确切的全面认识。

20世纪30年代，前苏联建材专家H. B. 斯米尔诺夫的研究结果证明，生石灰在水化过程中是可以迅速硬化的。但这种水化凝固需要4个条件：（1）要求生石灰有一定的磨细度；（2）要求放出大量水化热；（3）要求一定的水灰比；（4）石灰和水作用到一定程度时，不能扰动石灰和水，如搅拌或扰动持续到整个消化期，则生石灰不能硬化。上述机理在建材工业中得到运用，许多情况下用生石灰代替消石灰或其他材料具有良好的经济效益。

生石灰水化硬固原理不能用消石灰的干燥和碳酸化来解释，这种反应是在“石灰-水-空气”三相系中发生的。生石灰的水化和水泥水化反应有许多相似之处，它是在“石灰

-水”两相系中完成的，空气的影响很小，不予考虑。它的水化硬固分为表面水化期、胶体化期、凝聚期和结晶期4个过程。这4个过程是生石灰在4个条件限制下无约束硬化时的反应。石灰桩中的生石灰不具备一定的磨细度，但是，由于土和水的导热系数是空气的20~50倍，可以引出大量水化热，能满足条件（1）。石灰桩内生石灰在消化过程中没有扰动，符合条件（4）。关键是条件（3）的研究，即要求一定的水灰比的条件。

夯填在桩内的生石灰块，周围受到约束，体胀系数仅为1.2~1.4，形状上仍保持着原来的块状外观，结构没有完全破坏，其吸水量也受到限制。为了进一步证实桩内生石灰吸水量的限制，进行了空气中消化和石灰桩内消化后石灰含水量的试验。试验结果表明，干燥的熟石灰变成石灰膏需吸收相当于本身重量的水（换算为生石灰的吸水量，则为本身重量的1.32倍），而在石灰桩内的熟石灰，饱和后仅能吸收相当于本身重量一半的水（换算为生石灰的吸水量，则为本身重量的0.66倍），吸水量减少约1倍。因此，桩内的石灰达不到膏状石灰的含水量，即水灰比受到了限制，基本可以满足条件（3）。

由于石灰桩体采用了块状生石灰，不满足条件（1）磨细度的要求。因此挖开的桩体内石灰块内部仅保持了一定的机械强度，一经扰动即成膏状。而已反应溶解的$Ca(OH)_2$和粉状石灰与桩掺合料水化反应后生成了强度较高的水化物。

上述研究又一次表明，石灰桩中的生石灰采用小颗粒状可提高桩体强度。

5.2.2.5 石灰桩的龄期

如上所述，石灰桩加固软土的机理分为物理加固作用和化学加固作用。物理加固作用（吸水、膨胀）的完成时间较短，视土的含水量和渗透系数而定，一般情况下7天以内均可完成，而化学加固作用则速度缓慢。

不同龄期的桩体取样所进行的无侧限抗压强度试验表明，由于桩体材料及配合比多变，结果离散性较大，用静力触探试验检测桩体强度，大体上1个月强度可达半年强度的70%左右，7天龄期的强度约为30天龄期强度的60%~70%。国内外均以1个月龄期的强度作为桩体的设计强度。至于石灰桩强度的长期发展规律，由于试验工作不系统，未能获得明确的结论。从施工后3、5年挖出的桩体来观察，其强度仍有增长。

关于桩间土加固效果长期稳定性的问题，对龄期为2年的石灰桩形成的复合地基做了取样试验，结果是桩边土的孔隙比较天然地基减少5.8%（上部）、19.8%（中部）、3.2%（下部），桩间土分布减少3.7%、10.1%、5.1%，压缩模量为天然地基的1.1~1.6倍，证明了桩间土的长期稳定性。但c、φ值（快剪）与天然地基接近，其原因估计是土样中仅能包括少部分桩边加固效果好的土，其他原因需进一步研究。

5.3 设计计算

5.3.1 一般原则

（1）生石灰应新鲜，生石灰材料中CaO的含量应大于80%，含粉量不得超过20%，未烧透的石灰块或其他杂物含量不得超过5%。为提高桩身强度，可在石灰中掺加粉煤灰、火山灰、石膏、矿渣、炉渣、水泥等材料，掺合料与石灰的比例应通过试验确定。桩身材料的无侧限抗压强度根据土质及荷载要求，一般情况下为0.3~1.0MPa。

（2）石灰桩的设计直径根据不同的施工工艺确定，一般采用300~500mm，桩中心距宜为2.5~3.5倍桩径。桩位布置根据基础形式可采用正三角形、正方形或矩形排列。

（3）石灰桩的加固深度，应满足桩底未经加固土层的承载力要求，当建筑受地基变形控制时还应满足地基变形容许值的要求。

（4）石灰桩的加固范围应根据土质和荷载情况决定。软土地区的条形基础下，其加固范围宜大于基础宽度；当大面积满堂布桩时，宜在整个建筑物的基础外缘增设1~2排。

5.3.2 设计参数及技术要点

（1）桩径。石灰桩宜采用细而密的布桩方式，这样可以充分发挥生石灰的膨胀挤密效应，桩径过小则工效降低。石灰桩成孔直径一般为300~400mm，人工成孔的桩径以300mm为宜。当排土成孔时，实际桩径取1.1~1.2倍成孔直径。管内投料时，桩管直径视为设计桩径。管外投料时，应根据试桩情况测定实际桩径。

（2）桩长。当相对硬层埋藏不深时，桩长应至相对硬层顶面；当相对硬层埋藏较深时，应按桩底下卧层承载力及变形计算决定桩长。避免将桩端置于地下水渗透性大的土层。当采用洛阳铲成孔时，不宜超过6m；当采用机械成孔管外投料时，不宜超过8m。螺旋钻成孔及管内投料时可适当加长。

（3）桩距及置换率。应根据复合地基承载力计算确定，桩中心距一般取2~3倍成孔直径，相应的置换率为0.09~0.20，膨胀后实际置换率约为0.13~0.28。

（4）桩体抗压强度。在通常置换率的情形下，桩分担了35%~60%的总荷载，桩土应力比在3~4之间，长桩取大值，桩体抗压强度的比例界限值可取350~500kPa。

（5）桩间土承载力特征值。桩间土承载力特征值与置换率、施工工艺和土质情况有关。可取天然地基承载力特征值的1.05~1.20倍，土质软弱或置换率大时取高值。

（6）复合地基承载力。复合地基承载力特征值一般为120~140kPa，不宜超过160kPa。当土质较好并采取保证桩身强度的措施时，经过试验后可以适当提高。

（7）沉降。试验及大量工程实践表明，当施工质量较好，设计合理时，加固层沉降约为1~5cm，为桩长的0.5%~0.8%。当石灰桩未能穿透软弱土层时，沉降主要来自于软弱下卧层，设计时应予以重视。

（8）布桩。石灰桩可仅布置在基础底面下。当基底土的承载力特征值小于70kPa时，宜在基础以外布置1~2排围护桩。石灰桩可按等边三角形或矩形布桩。

（9）垫层。一般情况下桩顶可不设垫层。当地基需要排水通道时，可在桩顶以上设200~300mm厚的砂石垫层。

（10）桩身材料配合比。生石灰与掺合料的体积比可选用1∶1或1∶2，对于淤泥、淤泥质土或填土可适当增加生石灰的用量。桩顶附近生石灰用量不宜过大。当掺石膏和水泥时，掺加量为生石灰用量的3%~10%。

5.3.3 石灰桩复合地基的承载特性

在石灰桩复合地基中，桩与土的模量比一般情况下小于10（即$E_p/E_s<10$），具有协同工作的条件。从室内及现场测试的结果可以看出：当试桩的荷载板底无砂垫层时，应力首先向桩上集中，随着荷载的增加，桩产生变形，桩土应力比陡降，应力向土上转移，桩土

开始共同处于弹性压缩状态；当荷载板底设有砂垫层（10cm 厚）时，此时土承受相对无垫层时较大的荷载，随着荷载的增加，土的变形加大，荷载迅速向桩上转移，桩土应力比陡增，继而桩发生变形，桩土应力比降低，桩土开始共同处于弹性压缩状态。以上阶段为桩土变形的调整阶段，这一阶段由于基础与地基接触面不平整，垫层密实度不同等因素，桩土应力比的变化比较剧烈，此阶段变形微小，如图 5-1 所示的 *OA* 段。

随着荷载的继续增加，桩土应力比不断发生不大的调整。桩土的弹性变形不断增加，桩土应力比逐渐减小，一直持续到复合地基荷载达到比例界限，此阶段为弹性压缩阶段，已产生可以容许的变形，如图 5-1 所示的 *AB* 段。继续增加荷载，桩土应力比仅发生微小的调整，桩土应力比缓慢减小，接近某一定值。桩和土均产生塑性变形，基础周边发生局部剪切变形。由于桩体的作用，继续增加荷载时，基础下土体不会发生整体剪切破坏；同时，由于土对桩的围护作用，桩又不会发生脆性失稳破坏，基础下的桩和土继续同时被压实，基础呈冲切形式，不断下沉而又不破坏。此阶段为塑性变形阶段，此时复合地基持续产生较大的塑性变形，如图 5-1 所示的 *BC* 段。

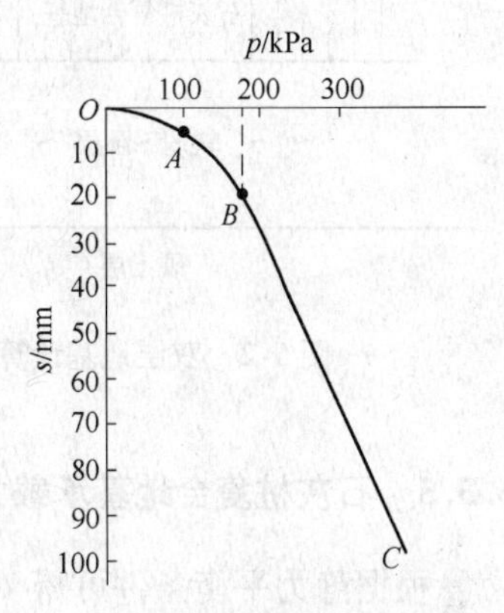

图 5-1　单桩复合地基试验的 p–s 曲线

石灰桩复合地基在整个受力阶段都受变形控制，因此其承载力问题的实质是变形问题。石灰桩复合地基中桩土具有良好的协同工作的特性，土的变形控制着复合地基的变形，所以复合地基的容许变形的标准应当与天然地基的标准一致。根据大量的荷载试验分析，石灰桩复合地基的比例界限多在 $s=0.012b$（d）（b 为加载板边长，d 为加载板半径）所对应的荷载附近。

因此，用沉降为 $0.012b$（d）的标准来控制石灰桩复合地基的承载力是适宜的。

试验研究证明，当石灰桩复合地基荷载达到其承载力特征值时，具有以下特征：

（1）沿桩长范围内各点桩和土的相对位移很小（2mm 以内），桩土变形协调；

（2）土的接触压力接近桩间土承载力特征值，即桩间土发挥度系数为 1；

（3）桩顶接触压力达到桩体的比例界限，桩顶出现塑性变形；

（4）桩土应力比趋于稳定，其值在 2.5 ~ 5 之间，大多为 3 ~ 4；

（5）桩土的接触压力可采用平均压力进行计算。

5.3.4 计算模型

5.3.4.1 双层地基模型

在非深厚软土地区，当加固层的天然地基承载力在 80kPa 以上时，可将石灰桩加固层看成一层复合垫层，下卧层为另一层地基，在强度和变形计算时按一般双层地基进行计算（见图 5-2）。

5.3.4.2 群桩地基模型

在深厚软土地区，可按群桩地基模型计算（见图 5-3）。这时，可将石灰桩群桩看成一个假想实体基础进行地基承载力和变形的验算。沉降观测表明，按群桩地基模型计算时，计算值往往大于实测值。

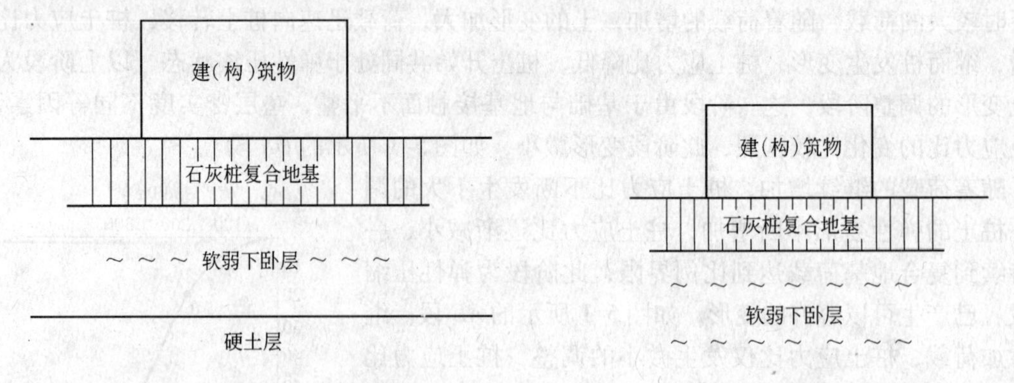

图 5-2　双层地基计算模型　　　图 5-3　群桩地基计算模型

5.3.5　石灰桩复合地基承载力计算

根据静力平衡条件可得

$$\sigma_{sp} = m\sigma_p + (1 - m)\sigma_s \tag{5-1}$$

式中　σ_{sp} ——复合地基平均应力，kPa；

σ_p ——桩顶平均接触应力，kPa；

σ_s ——桩间土平均接触应力，kPa；

m ——面积置换率。

当 σ_p 达到桩体比例界限 f_{pk} 时，σ_s 达到桩间土承载力特征值 f_{sk}，σ_{sp} 即达到复合地基承载力特征值 f_{spk}，因此式（5-1）可改写为：

$$f_{spk} = mf_{pk} + (1 - m)f_{sk} \tag{5-2}$$

$$m \approx d^2/d_e^2 \tag{5-3}$$

式中　f_{spk} ——石灰桩复合地基承载力特征值，kPa；

f_{pk} ——石灰桩桩身抗压强度比例界限值，kPa；

f_{sk} ——石灰桩处理后桩间土的承载力特征值，kPa，取天然地基承载力特征值的1.05~1.20倍，土质软弱或置换率大时取高值；

m ——石灰桩面积置换率；

d ——桩身平均直径，m，按1.1~1.2倍成孔直径计算，土质软弱时宜取高值；

d_e ——1根桩分担的处理地基面积的等效圆直径，m。

等边三角形布桩时　　$d_e = 1.05s$　　(5-4)

正方形布桩时　　$d_e = 1.13s$　　(5-5)

矩形布桩时　　$d_e = 1.13\sqrt{s_1 s_2}$　　(5-6)

式中，s 为等边三角形布桩和正方形布桩时的桩间距；s_1，s_2 分别为矩形布桩时的纵向桩间距和横向桩间距。

由式（5-2）还可得

$$m = \frac{f_{spk} - f_{sk}}{f_{pk} - f_{sk}} \tag{5-7}$$

设计时可直接利用式（5-7）预估所需的置换率。桩体的比例界限可通过单桩竖向静载试验测定，或利用桩体静力触探试验 p_s 值确定（经验值为 $f_{pk} \approx 0.1p_s$），也可取 f_{pk} = 350 ~ 500kPa 进行初步设计。施工条件好、土质好时取高值；施工条件差、地下水渗透系数大、土质差时取低值。

大量的试验研究结果表明，石灰对桩周边厚 0.3d 左右的环状土体具有明显的加固效果，强度提高系数达 1.4 ~ 1.6，圆环以外的土体加固效果不明显。因此，可采用下式计算桩间土承载力 f_{sk}：

$$f_{sk} = \left[\frac{(K-1)d^2}{A_e(1-m)} + 1\right]\mu f_{ak} \tag{5-8}$$

式中 f_{ak} ——天然地基承载力特征值，kPa；

K——桩边土强度提高系数，取 1.4 ~ 1.6，软土取高值；

A_e ——1 根桩分担的地基处理面积，m^2；

m——面积置换率；

d——桩身平均直径，m；

μ ——成桩中挤压系数，排土成孔时 $\mu = 1$，挤土成孔时 $\mu = 1 \sim 1.3$（可挤密土取高值，饱和软土取 1）。

根据大量的实测结果和计算，加固后桩间土的承载力 f_{sk} 和天然地基承载力 f_{ak} 存在如下关系：

$$f_{sk} = (1.05 \sim 1.20)f_{ak} \tag{5-9}$$

通常情况下，土较软时取高值，反之取低值。

当石灰桩复合地基存在软弱下卧层时，应按下式验算下卧层的地基承载力：

$$p_z + p_{cz} \leqslant f_{az} \tag{5-10}$$

式中 p_z ——对应于荷载效应标准组合时，软弱下卧层顶面处的附加压力值，kPa；

p_{cz} ——软弱下卧层顶面处的自重压力值，kPa；

f_{az} ——软弱下卧层顶面经深度修正后的地基承载力特征值，kPa。

5.3.6 石灰桩复合地基沉降计算

5.3.6.1 复合地基的变形特征

（1）石灰桩复合地基桩、土变形协调，桩与土之间无滑移现象。基础下桩、土在荷载作用下变形相等。

（2）可以根据桩间土分担的荷载 σ_s，用天然地基的计算方法计算复合地基加固层的沉降。

（3）可以根据复合地基总荷载 σ，用天然地基的计算方法计算复合地基加固层以下的下卧层的沉陷。

5.3.6.2 复合地基变形的计算方法

A 等应变法

根据前述复合地基承载特征及变形特征得出的三个结论（桩土变形协调，桩和桩间土变形相等；可以按桩间土分担的荷载用天然地基的计算方法求得加固层变形；复合地基达到承载力标准值时，桩间土也达到承载力标准值，即桩间土承载力发挥度β为1)，在计算使用阶段的加固层变形时，可以很简单地把桩间土承载力标准值作为荷载，以桩间土压缩模量用分层总和法来计算加固层变形。

问题在于如何求得极限状态以内任一荷载水平时桩间土的接触压力σ_s。

图5-4所示为群桩载荷试验中测得的桩顶以下不同区段的桩体应力-应变关系。桩顶部及底部的变形模量小于桩中部，以桩顶部模量最小。图中反映出石灰桩顶有一个初始结构强度σ_0，应力超过此值后，在桩周土围压作用下，桩体应力应变呈线性关系。此时桩体的变形可用下式表示：

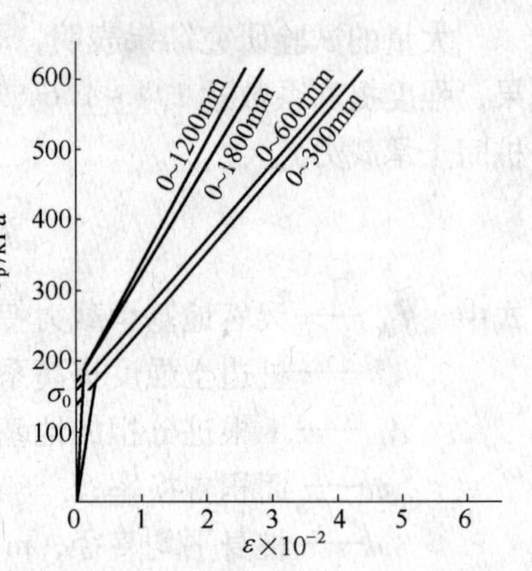

图5-4 桩体应力-应变图

$$\varepsilon_p = \frac{\frac{p_p}{A_p} - \sigma_0}{E'_p} \tag{5-11}$$

土的变形为：

$$\varepsilon_{so} = \frac{\sigma_s}{E'_{so}} \tag{5-12}$$

桩土变形协调：

$$\frac{\frac{p_p}{A_p} - \sigma_0}{E'_p} = \frac{\sigma_s}{E'_{so}} \tag{5-13}$$

令置换率$m = \frac{A_p}{A}$，$n_1 = \frac{E'_p}{E'_{so}}$，则

$$\sigma_s = \frac{\sigma - \sigma_0 m}{m(n_1 - 1) + 1} \tag{5-14}$$

$$n_1 = n - \frac{\sigma_0}{\sigma_s} \tag{5-15}$$

式中 σ——基础下总荷载强度；

σ_s——基础底面桩间土接触应力；

A——复合地基单元总面积；

A_p——复合地基单元中桩面积；

E'_p——桩变形模量；

E'_{so}——桩间土变形模量；

p_p——桩承受的荷载；

σ_0——桩顶的初始结构强度，取值130~180kPa，桩间土强度高时取大值，强度低时取小值；

n——桩土应力比；

ε_p，ε_{so}——桩的应变和桩间土的应变。

应用式（5-11）求桩间土应力 σ_s 时需注意以下几个问题：

（1）因桩体模量随深度变化，因此，用载荷试验求桩体变形模量时，应取顶部及顶部以上 0.6 ~ 0.8m 处变形模量的当量值。或采用静力触探确定 E'_p 的经验值，即 $E'_p = 4p_s$，p_s 为桩体静力触探标贯阻力在全桩长范围内的平均值。

（2）E'_{so} 值可用载荷试验求得，或近似地取 $E'_{so} = \alpha E_{so}$，α 为桩间土承载力提高系数，E_{so} 为天然地基变形模量。式（5-11）仅适用于桩顶应力大于 σ_0 的情况。在设计时为预估加固层变形量，可令 $n_1 = 2 \sim 3$，用式（5-14）求算 σ_s。按式（5-14）计算出 σ_s，从而算出桩分担荷载，结果与实测相符，见图 5-5。下降层变形以总荷载按分层总和法求出。

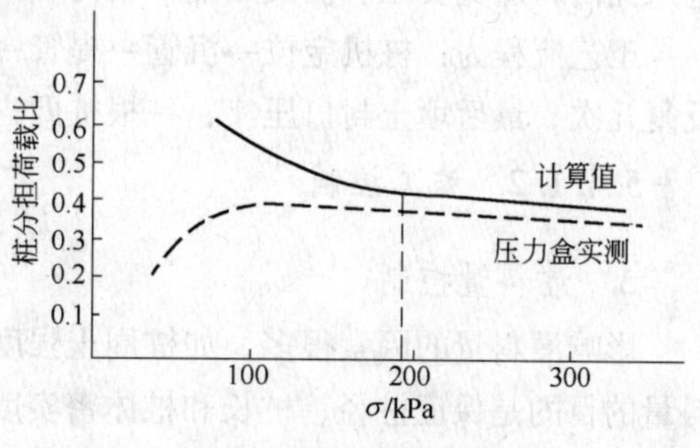

图 5-5　桩分担荷载与总荷载的关系

B　复合模量法

由于复合地基中桩土变形协调，因此，以复合地基的复合压缩模量来进行加固层的变形计算也是简单可行的。

为了实用，忽略桩顶初始结构强度 σ_0 的影响，并将桩、土、复合土层的模量一概视为压缩模量，则有：

$$\frac{\sigma_p}{E_p} = \frac{\sigma_s}{E'_s}$$

$$E_{sp} = E_p m + (1 - m)E'_s \tag{5-16}$$

或

$$E_{sp} = [m(n-1) + 1]E'_s \tag{5-17}$$

式中　E_{sp} ——复合土层的复合压缩模量；

E_p ——桩体压缩模量；

E'_s ——桩间土压缩模量。

$$E'_s \approx \alpha \cdot E_s \tag{5-18}$$

运用式（5-17）时，取经验值 $n = 2.5 \sim 5$，可能出现较大误差，较接近的办法是实测 E_p、E'_s。在不同深度取桩、土样进行压缩试验，求得桩和土的当量压缩模量。当桩底取样困难时可取基底以下 0.3m、0.8m 的桩、土样，压缩模量取其算术平均值。求得 E_{sp} 后，即可按总载荷以分层总和法求算加固层及其以下压缩层范围内土的变形。

5.4　施工工艺

5.4.1　管外投料法

石灰桩体中含大量掺合料，掺合料不可避免地有一定含水量。当掺合料与生石灰拌和后，生石灰和掺合料中的水分迅速发生反应，生石灰体积膨胀，极容易发生堵管现象。管外投料法避免了堵管，可以利用现有的混凝土灌注桩机施工。但在软土中成孔时容易发生塌孔或缩孔现象，且孔深不宜超过6m，桩径和桩长的保证率相对较低。

5.4.1.1 施工方法

采用打入、振入、压入的灌注桩机均可施工。桩管采用200～325mm无缝钢管。为防止拔管时孔内负压进入造成塌孔，采用活动式桩尖，拔管时桩尖靠自重落下，空气由桩管进入孔内，避免负压。桩尖角度一般为45°，60°，90°。土质较硬时用小值。

工艺流程为：桩机定位→沉管→提管→填料→压实→再提管→再填料→再压实，这样反复几次，最后填土封口压实，一根桩即告完成。

5.4.1.2 施工控制

A 灌料量控制

影响灌料量的因素很多，如桩周土强度、压实次数、设计桩径、桩管直径等，控制灌料量的目的是保证桩径、桩长和桩体密实度。

确定灌料量时，首先根据设计桩径计算每延米桩料体积，然后将计算值乘以1.4的系数作为每米灌料量。由于掺合料含水量变化很大，在工地宜采用体积控制。

B 打桩顺序

应尽量采用封闭式，即从外圈向内圈施工。桩机宜采用前进式，即刚打完的桩处于桩机下方，以机身重量增加覆盖压力，减少地面隆起。为避免生石灰膨胀引起邻近孔塌孔，宜间隔施打。

C 技术安全措施

（1）生石灰与掺合料拌和不宜过早，随灌随拌，以免生石灰通水膨胀影响质量。

（2）孔口土封顶宜用含水量适中的土，封口高度不宜小于0.5m，孔口封土标高应高于地面，防止早期地表水浸泡桩顶。

（3）石灰桩容许偏差没有混凝土桩要求严格。遇有地下障碍物时，技术人员在现场可根据基础尺寸、荷载等因素变动桩位。正常情况下，桩位偏差不宜大于10cm，倾斜度不大于1.5%，桩径误差不大于 ±3cm，桩长误差不大于 ±15cm。

（4）大块生石灰必须破碎，粒径不大于10cm。生石灰在现场露天堆放时间视空气湿度及堆放条件确定，一般不长于2～3天。

（5）桩顶应高出基底标高10cm左右。

5.4.2 管内投料法

管内投料法适用于地下水位较高的软土地区。管内投料施工工艺与振动沉管灌注桩的工艺类似，流程为：桩机定位→沉管→灌料→拔管→成桩→反压→封口压实。

5.4.3 挖孔投料法

利用特制的洛阳铲人工挖孔、投料夯实，是广泛应用的一种施工方法。由于洛阳铲在切土、取土过程中对周围土体的扰动很小，在软土甚至淤泥中可保持孔壁稳定。这种简易的施工方法避免了振动和噪声，能在极狭窄的场地和室内作业，造价低，工期短，质量可靠。因此，适用的范围较大。

挖孔投料法主要受深度的限制，一般情况下桩长不宜超过6m。在地下水位下的砂类土及塑性指数小于8的粉土中则难以成孔。

工艺流程为：定位→钢钎或铁锹开口（深度50cm左右）→人工洛阳铲成孔→孔内抽水→孔口拌和桩料→下料→夯击→再下料→再夯实→封口填土夯实。

5.5 效果检验

石灰桩施工质量的好坏直接关系到工程的成败，因此做好施工质量控制和效果检验工作尤为重要。

5.5.1 施工质量控制

施工质量控制的主要内容包括桩点位置、灌料质量、桩身密实度等，其中以灌料质量和桩身密实度检验为重点。桩身密实度检验可采用轻便触探、取样试验。

5.5.2 效果检验

通过加固前后土的物理力学性质试验和现场试验来判断其加固效果。

室内试验的项目主要有桩身无侧限抗压强度、桩身抗剪强度、含水量；桩间土加固前后土的常规物理、力学性质指标。

现场试验项目包括十字板剪切试验、轻便触探试验、静力触探试验、载荷试验等。具体采用某项或某几项试验，应视工程具体情况而定。

对于重要工程和尚无石灰桩加固经验的地区，宜采用多种试验方法，综合判断加固效果。

5.6 工程实例

5.6.1 工程实例一

A　工程概况

武汉某印刷厂拟在其宿舍区内兴建一幢7层砖混结构住宅楼（该住宅楼每层均设有圈梁），总建筑面积为3000m^2。该场区地势平坦，地貌形态属长江冲积一级阶地。据勘察，土层自上而下分别为杂填土、黏土、粉质黏土夹粉砂、淤泥质黏土、粉砂夹粉质黏土。各土层物理力学性质指标见表5-2。各土层特征分述如下。

（1）杂填土：层厚1.0～1.5m，由黏性土夹生活垃圾组成，结构杂乱，土质不均。

（2）黏土：层厚3.5～4.7m，黄褐色，稍湿～湿，可塑，属中压缩性土层。

（3）粉质黏土夹粉砂：层厚1.8～3.2m，褐灰色～灰色，很湿～饱和，软～流塑，属中～高压缩性土层。

（4）淤泥质黏土：层厚4.3～5.9m，灰色，湿，软～流塑，属高压缩性土层。

（5）粉砂夹粉质黏土：层厚5.1～5.8m，灰色，很湿～饱和，稍密，属中～高压缩性土层。

表 5-2　各土层物理力学性质指标

土　层	含水量 w/%	天然密度 ρ/g·cm^{-3}	天然空隙比 e	饱和度 S_r/%	塑性指数 I_P	液压指数 I_L	压缩模量 E_s/MPa	承载力 f_k/kPa
黏　土	39.8	1.88	1.12	98	20.2	0.74	4.5	100
粉质黏土	33.2	1.91	0.88	48	14.1	0.89	3.2	80
淤泥质黏土	49.3	1.73	1.46	97	19.7	1.22	3.0	80
粉　砂	25.5	1.91	0.86	96	—	—	4.5	130

B　工程设计

基础占地面积为426m^2，原设计采用深层搅拌桩，桩长为13m，总桩数456根。若采用沉管灌注桩、钻孔灌注桩或预制桩，则造价更高。后经方案比较，决定采用人工石灰桩处理浅层地基。

由于人工石灰桩施工深度有限，仅对地表下5m内f_k =100kPa的黏土进行浅层处理，对于其下f_k =80kPa的软土必须进行下卧层强度验算。

根据探头桩的设计思想，在该住宅楼的四角和中部将基础挑出，同时在挑出部分的基础下布置探头桩，既可减小基底压力，又增加了基础的惯性矩，使建筑物抗倾覆能力大大增强。原设计基底压力150kPa，采用上述措施后，基底压力减至143kPa，基底附加压力为125kPa。按地基基础设计规范，压力扩散角θ=23°。基础总面积为470m^2，压力扩散到下卧层顶面后的面积为661m^2，下卧层顶面处土的附加压力p_z=88.9kPa。下卧层顶面处土的自重压力如p_{cz} =88kPa，软弱下卧层顶面处经深度修正后的地基承载力设计值f_{az} = 177.2kPa>176.9kPa，即p_z十p_{cz} <f_{az}，因此，软弱下卧层验算满足要求。

由于石灰桩复合地基不同于一般的柔性桩复合地基，例如石灰桩的减载作用、排水固结作用、挤密作用等均是深层搅拌桩复合地基所不具备的，因此石灰桩复合地基的设计有其特殊性。

本工程中，选取f_{sk} =1.08f_k =108kPa，f_{pk} =300kPa。

平均置换率
$$m=\frac{f_{spk}-f_{sk}}{f_{pk}-f_{sk}}=\frac{150-108}{300-108}=0.219$$

理论布桩总数
$$n=\frac{mA}{(\pi/4)d_1^2}=\frac{0.219\times 470}{0.785\times 0.35^2}=1070$$

实际布桩总数1108根，行、列间距为0.7m，桩长为4.5m，石灰桩成孔直径为300mm，膨胀后以350mm计。

C　工程施工

此工程石灰桩施工采用人工洛阳铲成孔工艺。人工洛阳铲成孔具有施工条件简单、施工速度快、不受场地条件限制和造价低等优点。

石灰桩桩体材料为生石灰和活性掺合料。规定生石灰CaO含量不得小于70%，石灰块直径不超过5~8cm。根据该场地地质条件，掺合料选用粉煤灰，材料配比为生石灰：粉煤灰=1：2（体积比）。粉煤灰含水量在30%左右。在石灰桩施工过程中，成孔、清底、抽水、夯填、封口过程中施工质量均进行严格把关。孔深、孔径均达到设计要求，填料均在孔口充分拌匀，而且每次下料厚度都不大于0.4m，夯填密实度大于设计配合比最佳密实度90%。为防止石灰桩向上膨胀，在桩顶部分用黏土夯实，且封土厚度均不小于0.4m，这样可使石灰桩侧向膨胀，将地基土挤密。由于生石灰与粉煤灰容重小于地基土，因此排土成孔石灰桩施工工艺具有使加固层减载的优点。由于桩体材料置换土体，使得石灰桩比同体积的土体重量减小了1/3以上，因而对软弱下卧层的压力减小，这个因素在此工程设计计算中未考虑，作为安全储备。为使桩间土得到最佳的挤密效果，此工程施工顺序为从外向里，隔排施工。先施工最外排石灰桩可起到隔水的作用，场地地下水因石灰桩灌孔时抽水外排而不断降低，这对于保证成桩速度和成桩质量都起到了积极作用。石灰桩施工进度较快，全部石灰桩20天时间即施工完毕。

D 加固效果

石灰桩28天龄期的桩身强度仅为后期强度的50%～60%，通常以28天检测结果确定石灰桩复合地基承载力。由于该工程工期较紧，石灰桩施工完毕一周后，建设单位即要求对加固效果进行检验。共对12根桩和桩间土12个点进行了静力触探检测。结果表明，桩体强度$f_{pk}=350$kPa，桩间土承载力$f_{sk}=110$kPa，石灰桩复合地基承载力$f_{spk}=162$kPa，满足设计要求。

建筑物施工过程中进行了沉降观测，竣工后一年，沉陷基本均匀且趋于稳定，最大沉降量为7.8cm。加固效果良好，这是石灰桩应用在深厚软土地基上的成功范例。

5.6.2 工程实例二

A 工程概况

某沿江城市新建110kV变电所，总建筑面积约为3600m²。该变电所场区地势平坦，地貌形态属长江河漫滩阶地。据勘察，土层自上而下分别为杂填土、黏土、粉质黏土夹粉砂、淤泥质黏土、粉砂夹粉质黏土。各土层岩性特征分述如下：

（1）杂填土层厚1.0～1.5m，由黏性土夹生活垃圾组成，结构杂乱，土质不均。

（2）黏土层厚3.5～5.5m，黄褐色，稍湿～湿，可塑偏软，属中压缩性土层，$f_{ak}=100$kPa，$E_s=4.3$MPa。

（3）粉质黏土夹粉砂层厚1.8～3.2m，褐灰色～灰色，很湿～饱和，软塑～流塑，属中～高压缩性土层，$f_{ak}=80$kPa，$E_s=3.3$MPa。

（4）淤泥质黏土层厚1.5～5.9m，青灰色，湿，软～流塑，夹泥炭，属高压缩性土层，$f_{ak}=80$kPa，$E_s=3.0$MPa。

（5）粉砂夹粉质黏土层厚5.1～5.8m，灰色，很湿～饱和，稍密，属中～高压缩性土层，$f_{ak}=140$kPa。

B 工程设计

基础占地面积为526m²，原设计采用预应力混凝土管桩，桩长为10m，总桩数510根，造价较高。后应建设方要求，设计人员重新进行了方案比较，经多方讨论后，决定采用人工石灰桩法来进行地基处理。

由于人工石灰桩施工深度有限，仅对地表下5m内黏土层进行浅层处理。

本工程设计桩径$d=300$mm，桩距为700mm，正方形布置，设计桩长4m，复合地基承载力设计值为140kPa。

由于设计桩径 $d=300mm$，膨胀后实际桩径约为 330mm，外加桩边约 1cm 厚硬壳层，则实际桩径 $d_1=350mm$。

采用下式计算桩间土承载力 f_{sk}：

$$f_{sk}=\left[\frac{(k-1)d^2}{A_e(1-m)}+1\right]\mu f_{ak}$$

$$m=d^2/d_e^2$$

式中 f_{ak}——天然地基承载力特征值，kPa，本工程中，$f_{ak}=100kPa$；

k——桩边土强度提高系数，取 1.4~1.6，软土取高值，本工程中，选取 $k=1.6$；

A_e——1 根桩分担的地基处理面积，m^2；

m——面积置换率；

d——桩身平均直径，m；

μ——成桩中挤压系数，排土成孔时，$\mu=1$，挤土成孔时，$\mu=1\sim1.3$（可挤密土取高值，饱和软土取 1），本工程中，选取 $\mu=1$。

经计算，平均置换率 $m=0.196$；理论布桩总数 $n=1072$（实际布桩总数 1120 根）；$f_{sk}=118kPa$。

然后，根据下式计算石灰桩复合地基承载力特征值 f_{spk}：

$$f_{spk}=mf_{pk}+(1-m)f_{sk}$$

式中 f_{pk}——石灰桩桩身抗压强度比例界限值，kPa，本工程中，选取 $f_{pk}=300kPa$；

f_{sk}——石灰桩处理后桩间土的承载力特征值，kPa，本工程中，选取 $f_{sk}=118kPa$；

m——石灰桩面积置换率，本工程取 0.196。

经计算，$f_{spk}=154kPa>140kPa$，满足设计要求。

C 工程施工

本工程石灰桩施工采用人工洛阳铲成孔工艺。人工洛阳铲成孔具有施工条件简单、施工速度快、不受场地条件限制和造价低等优点。

石灰桩桩体材料为生石灰和活性掺合料。规定生石灰 CaO 含量不得小于70%，石灰块直径不超过 5~8cm。根据该场地地质条件，掺合料选用粉煤灰，材料配比为生石灰：粉煤灰=1：2（体积比）。粉煤灰含水量在 30% 左右。在石灰桩施工过程中，成孔、清底、抽水、夯填、封口过程中施工质量均进行严格把关。孔深、孔径均达到设计要求，填料均在孔口充分拌匀，而且每次下料高度都不大于 0.4m，夯填密实度大于设计配合比最佳密实度 90%。

由于生石灰与粉煤灰容重小于地基土，因此排土成孔石灰桩施工工艺具有使加固层减载的优点。由于桩体材料置换土体，使得石灰桩比同体积的土体重量减小了 1/3 以上，因而对软弱下卧层的压力减小，这个因素在此工程设计计算中未考虑，可作为安全储备。

为使桩间土得到最佳的挤密效果，此工程施工顺序为从外向里，隔排施工。先施工最外排石灰桩可起到隔水的作用，场地地下水因石灰桩灌孔时抽水外排而不断降低，这对于保证成桩速度和成桩质量都起到了积极作用。

石灰桩施工进度较快，全部石灰桩施工在 20d 左右。

D 工程检测及效果

石灰桩 28d 龄期的桩身强度仅为后期强度的 50%~60%，通常以 28d 检测结果确定石灰桩复合地基承载力。

本工程共对15根桩和桩间土15个点进行了静力触探检测。结果表明，桩体强度f_{pk} = 320kPa，桩间土承载力f_{sk} = 120kPa，石灰桩复合地基承载力f_{spk} = 160kPa，满足设计要求。建筑物施工过程中进行了沉降观测，竣工后一年，沉降基本均匀且趋于稳定，满足设计要求。

E 结论及建议

（1）一般软土地区7层以下工业与民用建（构）筑物，在地下水位很高的条件下，采用石灰桩法处理地基基础往往较经济，施工进度又较快，效果较佳。

（2）采用石灰桩法处理地基时为防止石灰桩向上膨胀，在桩顶部分用黏土夯实，且封土厚度均不小于0.4m。这样可使石灰桩侧向膨胀，将地基土挤密。

（3）对于软土必须进行下卧层强度验算。本工程原设计基底压力140kPa，采用上述措施后，基底压力减至133kPa，基底附加压力为125kPa。按地基基础设计规范，压力扩散角为23°。经验算，下卧层顶面处土的附加压力（P_z）与下卧层顶面处土的自重压力（P_{cz}）之和小于软弱下卧层顶面处经深度修正后的地基承载力设计值（f_{az}），因此，软弱下卧层验算满足要求。

（4）石灰桩复合地基不同于一般的柔性桩复合地基，例如石灰桩的减载作用、排水固结作用、挤密作用等均是深层搅拌桩复合地基所不具备的，因此石灰桩复合地基的设计有其特殊性，建议应根据工程的实际情况综合应用。

思考题

5-1 石灰桩法的适用范围有哪些？可应用于何类工程？

5-2 石灰桩法的物理加固作用有哪些？

5-3 如何设计石灰桩复合地基？

5-4 如何计算设计石灰桩复合地基的沉降？

5-5 石灰桩法有哪些施工方法？

5-6 石灰桩法处理地基后，如何进行质量检测？

注册岩土工程师考题

5-1 石灰桩的主要固化剂为（ ）。

A. 生石灰

B. 粉煤灰

C. 火山灰

D. 矿渣

5-2 桩施工时，下述不正确的是（ ）。

A. 灰桩应采用有效CaO含量不低于70%的新鲜生石灰

B. 掺合料含水量过大时在地下水以下易引起冲孔（放炮）

C. 灰桩施工时不宜采用挤土成孔法

D. 地基需要排水通道时，可在桩顶以上设 200 ~ 300mm 厚的砂垫层

5-3 下列关于石灰桩法加固机理和适用条件的说法中不正确的是（ ）。

A. 石灰桩通过生石灰吸水膨胀作用以及对桩周土的离子交换和胶凝反映使桩身强度提高

B. 桩身中生石灰与矿石渣等拌合料通过水化胶凝反应使桩身强度提高

C. 石灰桩适用于地下水以下的饱和砂土

D. 石灰桩作用于地下水位以上的土层时宜适当增加拌合料的含水量

5-4 石灰桩法特别适用于（ ）地基的加固。（多选题）

A. 黏性土

B. 杂填土

C. 新填土

D. 淤泥

5-5 对软土采用石灰桩处理后，石灰桩外表层会形成一层强度很高的硬壳层，这主要是由（ ）起的作用。

A. 吸水膨胀

B. 离子交换

C. 反应热

D. 碳酸反应

参考答案：5-1. A 5-2. C 5-3. C 5-4. CD 5-5. B

6　水泥粉煤灰碎石桩法

本章概要

本章对 CFG 桩的定义、工作特点及适用范围等内容进行简要介绍，重点阐述 CFG 桩法的加固机理、设计计算过程、施工工艺及质量控制等环节，并给出某工程实例，以便对本章内容加深理解。

水泥粉煤灰碎石桩（cement fly-ash gravel pile）简称 CFG 桩，是在碎石桩基础上加进一些石屑、粉煤灰和少量水泥，加水拌和，用振动沉管打桩机或其他成桩机具制成的具有一定黏结强度的桩。这种地基加固方法吸取了振冲碎石桩法和水泥搅拌桩法的优点，特点为：施工工艺简单；无场地污染，振动影响较小；仅需少量水泥，便于就地取材；水泥粉煤灰碎石桩的受力特性与水泥搅拌桩类似。通过调整水泥掺量及配比，水泥粉煤灰碎石桩的强度等级在 C15 ~ C25 之间变化，是介于刚性桩与柔性桩之间的一种桩型。CFG 桩和桩间土一起，通过褥垫层形成 CFG 桩复合地基共同工作，故可根据复合地基性状和计算进行工程设计。

CFG 桩复合地基适用于处理黏性土、粉土、砂土和自重固结已完成的素填土地基。对于淤泥质土地基应按照地区经验或通过现场试验确定其适用性。

6.1　加固机理

CFG 桩加固软弱地基主要有桩体作用、挤密作用和褥垫层作用三种作用。

（1）桩体作用。CFG 桩不同于碎石桩，是具有一定黏结强度的桩，在外荷载作用下，桩身不会向碎石桩那样出现鼓胀破坏，并可全桩长发挥侧摩阻力，桩落在好土层上具有明显的端承力，桩承受的荷载通过桩周的摩阻力和桩端阻力传到深层地基中，其复合地基承载力可大幅提高。再者，基础传给复合地基的附加应力随地基的变形逐渐集中到桩体上，出现应力集中现象，复合地基的 CFG 桩起到了桩体作用。

（2）挤密作用。CFG 桩采用振动沉管法施工，由于振动和挤压作用使桩间土得到挤密。采用 CFG 桩加固后的地基，其含水量、孔隙比、压缩系数均有所降低，重度、压缩模量均有所增加。

（3）褥垫层作用。由级配砂石、粗砂、碎石等散体材料组成的褥垫层，在复合地基中的作用为：保证桩、土共同承担荷载；减少基础底面的应力集中；褥垫层厚度可以调整桩、土荷载分担比；褥垫层厚度可以调整桩、土水平荷载分担比。

6.2 设计计算

当CFG桩桩体标号较高时，具有刚性桩的性状，但在承担水平荷载方面与传统的桩基有明显的区别。桩在桩基中可承受垂直荷载也可承受水平荷载，它传递水平荷载的能力远远小于传递垂直荷载的能力。而CFG桩复合地基通过褥垫层把桩和承台（基础）断开，改变了过分依赖桩承担垂直荷载和水平荷载的传统思想。CFG桩复合地基通过褥垫层与基础相连，并有上、下双向刺入变形模式，保证了桩间土始终参与工作。因此，垂直承载力设计首先是将土的承载力充分发挥，不足部分由CFG桩来承担，显然与传统的桩基设计思想相比，桩的数量可以大大减少。

CFG桩复合地基的设计参数共6个，分别为桩径、桩距、桩长、桩体强度、褥垫层的设计以及桩的布置。

6.2.1 桩径

长螺旋钻中心压灌、干成孔和振动沉管成桩的桩径 d 宜为350～600mm；泥浆护壁钻孔成桩的桩径宜为600～800mm。

6.2.2 桩距

桩距 l 的大小取决于基础形式、设计要求的复合地基承载力和变形、土性及施工工艺等因素。桩距选用参考值见表6-1。

选用桩距 l 的基本原则如下：

（1）采用非挤土成桩工艺和部分挤土成桩工艺，桩间距宜为 $(3\sim5)d$。

（2）采用挤土成桩工艺和墙下条形基础单排布桩的桩间距宜为 $(3\sim6)d$。

（3）桩长范围内有饱和粉土、粉细砂、淤泥、淤泥质土层，采用长螺旋钻中心压灌成桩施工中可能发生窜孔时宜采用较大桩距。

表6-1 桩距选用表

桩距 / 土质 / 布桩形式	挤密性好的土，如砂土、粉土、松散填土等	可挤密性土，如粉质黏土、非饱和型黏土等	不可挤密性土，如饱和黏土、淤泥质土等
单、双排布桩的条基	$(3\sim5)d$	$(3.5\sim5)d$	$(4\sim5)d$
含9根以下的独立基础	$(3\sim6)d$	$(3.5\sim6)d$	$(4\sim6)d$
满堂布桩	$(4\sim6)d$	$(4\sim6)d$	$(4.5\sim7)d$

注：d 为桩径，以成桩后的实际桩径为准。

6.2.3 桩长

桩长根据桩端持力层位置确定，一般水泥粉煤灰碎石桩应选择承载力和压缩模量相对较高的土层作为桩端持力层。

6.2.4 复合地基强度

CFG桩复合地基承载力特征值应通过现场复合地基载荷试验确定，初步设计也可按照下式估算：

$$f_{spk} = \lambda m \frac{R_a}{A_p} + \beta(1 - m)f_{sk} \tag{6-1}$$

式中 f_{spk}——复合地基承载力特征值，kPa；

m——面积置换率；

R_a——单桩竖向承载力特征值，kN；

A_p——桩的截面积，m^2；

λ——单桩承载力发挥系数，宜按地区经验取值，如无经验时可取0.8～0.9；

f_{sk}——处理后桩间土承载力特征值，kPa，宜按地区经验取值，如无经验时可取天然地基承载力特征值；

β——桩间土承载力折减系数，宜按地区经验取值，如无经验时可取0.9～1.0。

6.2.5 桩体强度

桩体强度应满足下式：

$$f_{cu} \geqslant 4\frac{\lambda R_a}{A_p} \tag{6-2}$$

式中 f_{cu}——桩体混合料试块标准养护28天立方体抗压强度平均值，kPa。

6.2.6 褥垫层的设计

6.2.6.1 褥垫层材料

褥垫层的材料多用碎石、级配砂石（限制最大粒径一般不超过3cm）、粗砂、中砂等。

6.2.6.2 褥垫层的铺设范围

垫层的加固范围要比基底面积大，其四周宽出基底的部分不宜小于褥垫的厚度。

6.2.6.3 褥垫层的厚度

若褥垫层厚度过小，桩对基础将产生很显著的应力集中，需考虑桩对基础的冲切，势必导致基础加厚。如果基础承受水平荷载作用，可能造成复合地基中桩发生断裂。由于褥垫层厚度过小，桩间土承载能力不能充分发挥，要达到实际要求的承载力，必然要增加桩的数量或桩的长度，造成经济上的浪费。唯一带来的好处是建（构）筑物的沉降量小。

褥垫层厚度大，桩对基础产生的应力集中很小，可不考虑桩对基础的冲切作用，基础受水平载荷作用，不会发生桩的断裂。褥垫层厚度大，能够充分发挥桩间土的承载能力。若褥垫层的厚度过大，会导致桩、土应力比等于或接近于1，此时桩承担的荷载太少，实际上，复合地基中桩的设置已失去了意义。这样设计的复合地基承载力不会比天然地基有较大的提高，而且建（构）筑物的变形也大。

经过大量的工程实践，既考虑到技术上的可靠又考虑到经济上的合理，褥垫层的厚度取10～30cm为宜。

6.2.7 桩的布置

对可液化地基或有必要时，可在基础外某一范围设置护桩，通常情况下，桩都布置在基础范围内。桩的数量按下式确定：

$$n_{p} = \frac{mA}{A_{p}} \tag{6-3}$$

式中　m——面积置换率；

A——基础面积，m^2；

A_p——桩断面面积，m^2；

n_p——面积为 A 时的理论布桩数。

实际布桩时受基础尺寸大小及形状等影响，布桩数会有一定的增减。

对独立基础、箱形基础、筏基，基础边缘到桩的中心距一般为桩径或基础边缘的最小距离不小于150mm，对条形基础不小于75mm。

布桩时要考虑桩受力的合理性，尽量利用桩间土应力 σ_s 产生的附加应力对桩侧阻力的增大作用。通常 σ_s 越大，作用在桩上的水平力越大，桩的侧阻力也越大。

6.3 施工工艺

目前常用的施工设备及施工方法如下。

6.3.1 振动沉管灌注成桩

就目前国内情况，振动沉管灌注成桩用得比较多，这主要是由于振动打桩机施工效率高，造价相对较低。这种施工方法是用于无坚硬土层和密实砂层的地层条件以及对振动噪音限制不严格的场地。

当遇到坚硬黏土层时，振动沉管会发生困难，此时可考虑用长螺旋钻预引孔，再用振动沉管机成孔制桩。

6.3.2 长螺旋钻干孔灌注成桩

这种施工方法是用于地下水位埋藏较深的黏性土、粉土、填土等，成孔时不会发生坍孔现象，并适用于对周围环境要求如噪声、泥浆污染比较严格的场地。

6.3.3 泥浆护壁钻孔灌注成桩

这种成桩方法适用于有砂层的地质条件，以防砂层塌孔并适用于对振动噪声要求严格的场地。

6.3.4 长螺旋钻中心压灌灌注成桩

这种方法适用于分布有砂层的地质条件以及对噪声和泥浆污染要求严格的场地。

这种成桩方法在施工时，首先用长螺旋钻孔到达设计的预定深度，然后提升钻杆，同时用高压泵将桩体混合料通过高压管路的长螺旋钻杆的内管压到孔内成桩。这一工艺具有低噪声、无泥浆污染的优点，是一种很有发展前途的施工方法。

CFG 桩的一般施工顺序如下：

（1）桩机进入现场，根据设计桩长、沉管入土深度确定机架高度和沉管长度，并进行设备组装。

（2）桩机就位，调整沉管与地面垂直，确保垂直度偏差不大于1%。

（3）启动马达沉管到预定标高，停机。

（4）沉管过程中做好记录，每沉1m记录电流表的电流一次，并对土层变化予以说明。

（5）停机后立即向管内投料，直到混合料与进料口齐平。混合料按设计配比经搅拌机加水拌和，拌和时间不得少于1min，如粉煤灰用量较多，搅拌时间还要适当放长。加水量按坍落3~5cm控制，成桩后浮浆厚度以不超过20cm为宜。

（6）启动马达，留振5~10s开始拔管，拔管速率一般为1.2~1.5m/min（拔管速度为线速度，不是平均速度），如遇淤泥或淤泥质土，拔管速率还可放慢。拔管过程中不允许反插。如上料不足，需在拔管过程中空中投料，以保证成桩后桩顶标高达到要求。成桩后桩顶标高应考虑计入保护桩长。

（7）沉管拔出地面，确认成桩符合要求后，用粒状材料或湿黏性土封顶，然后移机进行下一根的施工。

（8）施工过程中，抽样做混合料试验，一般一个台班做一组（3块），试块尺寸为15cm×15cm×15cm，并测定28d抗压强度。

（9）施工过程中，应随时做好施工记录。

（10）在成桩过程中，随时观察地面升降和桩顶的上升。

CFG桩现场施工情况如图6-1和图6-2所示。

图6-1 CFG桩施工现场

图6-2 CFG桩施工完毕

6.4 施工质量保证

6.4.1 质量要求

质量要求如下：

（1）桩长允许差不大于10cm。

（2）桩径允许差不大于2cm。

（3）垂直度允许差不大于1%。

（4）桩位允许偏差：满堂红布桩的基础径不大于1/2*D*；条基，垂直轴线方向不大于1/4*D*，单排布桩不得大于6cm。顺轴线方向不大于1/3*D*，单排布桩不得大于1/4*D*。

（5）CFG 桩施工完毕，对桩进行低应变桩身完整性检测和单桩承载力检测，桩身完整性随机抽取桩数的10%。桩的承载力必须达到桩的极限承载力。

6.4.2 安全措施

（1）电器系统设专人负责，配备电器保护装置，随时检查。

（2）设备定期检修，钻机、混凝土泵、搅拌机等必须由专职人员按操作规程操作。

（3）施工人员进入现场必须戴安全帽。

（4）施工前对施工人员进行专项交底。

（5）现场设专职安全员，负责现场安全施工。

6.4.3 成品保护

（1）CFG 桩施工完毕，待桩基达到一定强度（一般3~7d）后可进行开槽。

（2）土方开挖时不可对设计桩顶标高以下的桩体产主损害，尽量避免扰动桩间土。

（3）剔除桩头时先找出桩顶标高位置，用钢钎等工具沿桩周向桩心逐次剔除多余的桩头，直到设计桩顶标高，并把桩顶找平，不可用重锤或重物横向击打桩体，桩头剔至设计标高处，桩顶表面不可出现斜平面。

（4）如果在基槽开挖和剔除桩头时造成桩体断至桩顶设计标高以下，必须采取补救措施，可用C20豆石混凝土接桩至设计桩顶标高，接桩过程中保护好桩间土。

6.4.4 施工注意事项

（1）选用合理的施工机械设备。CFG 桩多用振动沉管机施工，也可用螺旋钻机。而选用哪一类成桩机和什么型号，要视工程的具体情况而定。对北方大多数地区存在的夹有硬土层地质条件的地区，单纯使用振动沉管机施工，会造成对已打桩形成较大的振动，从而导致桩体被震裂或震断。对于灵敏度和密实度较高的土，振动会造成土的结构强度破坏，密实度减小，引起承载力下降。故不能简单使用振动沉管机。此时宜采用螺旋钻预引孔，然后再用振动沉管机制桩。这样的设备组合避免了已打桩被震坏或扰动桩间土导致桩间土的结构破坏而引起复合地基的强度降低。所以，在施工准备阶段，必须详细了解地质情况，从而合理地选用施工机械。这是确保 CFG 桩复合地基质量的有效途径。

（2）深入了解地质情况，采用合理的施工工艺。在施工过程中，成桩的施工工艺对CFG 桩复合地基的质量至关重要，不合理的施工工艺将造成重大的质量问题，甚至导致质量事故，而要选择确定合理的施工工艺必须深入了解地质情况。只有在深入了解地质情况的基础上，才能确定合理的施工工艺，并在施工过程中加强监测，根据具体情况，控制施工工艺，发现特殊情况，做出具体的改变。在饱和软土中成桩，桩机的振动力较小，但当采用连打作业时，由于饱和软土的特性，新打桩将挤压已打桩，形成椭圆或不规则形态，产生严重的缩颈和断桩。此时，应采用隔桩跳打施工方案。而在饱和的松散粉土中施工，由于松散粉土振密效果好，先打桩施工完后，土体密度会有显著增加。而且，打的桩越多，土的密度越大。在补打新桩时，一是加大了沉管难度，二是非常容易造成已打桩断桩，此时，隔桩跳打亦不宜采用。

（3）严格控制拔管速率。拔管速率太快可能导致桩径偏小或缩颈断桩，而拔管速率过慢又会造成水泥浆分布不匀，桩顶浮浆过多，桩身强度不足。故施工时，应严格控制拔管速率。正常的拔管速率应控制在1.2 ~1.5m/min，控制好混合料的坍落度。大量工程实践表明，混合料坍落度过大，会形成桩顶浮浆过多，桩体强度也会降低。坍落度控制在3 ~5cm，和易性好。设置保护桩长，使桩在加料时，比设计桩长多加0.5m。

（4）加强施工过程中的监测。在施工过程中，应加强监测，及时发现问题，以便针对性地采取有效措施，有效控制成桩质量，重点应做好以下几方面的监测：

1）施工前要测量场地的标高，并注意测点应有足够的数量和代表性。打桩过程中则要随时测量地面是否发生降起。因为断桩常和地表隆起相联系。

2）施工过程中注意已打桩桩顶标高的变化，尤其要注意观测桩距最小部位的桩。因为在打新桩时，量测已打桩桩顶的上升量，可估算桩径缩小的数值，以判断是否产生缩颈。

3）对桩顶上升量较大或怀疑发生质量问题的桩应开挖查看，并做出必要的处理。

6.5 技术经济指标

CFG桩桩长可以从几米到20多米，并且可全桩长发挥桩的侧阻力，桩承担的载荷占总载荷的百分比可在40% ~ 75%之间变化，使得复合地基承载力提高幅度大并具有很大的可调性。CFG桩复合地基通过褥垫层与基础连接，保证桩间土始终参与工作，与传统的桩基相比，桩的数量可大大减少，且CFG桩不配筋，桩体利用粉煤灰和石屑作为掺合料，大大降低了工程造价。

6.6 工程实例

A　工程简介

拟建建筑物包括1号住宅楼、3号住宅楼及小区公建。1号住宅楼9层，±0.00 ~ 46.25m，基底标高-3.30m，设计要求处理后地基承载力标准值240kPa；3号住宅楼15层，±0.00 ~ 46.00m，基底标高-4.15 ~ -5.05m，设计要求处理后地基承载力标准值310kPa；小区公建6层，±0.00 ~ 5.65m，基底标高-7.85 ~ -8.35m，设计要求处理后地基承载力标准值180kPa。

B　场地工程地质、水文地质条件

根据本工程《住宅项目岩土工程勘察报告》描述，按地层沉积年代、成因类型，将拟建场区地面以下25.00m深度范围内的地层划分为人工堆积层及第四纪沉积层，并按地基土的岩性及工程性质进一步划分为8个大层，各土层的基本岩性特征如下。

（1）素填土层：黏质粉土素填土①层，黄褐色，稍湿，松散 ~ 稍密，以粉土为主，黏性土次之，局部少量碎砖块、灰渣及少量生活垃圾；局部为杂填土①$_1$，以建筑垃圾为主，混少量大直径水泥块。填土①层厚度1.0~3.8m。

（2）黏质粉土、黏质粉土②层，黄褐色~褐黄色，湿，稍密~中密，局部含有细砂②$_1$层、黏土②$_2$层。②层厚度1.7~6.0m。

（3）砂质粉土~粉砂③层，灰色~褐灰色，饱和，中密，主要矿物成分是石英、长石、云母，局部夹有细砂③$_1$。③层厚度0.9~3.2m。

（4）粉质黏土~黏质粉土④层，灰褐色，饱和，可塑，中密，含氧化铁等，夹黏土④$_1$、砂质粉土④$_2$。④层厚度0.4~4.2m。

（5）细砂⑤层，褐灰色，湿~饱和，中密，夹有圆砾⑤$_1$层。⑤层厚度0.6~6.2m。

（6）粉质黏土⑥层，褐黄色，可塑，密实，饱和，含氧化铁。

根据拟建场区内已有勘察资料，在勘察深度范围内实测到两层地下水，各层地下水类型及实测水位参见表6-2。

表6-2 地下水情况一览表

地下水水层序号	地下水类型	埋深/m
1	上层滞水	5.1~6.8
2	潜水	10.9~13.7

根据场区取水样进行的化学分析，地下水对钢筋混凝土无腐蚀性，在干湿交替条件下，对钢筋有弱腐蚀性。

C 设计方案

作为岩土工程设计，其原则是：紧密结合场地与工程特点，因地制宜，选择最佳的施工工艺，精心优化设计，以保证方案在技术上可行、经济上合理。

本工程以水泥粉煤灰碎石桩（CFG桩）为主，钻孔压灌（长螺旋钻孔、管内泵压灌注桩）适用于黏性土、粉土、砂土等地层，且噪声低、污染小，不受地下水位的限制。该施工工艺在该地区广泛应用，已经获得非常成熟的施工经验，其质量在各项工程中得到检验。本CFG地基处理工程采用钻孔压灌（长螺旋钻孔、管内泵压灌注）施工工艺。

（1）设计控制。设计院提供各建筑物的荷载值，建筑物最终沉降量不大于40mm，差异沉降满足0.002L。

（2）地基基础持力土层。根据岩土工程勘察报告和基础标高，砂质粉土②层、砂质粉土③层承载力标准值均为160kPa。

（3）CFG桩端持力层。根据建筑物荷载及沉降控制要求，参考勘察报告，CFG桩端持力层选择细砂⑤层上。CFG桩桩径为400mm。

（4）CFG设计计算。根据各楼座基地承载力要求及所处的地层条件，计算CFG桩的各项参数及各楼座的最终沉降量，计算结果见表6-3。

表6-3 沉降计算结果

楼号	复合地基承载力标准值/kPa	桩长/m	桩径/mm	单桩承载力/kN	面积置换率	桩间距/m	桩身强度	最大沉降/mm
1	170	8.0	400	250	0.031	2.00	C20	41.06
3	380	10.0	400	420	0.074	1.30	C20	32.54
小区公建	200	6.50	400	300	0.043	1.70	C20	7.15

（5）设计结果。依据设计计算结果，各楼座 CFG 桩最终设计参数见表 6-4。

表 6-4　设计参数

楼 号	桩顶标高/m	桩径/mm	施工桩长/m	桩间距/m	桩身强度	褥垫层厚/mm	布桩数/个
1	42.58	400	8.00	2.00	C20	200	212
3	40.58/41.48	400	10.0	1.30	C20	200	729
小区公建	36.43/35.93	400	6.5	1.70	C20	200	240

注：1. 褥垫层虚铺 220mm，平板振动夯实至 200mm，铺设材料为粒径不大于 20mm 的碎石。
2. 混凝土坍落度控制在 160 ~200mm 之间。
3. 施工保护层厚为 50cm，即有效桩长=施工桩长 -0.5m。

D　CFG 桩检测

CFG 桩采用单桩复合静载试验检测其承载力，低应变动力试验检测其桩身完整性。要求被检测桩最低养护期不能小于 15d。CFG 桩检测由建设单位委派相应资质单位进行，对检测结果进行整理分析并提出《检测报告》。

思　考　题

6-1 CFG 桩是如何形成的？有何优点？
6-2 CFG 桩在加固软弱地基中主要起到什么作用？
6-3 CFG 桩复合地基中褥垫层有何作用？在实际工程中如何设计？
6-4 CFG 桩复合地基如何进行设计计算？
6-5 CFG 桩法的施工方法有哪些？
6-6 CFG 桩法施工完成后如何进行质量检验？

注册岩土工程师考题

6-1 CFG 桩桩体可不配筋（抗水平力作用）的理由是（　）。
A. CFG 桩复合地基主要是通过基础与褥垫层之间的摩擦力和基础侧面土压力承担荷载，褥垫层是散体结构，所以传递到桩体的水平力较小或为零
B. CFG 桩体本身具有很强的抗水平荷载能力
C. 传递到桩体的水平力虽然很大，但荷载可以扩散
D. 在给定荷载作用下，桩承担较多的荷载，随着时间增长，桩产生一定沉降，荷载逐渐向桩间土体转移

6-2 某建筑地基采用水泥粉煤灰碎石桩复合地基加固，通常情况下增厚褥垫层会对桩土荷载分担比产生影响，下列哪一个选项的说法是正确的（　）。
A. 可使竖向桩土荷载分担比减小　　B. 可使竖向桩土荷载分担比增大
C. 可使水平向桩土荷载分担比减小　　D. 可使水平向桩土荷载分担比增大

6-3 采用水泥粉煤灰碎石桩加固路堤地基时，设置土工格栅碎石垫层的主要作用是（　）。
A. 调整桩土荷载分担比使桩承担更多的荷载
B. 调整桩土荷载分担比使土承担更多的荷载

C. 提高 CFG 桩的承载力

D. 提高垫层以下土的承载力

6-4 某水泥厂拟建一水泥均化库，原地基土承载力特征值为 160kPa，现需将地基承载力特征值提高到 500kPa 才能满足上部结构荷载要求，下列各种处理方法中最佳答案为（ ）。

A. 换填垫层法 B. 振冲置换法 C. CFG 桩法 D. 钻孔灌注桩

6-5 采用 CFG 桩地基处理后，一般设置的垫层厚度为（ ）。

A. 100～200mm B. 150～300mm C. 300～500mm D. 大于 500mm

参考答案：6-1. A 6-2. A 6-3. B 6-4. C 6-5. B

7 排水固结法

本章概要

本章对排水固结法的定义、系统组成、加固机理及设计计算等内容进行详细阐述，重点介绍常见三种类型的堆载预压法，包括适用范围、施工工艺、材料要求及质量保证等环节，并给出某工程实例，以便对本章内容加深理解。

7.1 概 述

排水固结法是对天然地基，或先在地基中设置砂井（袋装砂井或塑料排水带）等竖向排水体，然后利用建（构）筑物本身重量分级逐渐加载；或在建（构）筑物建造前在场地先行加载预压，使土体中的孔隙水排出，逐渐固结，地基发生沉降，同时强度逐步提高的方法。该法常用于解决软黏土地基的沉降和稳定问题，可使地基的沉降在加载预压期间基本完成或大部分完成，使建筑物在使用期间不致产生过大的沉降和沉降差。同时，可增加地基土的抗剪强度，从而提高地基的承载力和稳定性。

排水固结法是由排水系统和加压系统两个主要部分组成的。根据加压和排水两个系统的不同，派生出多种固结加固地基的方法，如图 7-1 所示。

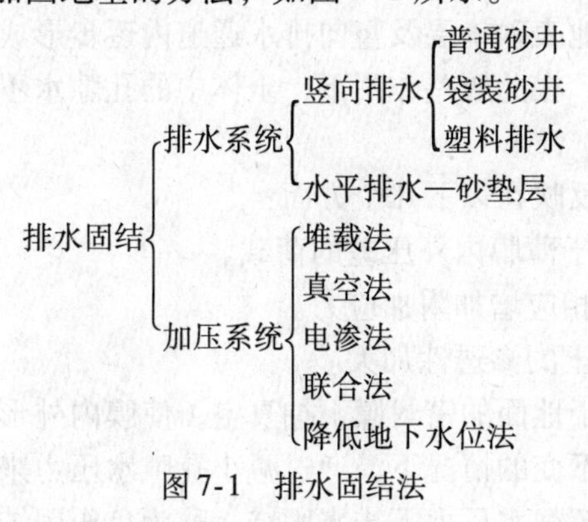

图 7-1　排水固结法

7.2 加固机理

7.2.1　堆载预压加固机理

堆载预压法是在建（构）筑物建造以前，在建筑场地进行加载预压，使地基的固结沉降基本完成并提高地基土强度的方法。

在饱和软土地基上施加荷载后，孔隙水被缓慢排出，孔隙体积随之逐渐减少，地基发生固结变形。同时随着超静水压力逐渐消散，有效应力逐渐提高，地基土强度就逐渐增长。

在荷载作用下，土层的固结过程就是超静孔隙水压力（简称孔隙水压力）消散和有效应力增加的过程。如地基内某点的总应力增量为 $\Delta\sigma$ ，有效应力增量为 $\Delta\sigma'$ ，孔隙水压力增量为 Δu ，则三者满足以下关系：

$$\Delta\sigma' = \Delta\sigma - \Delta u \tag{7-1}$$

用填土等外加荷载对地基进行预压，是通过增加总应力 $\Delta\sigma$ 并使孔隙水压力 Δu 消散而增加有效应力 $\Delta\sigma'$ 的方法。堆载预压是在地基中形成超静水压力的条件下排水固结，称为正压固结。

地基土层的排水固结效果与它的排水边界有关。根据固结理论，在达到同一固结度时，固结所需的时间与排水距离的长短平方成正比。软黏土层越厚，一维固结所需的时间越长。如果淤泥质土层厚度大于10～20m，要达到较大固结度 $U>80\%$ ，所需的时间要几年至几十年之久。为了加速固结，最为有效的方法是在天然土层中增加排水途径，缩短排水距离，在天然地基中设置垂向排水体。这时土层中的孔隙水主要通过砂井和部分从竖向排出。所以砂井（袋装砂井或塑料排水带）的作用就是增加排水条件。为此，缩短了预压工程的预压期，在短期内达到较好的固结效果，使沉降提前完成；加速地基土强度的增长，使地基承载力提高的速率始终大于施工荷载的速率，以保证地基的稳定性。

7.2.2 真空预压加固机理

真空预压法是在需要加固的软土地基表面先铺设砂垫层，然后埋设垂直排水管道，再用不透气的封闭膜使其与大气隔绝，薄膜四周埋入土中，通过砂垫层内埋设的吸水管道，用真空装置进行抽气，使其形成真空，增加地基的有效应力。

当抽真空时，先后在地表砂垫层及竖向排水通道内逐步形成负压，使土体内部与排水通道、垫层之间形成压差。在此压差作用下，土体中的孔隙水不断由排水通道排出，从而使土体固结。

真空预压的原理主要反映在以下几个方面：

（1）薄膜上面承受等于薄膜内外压差的荷载。

（2）地下水位降低，相应增加附加应力。

（3）封闭气泡排出，土的渗透性加大。

真空预压是通过覆盖于地面的密封膜下抽真空，使膜内外形成气压差，使黏土层产生固结压力。即是在总应力不变的情况下，通过减小孔隙水压力来增加有效应力的方法。真空预压和降水预压是在负超静水压力下排水固结，称为负压固结。

7.3 设计与计算

排水固结法的设计，实质上就是进行排水系统和加压系统的设计，使地基在受压过程中排水固结，强度相应增加以满足逐渐加荷条件下地基稳定性的要求，并加速地基的固结沉降，缩短预压的时间。

7.3.1 计算理论

7.3.1.1 瞬时加荷条件下地基固结度的计算

不同条件下平均固结度计算公式见表7-1。

表7-1 不同条件下平均固结度计算公式

序号	条 件	平均固结度计算公式	α	β	备 注
1	竖向排水固结 ($\overline{U}_z>30\%$)	$\overline{U}_z = 1 - \frac{8}{\pi^2}e^{-\frac{\pi^2 C_v}{4H^2}t}$	$\frac{8}{\pi^2}$	$\frac{\pi^2 C_v}{4H^2}$	Tezaghi 解
2	内径向排水固结	$\overline{U}_r = 1 - e^{-\frac{8}{F(n)}\frac{C_h}{d_e^2}t}$	1	$\frac{8C_h}{F(n)d_e^2}$	Barron 解
3	竖向和内径向排水固结（砂井地基平均固结度）	$\overline{U}_{rz} = 1 - \frac{8}{\pi^2}e^{-\left(\frac{8}{F(n)}\frac{C_h}{d_e^2}+\frac{\pi^2 C_v}{4H^2}\right)t}$ $= 1-(1-\overline{U}_r)(1-\overline{U}_z)$	$\frac{8}{\pi^2}$	$\frac{8C_h}{F(n)d_e^2}+\frac{\pi^2 C_v}{4H^2}$	$F(n)=\frac{n^2}{n^2-1}\ln(n)-\frac{3n^2-1}{4n^2}$ $n=\frac{d_e}{d_w}$
4	砂井未贯穿受压土层的平均固结度	$\overline{U} = Q\overline{U}_{rz}+(1-Q)\overline{U}_z$ $\approx 1-\frac{8Q}{\pi^2}e^{-\frac{8}{F(n)}\frac{C_h}{d_e^2}t}$	$\frac{8}{\pi^2}Q$	$\frac{8C_h}{F(n)d_e^2}$	$Q=\frac{H_1}{H_1+H_2}$
5	外径向排水固结 ($\overline{U}_r>60\%$)	$\overline{U}_r = 1-0.692e^{-\frac{5.78C_h}{R^2}t}$	0.692	$\frac{5.78C_h}{R^2}$	R——土柱半径
6	普遍表达式	$\overline{U} = 1-\alpha e^{-\beta t}$			

注：C_v —竖向固结系数，$C_v = \frac{k_v(1+e)}{a\gamma_w}$；

C_h —径向固结系数（或称水平向固结系数），$C_h = \frac{k_h(1+e)}{a\gamma_w}$；

d_e —每一个砂井有效影响范围的直径；

d_w —砂井直径。

7.3.1.2 逐渐加荷条件下地基固结度的计算

以上计算固结度的理论公式都是假设荷载是一次瞬间加足的。实际工程中，荷载总是分级逐渐施加的。因此，根据上述理论方法求得固结时间关系或沉降时间关系都必须加以修正。修正的方法有改进的太沙基法和改进的高木俊介法。

A 改进的太沙基法

对于分级加荷的情况，改进的太沙基法方法假定如下：

(1) 每一级荷载增量 p_i 所引起的固结过程是单独进行的，与上一级荷载增量所引起的固结度完全无关；

(2) 总固结度等于各级荷载增量作用下固结度的叠加；

(3) 每一级荷载增量 p_i 在等速加荷经过时间 t 的固结度与在 $t/2$ 时的瞬时加荷的固结度相同，也即计算固结的时间为 $t/2$；

(4) 在加荷停止以后，在恒载作用期间的固结度，即时间 t 大于 T_i（此处 T_i 为 p_i 的加载期）时的固结度和在 $\frac{T_i}{2}$ 时瞬时加荷 p_i 后经过时间 $\left(t-\frac{T_i}{2}\right)$ 的固结度相同；

（5）所算得的固结度仅对本级荷载而言，对总荷载还要按荷载的比例进行修正。

对多级等速加荷，修正通式为：

$$\overline{U}'_t=\sum_{i=1}^{n}\overline{U}_{rz}\left(t-\frac{T_{i-1}+T_i}{2}\right)\frac{\Delta p_i}{\sum\Delta p} \tag{7-2}$$

式中 $\overline{U}'_t$——多级等速加荷，t 时刻修正后的平均固结度，%；

$\overline{U}_{rz}$——瞬时加荷条件的平均固结度，%；

T_{i-1}，T_i——每级等速加荷的起点和终点时间（从时间零点起算），当计算某一级加荷期间 t 的固结度时，T_n 改为 t；

Δp_i——第 i 级荷载增量，如计算加荷过程中某一时刻 t 的固结度时，则用该时刻相对应的荷载增量。

B 改进的高木俊介法

该法是根据巴伦理论，考虑变速加荷使砂井地基在辐射向和垂直向排水条件下推导出砂井地基平均固结度的，其特点是不需要求得瞬时加荷条件下地基固结度，而是可直接求得修正后的平均固结度。修正后的平均固结度为：

$$\overline{U}'_t=\sum_{i=1}^{n}\frac{q_i}{\sum\Delta p}\left[(T_i-T_{i-1})-\frac{\alpha}{\beta}e^{-\beta t}(e^{\beta T_i}-e^{\beta T_{i-1}})\right] \tag{7-3}$$

式中 $\overline{U}'_t$——t 时多级荷载等速加荷修正后的平均固结度，%；

$\sum\Delta p$——各级荷载的累计值；

q_i——第 i 级荷载的平均加速度率，kPa/d；

T_{i-1}，T_i——各级等速加荷的起点和终点时间（从时间零点起算），当计算第 i 级等速加荷过程中时间 t 的固结度时，T_n 改为 t；

α，β——系数，见表7-1。

7.3.1.3 地基土抗剪强度增长的预估

在预压荷载作用下，随着排水固结的进程，地基土的抗剪强度就随着时间而增长；另一方面，剪应力随着荷载的增加而加大，而且剪应力在某种条件（剪切蠕动）下，还能导致强度的衰减。因此，地基中某一点在某一时刻的抗剪强度 τ_f 可表示为：

$$\tau_f=\tau_{f0}+\Delta\tau_{fc}-\Delta\tau_{fr} \tag{7-4}$$

式中 τ_{f0}——地基中某点在加荷之前的天然地基抗剪强度；

$\Delta\tau_{fc}$——由于固结而增长的抗剪强度增量；

$\Delta\tau_{fr}$——由于剪切蠕动而引起的抗剪强度衰减量。

考虑到由于剪切蠕动所引起强度衰减部分 $\Delta\tau_{fr}$ 目前尚难提出合适的计算方法，故式（7-4）可改为：

$$\tau_f=\eta(\tau_{f0}+\Delta\tau_{fc}) \tag{7-5}$$

式中，η 是考虑剪切蠕变及其他因素对强度影响的一个综合性的折减系数。η 值与地基土在附加剪应力作用下可能产生的强度衰减作用有关，根据国内有些地区实测反算的结果，η

值为0.8～0.85；如判断地基土没有强度衰减可能时，则 $\eta=1.0$。

7.3.2 堆载预压法设计

堆载预压法设计包括加压系统和排水系统的设计。加压系统主要指堆载预压计划以及堆载材料的选用；排水系统包括竖向排水体的材料选用，排水体长度、断面、平面布置的确定。

7.3.2.1 加压系统设计

堆载预压，根据土质情况分为单级加荷和多级加荷；根据堆载材料分为自重预压、加荷预压和加水预压。堆载一般用填土、砂石等散粒材料；油罐通常利用罐体充水对地基进行预压。对堤坝等以稳定为控制的工程，则以其本身的重量有控制地分级逐渐加载，直至设计标高。

由于软黏土地基抗剪强度低，无论直接建造建（构）筑物还是进行堆载预压往往都不可能快速加载，而必须分级逐渐加荷，待前期荷载下地基强度增加到足已加下一级荷载时方可加下一级荷载。其计算步骤是，首先用简便的方法确定一个初步的加荷计划，然后校核这一加荷计划下的地基的稳定性和沉降，具体计算步骤如下：

（1）利用地基的天然地基土抗剪强度计算第一级容许施加的荷载 p_1。对长条形填土，可根据 Fellennius 公式估算：

$$p_1=5.52c_u/K \tag{7-6}$$

式中 K——安全系数，建议采用1.1～1.5；

c_u——天然地基土的不排水抗剪强度，kPa。

（2）计算第一级荷载下地基强度增长值。在荷载 p_1 作用下，经过一段时间预压地基强度会提高，提高以后的地基强度为 c_{u1}：

$$c_{u1}=\eta(c_u+\Delta c'_u) \tag{7-7}$$

式中，$\Delta c'_u$ 为 p_1 作用下地基因固结而增长的强度，它与土层的固结度有关，一般可先假定一固结度，通常可假定为70%，然后求出强度增量 $\Delta c'_u$；η 为考虑剪切蠕动的强度折减系数。

（3）计算 p_1 作用下达到所确定的固结度与所需要的时间。

（4）根据步骤（2）所得到的地基强度 c_{u1} 计算第二级所施加的荷载 p_2：

$$p_2=\frac{5.52c_{u1}}{K} \tag{7-8}$$

（5）按以上步骤确定的加荷计划进行每一级荷载下地基的稳定性验算。如稳定性不满足要求，则调整加荷计划。

（6）计算预压荷载下地基的最终沉降量和预压期间的沉降量。

7.3.2.2 排水系统设计

A 竖向排水体材料的选择

竖向排水体可采用普通砂井、袋装砂井和塑料排水带。若需要设置竖向排水体长度超过20m，建议采用普通砂井。

B 竖向排水体深度设计

竖向排水体深度主要根据土层的分布、地基中附加应力大小、施工期限和施工条件以及地基稳定性等因素确定。

（1）当软土层不厚、底部有透水层时，排水体应尽可能穿透软土层。

（2）当深厚的高压缩性土层间有砂层或砂透镜体时，排水体应尽可能打至砂层或砂透镜体。而采用真空预压时应尽量避免排水体与砂层相连接，以免影响真空效果。

（3）对于无砂层的深厚地基则可根据其稳定性及建（构）筑物在地基中造成的附加应力与自重应力之比值确定（一般为0.1～0.2）。

（4）按稳定性控制的工程，如路堤、土坝、岸坡、堆料等，排水体深度应通过稳定分析确定，排水体长度应大于最危险滑动面的深度。

（5）按沉降控制的工程，排水体长度可从压载后的沉降量满足上部建（构）筑物容许的沉降量来确定。竖向排水体长度一般为10～25m。

C 竖向排水体平面布置设计

普通砂井直径一般为200～500mm，井径比为6～8。

袋装砂井直径一般为70～100mm，井径比为15～30。

塑料排水带常用当量直径表示，塑料排水带宽度为 b ，厚度为 δ ，则换算直径可按下式计算：

$$D_{p} = \alpha \frac{2(b + \delta)}{\pi} \tag{7-9}$$

式中，α 为换算系数，一般 $\alpha = 0.75 \sim 1.0$。塑料排水带尺寸一般为100mm×4mm，井径比为15～30。

竖向排水体直径和间距主要取决于土的固结性质和施工期限的要求。排水体截面大小只要能及时排水固结就行，由于软土的渗透性比砂性土为小，所以排水体的理论直径可很小。但直径过小，施工困难，直径过大对增加固结速率并不显著。从原则上讲，为达到同样的固结度，缩短排水体间距比增加排水体直径效果要好，即井距和井间距关系是“细而密”比“粗而稀”为佳。

竖向排水体在平面上可布置成正三角形（梅花形）或正方形。正方形排列的每个砂井，其影响范围为一个正方形，正三角形排列的每个砂井，其影响范围则为一个正六边形。在实际进行固结计算时，由于多边形作为边界条件求解很困难，为简化起见，巴伦建议每个砂井的影响范围由多边形改为由面积与多边形面积相等的圆来求解。

当正方形排列时： $d_{e} = \sqrt{\frac{4}{\pi}} l = 1.13l$

当正三角形排列时： $d_{e} = \sqrt{\frac{2\sqrt{3}}{\pi}} l = 1.05l$

式中 d_{e}——每一个砂井有效影响范围的直径；

l——砂井间距。

竖向排水体的布置范围一般比建（构）筑物基础范围稍大为好。扩大的范围可由基础的轮廓线向外增大约2～4m。

D 砂料设计

制作砂井的砂宜用中粗砂，砂的粒径必须能保证砂井具有良好的透水性。砂井粒度要不被黏土颗粒堵塞。砂应是洁净的，不应有草根等杂物，其含泥量不能超过3%。

E 地表排水砂垫层设计

为了使砂井排水有良好的通道，砂井顶部应铺设砂垫层，以连通各砂井将水排到工程场地以外。砂垫层采用中粗砂，含泥量应小于3%。

砂垫层应形成一个连续的、有一定厚度的排水层，以免地基沉降时被切断而使排水通道堵塞。陆上施工时，砂垫层厚度一般取0.5m左右；水下施工时，一般为1m左右。砂垫层的宽度应大于堆载宽度或建（构）筑物的底宽，并伸出砂井区外边线2倍砂井直径。在砂料贫乏地区，可采用连通砂井的纵横砂沟代替整片砂垫层。

7.4 典型方法简介

本节对砂井堆载预压地基、袋装砂井堆载预压地基以及塑料排水带堆载预压地基等三种常见处理方式进行简要介绍。

7.4.1 砂井堆载预压地基

砂井堆载预压地基系在软弱地基中用钢管打孔，灌砂设置砂井作为竖向排水通道，并在砂井顶部设置砂垫层作为水平排水通道，在砂垫层上部压载以增加土中附加应力，使土体中孔隙水较快地通过砂井和砂垫层排出，从而加速土体固结，使地基得到加固。

一般软黏土的结构呈蜂窝状或絮状，在固体颗粒周围充满水。当受到应力作用时，土体中孔隙水慢慢排出，孔隙体积变小而发生体积压缩，常称之为固结。由于黏土的孔隙率很细小，这一过程是非常缓慢的。一般黏土的渗透系数很小，为$10^{-7} \sim 10^{-9}$ cm/s，而砂的渗透系数介于$10^{-2} \sim 10^{-3}$ cm/s之间，两者相差很大。故此当地基黏土层厚度很大时，仅采用堆载预压而不改变黏土层的排水边界条件，黏土层固结将十分缓慢，地基土的强度增长过慢而不能快速堆载，使预压时间很长。在地基内设置砂井等竖向排水体系，则可缩短排水距离，有效地加速土的固结，图7-2所示为典型的砂井地基剖面。

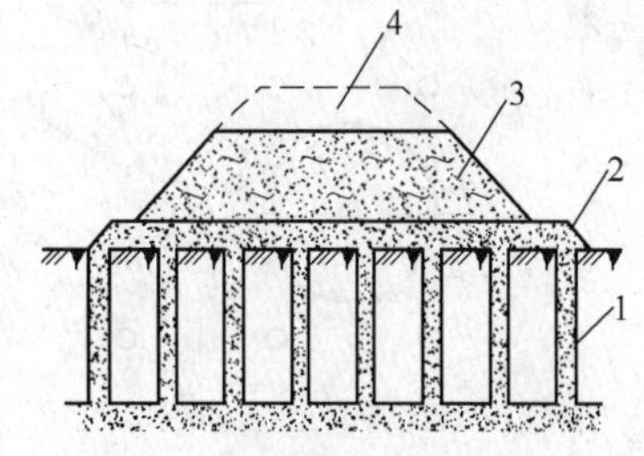

图7-2 典型的砂井地基剖面

1—砂井；2—砂垫层；3—永久性填土；4—临时超载填土

7.4.1.1 特点及适用范围

砂井堆载预压的特点是：可加速饱和软黏土的排水固结，使沉降及早完成和稳定（下沉速度可加快2.0~2.5倍），同时可大大提高地基的抗剪强度和承载力，防止基土滑动破坏；而且，施工机具、方法简单，就地取材，不用三材，可缩短施工期限，降低造价。

砂井堆载预压适用于透水性低的饱和软弱黏性土加固；用于机场跑道、油罐、冷藏库、水池、水工结构、道路、路堤、堤坝、码头、岸坡等工程地基处理。对于泥炭等有机沉积地基则不适用。

7.4.1.2 砂井的构造和布置

（1）砂井的直径和间距。砂井的直径和间距由黏性土层的固结特性和施工期限确定。一般情况下，砂井的直径和间距取细而密时，其固结效果较好。井径不宜过大或过小，过大不经济，过小施工易造成灌砂率不足、缩颈或砂井不连续等质量问题。砂井的间距一般按经验由井径比 $n = d_e/d_w = 6 \sim 10$ 确定（d_e 为每个砂井的有效影响范围的直径；d_w 为砂井直径），常用井距为砂井直径的6~9倍，一般不应小于1.5m。

（2）砂井长度。砂井长度的选择与土层分布、地基中附加应力的大小、施工期限和条件等因素有关。当软土层不厚、底部有透水层时，砂井应尽可能穿透软土层；如软土层较厚，中间有砂层或砂透镜体，砂井应尽可能打至砂层或透镜体。当黏土层很厚，其中又无透水层时，可按地基的稳定性及建（构）筑物变形要求处理的深度来决定。按稳定性控制的工程，如路堤、土坝、岸坡、堆料场等，砂井深度应通过稳定分析确定，砂井长度应超过最危险滑弧面的深度2m。从沉降考虑，砂井长度应穿过主要的压缩层。砂井长度一般为10~20m。

（3）砂井的布置和范围。砂井常按等边三角形和正方形布置，见图7-3。当砂井为等边三角形布置时，砂井的有效排水范围为正六边形，而正方形排列时则为正方形，如图7-3中虚线所示。假设每个砂井的有效影响面积为圆面积，如砂井距为 l，则等效圆（有效影响范围）的直径 d_e 与 l 的关系如下：

当等边三角形排列时　　　　$d_e = 1.05l$

当正方形排列时　　　　　　$d_e = 1.13l$

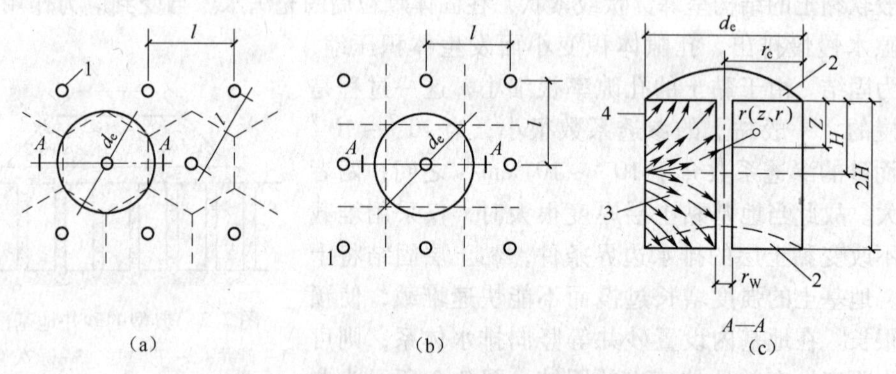

图7-3 砂井平面布置及影响范围土柱体剖面

（a）正三角形排列；（b）正方形排列；（c）土柱体剖面

1—砂井；2—排水面；3—水流途径；4—无水流经过此界线

由井径比就可算出井距 l，由于等边三角形排列较正方形紧凑和有效，较常采用，但理论上两种排列效果相同（当 d_e 相同时）。砂井的布置范围，宜比建（构）筑物基础范围稍大为佳，因为基础以外一定范围内地基中仍然产生由于建（构）筑物荷载而引起的压应力和剪应力。如能加速基础外地基土的固结，对提高地基的稳定性和减小侧向变形以及由此引起的沉降均有好处。扩大的范围可由基础的轮廓线向外增大约2~4m。

（4）采用锤击法沉桩管，管内砂子亦可用吊锤击实，或用空气压缩机向管内通气

（气压为0.4~0.5MPa）压实。

（5）打砂井顺序应从外围或两侧向中间进行，如砂井间距较大可逐排进行。打砂井后基坑表层会产生松动隆起，应进行压实。

（6）灌砂井砂中的含水量应加以控制，对饱和水的土层，砂可采用饱和状态；对非饱和土和杂填土，或能形成直立孔的土层，含水量可采用7%~9%。

7.4.2 袋装砂井堆载预压地基

袋装砂井堆载预压地基，是在普通砂井堆载预压基础上改良和发展的一种新方法。普通砂井的施工，存在着以下普遍性问题：

（1）砂井成孔方法易使井周围土扰动，使透水性减弱（即涂抹作用），或使砂井中混入较多泥沙，或难使孔壁直立。

（2）砂井不连续或缩颈、断颈、错位现象很难完全避免。

（3）所用成井设备相对笨重，不便于在很软弱地基上进行大面积施工。

（4）砂井采用大截面完全为施工的需要，而从排水要求出发并不需要，造成材料大量浪费。

（5）造价相对比较高。

采用袋装砂井则基本解决了上述大直径砂井堆载预压存在的问题，使砂井的设计和施工更趋合理和科学化，是一种比较理想的竖向排水体系。

7.4.2.1 特点及适用范围

袋装砂井堆载预压地基的特点是：能保证砂井的连续性，不易混入泥沙，或使透水性减弱；打设砂井设备实现了轻型化，比较适合在软弱地基上施工；采用小截面砂井，用砂量大为减少；施工速度快，每班能完成70根以上；工程造价降低，每1m^{2}地基的袋装砂井费用仅为普通砂井的50%左右。适用范围同砂井堆载预压。

7.4.2.2 砂井的构造及布置

（1）砂井直径和间距。袋装砂井直径根据所承担的排水量和施工工艺要求决定，一般采用7~12cm，间距1.5~2.0m，井径比为15~25。袋装砂井长度应较砂井孔长度长50cm，使放入井孔内后可露出地面，以使埋入排水砂垫层中。

（2）砂井布置。可按三角形或正方形布置，由于袋装砂井直径小，间距小，因此加固同样土所需打设袋装砂井的根数较普通砂井为多，如直径70mm袋装砂井按1.2m正方形布置，则每1.44m^{2}需打设一根，而直径400mm的普通砂井，按1.6m正方形布置，每2.56m^{2}需打设一根，前者打设的根数为后者的1.8倍。

7.4.2.3 材料要求

（1）装砂袋。装砂袋应具有良好的透水、透气性，一定的耐腐蚀、抗老化性能，装砂不易漏失，并有足够的抗拉强度，能承受袋内装砂自重和弯曲所产生的拉力。一般多采用聚丙烯编织布或玻璃丝纤维布、黄麻片、再生布等，

（2）砂。用中、细砂，含泥量不大于3%。

7.4.2.4 施工工艺方法要点

（1）袋装砂井的施工程序是：定位，整理桩尖（活瓣桩尖或预制混凝土桩尖）→沉

入导管，将砂袋放入导管→往管内灌水（减少砂袋与管壁的摩擦力）→拔管。

（2）袋装砂井在施工过程中应注意以下几点：

1）定位要准确，砂井要有较好的垂直度，以确保排水距离与理论计算一致；

2）袋中装砂宜用风干砂，不宜采用湿砂，避免干燥后体积减小，造成袋装砂井缩短与排水垫层不搭接等质量事故；

3）聚丙烯编织袋，在施工时应避免太阳曝晒老化，砂袋入口处的导管口应装设滚轮，下放砂袋要仔细，防止砂袋破损漏砂；

4）施工中要经常检查桩尖与导管口的密封情况，避免管内进泥过多，造成井阻，影响加固深度；

5）确定袋装砂井施工长度时，应考虑袋内砂体积减小，袋装砂井在井内的弯曲、超深以及伸入水平排水垫层内的长度等因素，防止砂井全部沉入孔内，造成顶部与排水垫层不连接，影响排水效果。

7.4.3 塑料排水带堆载预压地基

塑料排水带堆载预压地基，是将带状塑料排水带用插板机将其插入软弱土层中，组成垂直和水平排水体系，然后在地基表面堆载预压（或真空预压），土中孔隙水沿塑料带的沟槽上升溢出地面，从而加速了软弱地基的沉降过程，使地基得到压密加固（见图7-4）。

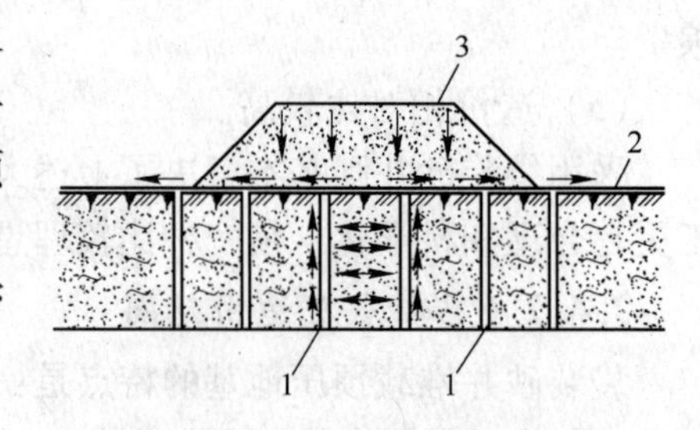

图7-4 塑料排水带堆载预压法

1—塑料排水带；2—土工织物；3—堆载

7.4.3.1 特点及适用范围

塑料排水带堆载预压地基的特点是：（1）板单孔过水面积大，排水畅通；（2）质量轻，强度高，耐久性好，其排水沟槽截面不易因受土压力作用而压缩变形；（3）用机械埋设，效率高，运输省，管理简单，特别用于大面积超软弱地基土上进行机械化施工，可缩短地基加固周期；（4）加固效果与袋装砂井相同，承载力可提高70%～100%，经100d，固结度可达到80%，加固费用比袋装砂井节省10%左右。

塑料排水带堆载预压的适用范围与砂井堆载预压、袋装砂井堆载预压相同。

7.4.3.2 塑料排水带的性能和规格

塑料排水带由芯带和滤膜组成。芯带是由聚丙烯和聚乙烯塑料加工而成的两面有间隔沟槽的带体，土层中的固结渗流水通过滤膜渗入到沟槽内，并通过沟槽从排水垫层中排出。根据塑料排水带的结构，要求滤网膜渗透性好，与黏土接触后，其渗透系数不低于中粗砂，排水沟槽输水畅通，不因受土压力作用而减小。塑料排水带的结构由所用材料不同，结构形式也各异，主要有图7-5所示的几种。

（1）带芯材料：沟槽型排水带，见图7-5（a）～图7-5（c），多采用聚丙烯或聚乙烯塑料带芯，聚氯乙烯制作的带芯较软，延伸率大，在土压作用下易变形，使过水截面减小。多孔型带芯见图8-5（d）～图8-5（f），一般用耐腐蚀的涤纶丝无纺布制作。

（2）滤膜材料：一般用耐腐蚀的涤纶衬布，涤纶布不低于60号，含胶量不小于35%，既保证涤纶布泡水后的强度满足要求，又有较好的透水性。

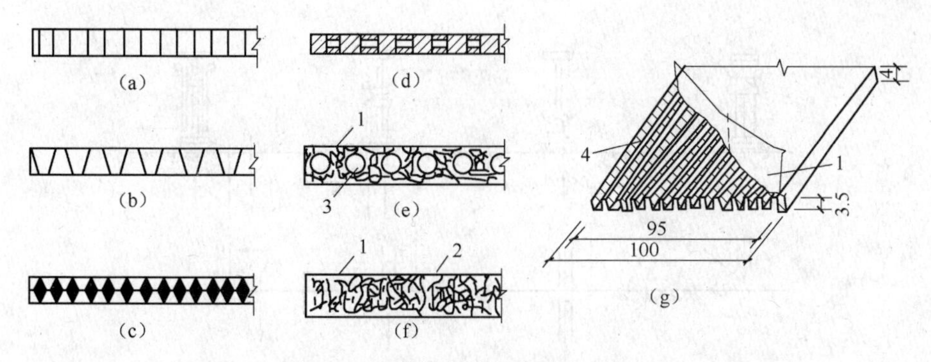

图7-5　塑料排水带结构形式、构造

(a) 门形塑料带；(b) 梯形槽塑料带；(c) 三角形槽塑料带；(d) 硬透水膜塑料带；
(e) 无纺布螺栓孔排水带；(f) 无纺布柔性排水带；(g) 结构构造
1—滤膜；2—无纺布；3—螺栓排水孔；4—芯板

塑料排水带的排水性能主要取决于截面周长，而很少受其截面积的影响。塑料排水设计时，把塑料排水带换算成相当直径的砂井，根据两种排水体与周围土接触面积相等的原理，换算直径 D。

7.4.3.3　施工工艺方法要点

(1) 打设塑料排水带的导管有圆形和矩形两种，其管靴也各异，一般采用桩尖与导管分离设置。桩尖的主要作用是防止打设塑料带时淤泥进入管内，并对塑料带起锚固作用，避免拔出。桩尖常用形式有圆形、倒梯形和倒梯楔形三种，如图7-6所示。

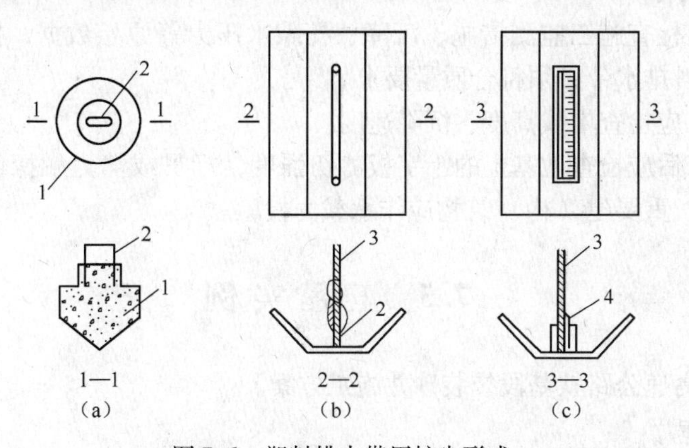

图7-6　塑料排水带用桩尖形式

(a) 混凝土圆形桩尖；(b) 倒梯形桩尖；(c) 倒梯楔形固定桩尖
1—混凝土桩尖；2—塑料带固定架；3—塑料带；4—塑料楔

(2) 塑料排水带打设程序是：定位→将塑料排水带通过导管从管下端穿出→将塑料带与桩尖连接贴紧管下端并对准桩位→打设桩管插入塑料排水带→拔管，剪断塑料排水带。工艺流程如图7-7所示。

(3) 塑料带在施工过程中应注意以下几点：

1) 塑料带滤水膜在转盘和打设过程中应避免损坏，防止淤泥进入带芯堵塞输水孔，影响塑料带的排水效果。

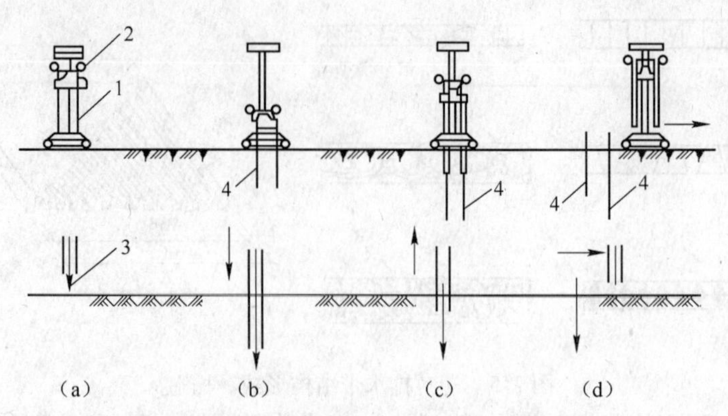

图 7-7 塑料排水带插带工艺流程

(a) 准备；(b) 插设；(c) 上拔；(d) 切断移动

1—套杆；2—塑料带卷筒；3—钢靴；4—塑料带

2）塑料带与桩尖锚旋要牢固，防止拔管时脱离，将塑料带拔出。打设时严格控制间距和深度，如塑料带拔起超过 2m 以上，应进行补打。

3）桩尖平端与导管下端要连接紧密，防止错缝，以免在打设过程中淤泥进入导管，增加对塑料带的阻力，或将塑料带拔出。

4）塑料带需接长时，为减小带与导管的阻力，应采用在滤水膜内平搭接的连接方法，搭接长度应在 20mm 以上，以保证输水畅通和有足够的搭接强度。

（4）质量控制：

1）施工前应检查施工监测措施、沉降、孔隙水压力等原始数据，排水措施，塑料排水带等位置。塑料排水带必须符合质量要求。

2）堆载施工应检查堆载高度、沉降速度。

3）施工结束后应检查地基土的十字板剪切强度，标贯或静力触探值及要求达到的其他物理力学性能，重要建（构）筑物应作承载力检验。

7.5 工程实例

本实例为某高速公路软基段袋装砂井施工方案。

A 编制依据

(1) 某高速公路工程施工招标文件。

(2) 某高速公路工程施工图。

(3) 根据文件要求及招标文件。

(4) 国家、部及省有关道路工程的技术标准、法规文件。

(5) 相关规范、规定和标准：《公路软土地基路堤设计与施工技术细则》(JTG/T D31—02—2013)。

B 工程概况

某高速公路 TC—3 合同段软基处理（袋装砂井）主要为 K23+206.5 ~ K23+402、K23+478 ~ K23+706.5、K23+779.5 ~ K23+966、K24+042 ~ K24+181、K25+333 ~ K25+668 处

理长度1084.5m，处理面积47563m^2，袋装砂井按正三角形布设，间距1.5m，处理深度为8.5～10.5m，总计处理深度213352m。

C 施工组织机构和责任

施工组织机构、人员编制职责见表7-2。

表7-2 施工组织机构、人员编制职责表

岗位		定员/人	主要职责范围
项目经理		1	全面指挥项目施工，为项目安全、质量、周期整体责任人
技术负责		1	拟定项目实施的技术方案、工序控制点和质量目标，全面主持项目的技术工作，并对其负责
技术员		1	按照施工组织方案，指导工程施工，认真做好与甲方合同外工作量签证工作，隐蔽工程验收签证工作，把好现场每道工序及质量记录
技安组	质检员	1	按工序质量控制目标要求，对进场原材料、材料制作及各工序实施监督和检查、验收，对合格品要挂牌标识，未经检查验收品不得转序，不合格品挂牌另放置，不得使用。做好隐蔽工程验收签证工作，履行质量否决权
	安全员	1	制定安全生产目标，主持安全检查、监督和教育工作，落实安全技术措施，对影响安全的重点部位应挂牌明示。负责施工现场安保工作，履行安全否决权
材料供应	材料员	1	做好材料供应计划和消耗统计工作，对进场各种材料进行把关验收和认真保管，对不合格原材料拒收，并不准放于现场料场
机修组	修理工	1	负责维护、保养和修理各种机具设备，协助设备安装并记录设备技术状态
	电工	1	负责维护、保养和修理安装各种电器设备，负责接线工作并记录电器设备技术状态
导管式振动打桩机	机长	5	组织本机成桩施工，对当天生产、安全、成桩操作质量负责，监督检查当班机械操作人员的施工操作及打桩记录，并负责当班施工工程中出现质量问题的记录、汇报工作及处理
	操作员	30	负责桩机行走定位及垂直度的调整，按施工技术要求进行施工操作，严格执行施工方案要求的工艺流程

D 机械配置

本工程机械配置见表7-3。

表7-3 机械配置表

机械名称	单位	数量	备注
导管式振动打桩机	台	5	
发电机组	台	5	
运输车	辆	3	
电焊机	台	3	

E 进度计划

本分项工程计划十五天完成，自2007年5月20日至2007年6月5日。

F 材料

采用渗水率较高的中、粗砂，大于0.5mm的砂的含量占总重的50%以上，含泥量要求小于3%，透水系数不小于5×10^{-3}cm/s。袋中砂宜用风干砂。砂袋为聚丙烯编织袋，应具有一定的隔离土颗粒和渗透功能，其孔隙、渗水系数等指标应满足规定要求。

G 施工准备

a 地面清理及整平

（1）将施工范围内的树木、杂物清理干净，并挖除树根。

（2）将施工场地大致整平，若设计有整平标高时，应按设计标高整平，做成大于3%

的双向横坡，并进行压实（压实度大于85%）。

b 铺设下层砂垫层

（1）将沙砾运送到准备摊铺的路基上，用平地机配合推土机摊平，摊平后适当洒水、碾压，压实厚度控制为25cm，分两层共填筑50cm。砂砾应级配均匀，无粗、细粒料分离现象，碾压密实。

（2）垫层宽度应宽出路基坡脚50cm，并用人工或机械整理顺适。

（3）垫层的压实度应符合所处区段的压实标准。

c 测量准备

（1）测量放样。根据设计资料提供的起讫桩号打出控制桩，再每隔10～20m放出路线中心桩。按照打设的中桩通过计算放出边桩及护桩。

（2）桩位放样。

1）根据设计给定的处理长度、宽度及板距计算出布设的排数和列数。按三角形布设，间距为1.5m。

2）根据计算结果画出布桩图，标明排列的编号。每排桩的轴线应垂直于路线中心线，曲线上应为法线方向。

3）同时绘制一张较大的布桩图交施工人员打设时使用，每施打一根在图上相应位置标出，以免遗漏。根据布井图在铺设好的第一层砂垫层上放出具体的桩位，做出鲜明的标志。一般可用15cm长的钢筋插在桩位上。

4）井顶部最好用红油漆抹红。

H 施工方法及工艺流程

a 袋装砂井施工

（1）铺设枕木、轨道，将机器移入场内。

（2）将装好的砂袋移入到场。

（3）开始成孔，对准井位，插入桩管到设计深度。

（4）将备好的砂袋放入插管中。

（5）开启振动将插管逐渐向上提升至地表（10～20cm）。

（6）将地上砂袋空余部分添满。

（7）移至下一个桩位。

b 施工要点

（1）整平原地面并铺设下层砂垫层。

（2）砂井的定位要准确，砂井垂直度要好。

（3）聚丙烯编织袋施工时，应避免太阳光直接照射。

（4）砂袋入口处的导管口应装设滚轮，避免刮破砂袋及漏砂。

（5）施工中要经常检查桩尖与导管口的密封情况，避免导管内进泥太多，影响加固深度。

（6）确定袋装砂井施工长度时，应考虑砂井在孔内的弯曲、超深等方面的因素，避免砂井全部沉入孔内，造成与沙砾垫层不连接。

（7）砂袋留出孔口长度应深入沙砾垫层50cm，使其与沙砾垫层贯通，然后铺设10cm沙砾找平，再铺设土工格栅及上层沙砾垫层。

c 施工工艺

袋装砂井施工前要对软基处进行预先处理，应首先整平场地，铺设砂垫层，具体工艺如下：

平整场地→铺下层砂垫层→稳压→放样→机具就位→打入套管→沉入砂袋→拔出套管→机具移位→埋砂袋头→铺设上层砂垫层。

I 质量控制

袋装砂井实测项目及质量控制见表7-4。

表7-4 袋装砂井实测项目

项　次	检 查 项 目	规定值或允许偏差
1	井距/cm	15
2	井长/cm	不小于设计
3	井径/mm	+10，-0
4	竖直度/%	±1.5
5	灌砂率/%	+5

J 施工注意事项

（1）砂袋灌入砂后，露天堆放要有遮盖，切忌长时间暴晒，以免砂袋老化。

（2）严格控制垂直度，就位时板间距偏差±15cm，竖直度偏差小于1.5%。

（3）为控制砂井的设计入土深度，在钢套管上应划出标尺，以确保井底标高符合设计要求。

（4）用桩架吊起砂袋入井时，应确保砂袋垂直下井，防止砂袋发生扭结、缩径、断裂和砂袋磨损。

（5）拔钢套管时，应注意垂直起吊，以防带出或磨损砂袋。施工中如发现上述现象，应在原孔边缘重打；连续两次带出砂袋时，应停止施工，查明原因后再施工。

（6）砂袋留出孔口长度应保证伸入砂垫层至少30cm，并且不能卧倒。

思 考 题

7-1 排水固结法适用于处理何种地基土？

7-2 排水固结法是如何提高地基土的强度和减小地基的沉降的？

7-3 简述堆载预压设计计算的步骤和施工方法。

7-4 排水固结法的现场监测与质量检验项目有哪些？

注册岩土工程师考题

7-1 某建筑场地饱和淤泥质黏土层15～20m厚，现采用排水固结法加固地基，问下述哪个选项不属于排水固结法（　）。

A. 真空预压法　B. 堆载预压法　C. 电渗法　D. 碎石桩法

7-2 在排水固结法中，下列哪种处理方式起到排水通道的作用（ ）。

A. 降水

B. 电渗

C. 砂井

D. 真空预压

7-3 砂井堆载预压法不适合于（ ）。

A. 砂土

B. 杂填土

C. 饱和软黏土

D. 冲填土

7-4 在一正常固结软黏土地基上建设堆场。软黏土层厚10.0m，其下为密实砂层。采用堆载预压法加固，砂井长10.0m，直径0.30m。预压荷载为120kPa，固结度达0.80时卸除堆载。堆载预压过程中地基沉降1.20m，卸载后回弹0.12m。堆场面层结构荷载为20kPa，堆料荷载为100kPa。预计该堆场工后沉降最大值将最接近（ ）。（不计次固结沉降）

A. 20cm

B. 30cm

C. 40cm

D. 50cm

7-5 某建筑场地采用预压排水固结法加固软土地基。软土厚度10m，软土层面以上和层底以下都是砂层，未设置排水竖井。为简化计算。假定预压是一次瞬时施加的。已知该软土层孔隙比为1.60，压缩系数为0.8MPa^{-1}，竖向渗透系数$K_v = 5.8\times10^{-7}$cm/s，其预压时间要达到下列（ ）d时，软土地基固结度就可达到0.80?

A. 78

B. 87

C. 98

D. 105

参考答案：7-1. D 7-2. C 7-3. C 7-4. C 7-5. B

8 化学加固法

本章概要

本章对化学加固法的定义、材料类型及加固机理等内容进行介绍，重点阐述化学加固法的设计计算过程及重要计算参数的确定，并给出某工程实例，以便对本章内容加深理解。

8.1 概 述

水电建设中几乎每个坝址都要进行大规模防渗和加固灌浆，在其他土木工程如铁道、矿井、市政和地下工程等建设中，灌浆法也占有十分重要的地位。它不仅在新建工程，而且在改建和扩建工程中都有广泛的应用。实践证明，灌浆法确实是一种重要且颇有发展潜力的地基加固技术。可用的浆材品种越来越多，有些浆材通过改性使其缺点消除，正向理想浆材的方向发展。为解决特殊工程问题，化学浆材的发展提供了更加有效的手段，使灌浆法的总体水平得到提高。然而由于造价、毒性和环境污染等原因，国内外各类灌浆工程中仍是水泥系和水玻璃系浆材占主导地位，高价的有机化学浆材一般仅在特别重要的工程中以及上述两类浆材不能可靠地解决问题的特殊条件下才使用。劈裂灌浆在国外已有30多年的历史，我国自20世纪70年代末在乌江渡坝基采用这类灌浆工艺建成有效的防渗帷幕后，也已取得明显的发展，尤其在软弱地基中，劈裂灌浆技术已越来越多地用作提高地基承载力和清除（或减少）沉降的手段。在一些比较发达的国家中，已较普遍地在灌浆施工中设立电子计算机监测系统，用来专门收集和处理诸如灌浆压力、浆液稠度和进浆量等重要数据，这不仅可使工作效率大大提高，还能更好地控制灌浆工序和了解灌浆过程本身，在勘探和灌浆施工中广泛地应用电子技术，正使灌浆法从一种“技术”转变为一门科学。由于灌浆施工属隐蔽性作业，复杂的地层构造和裂隙系统难于模拟，故开展理论研究实为不易。与浆材品种的研究相比，国内外在灌浆理论方面都仍属比较薄弱的环节。

8.2 灌浆法定义

灌浆法是指利用液压、气压或电化学原理，通过注浆管把浆液均匀地注入地层中，浆液以填充、渗透和挤密等方式，使土颗粒间或岩石裂隙中的水分和空气排出，经人工控制一定时间后，浆液将原来松散的土粒或裂隙胶结成一个整体，形成一个结构新、强度大、防水性能高和化学性良好的结石体。

8.3 灌浆的主要目的

灌浆的主要目的如下：

（1）防渗。增加地基土的不透水性。1998 年洪水，让全国人民知道了“溃坝”这个字眼，其实大量险情都属于“渗透变形”范畴，“千里之堤溃于蚁穴”，坝体中存在着很多裂隙、空洞等缺陷，在较大渗透力作用下就会濒临危险，采用灌浆法就是处理这类问题的一条有效途径。

（2）防冲刷。防止对桥墩和边坡护岸的冲刷。

（3）防滑坡。整治塌方滑坡，处理路基病害。

（4）加固地基。提高地基土的承载力，减少地基的沉降和不均匀沉降；加固既有建（构）筑物的地基。

8.4 灌浆材料

灌浆工程中所用的浆液是由主剂（原材料）、溶剂（水或其他溶剂）及各种外加剂混合而成的。通常所提的灌浆材料是指浆液中所用的主剂。外加剂可根据在浆液中所起的作用，分为固化剂、催化剂、速凝剂、缓凝剂和悬浮剂等。

灌浆材料按原材料和溶液特性的分类如图 8-1 所示。

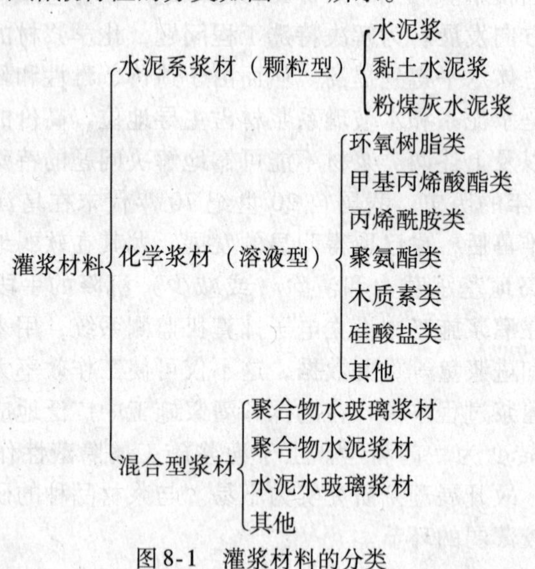

图 8-1 灌浆材料的分类

在灌浆工程中，水泥系浆材用途最广和用量最大。其主要特点是灌浆形成的水泥复合体具有较好的物理力学性质和耐久性，无毒环保，材料来源又广，而且价格较低。在水泥系浆材中应用最广的是普通硅酸盐水泥浆。

化学浆材属于真溶液。其主要特点是初始黏度小，可灌地基中小裂缝或孔隙。其缺点是造价高，而且不少化学浆材具有一定毒性，造成环境污染，影响其推广使用。

（1）硅酸盐类。硅酸盐（水玻璃）灌浆始于 1887 年，是一种最为古老的灌浆工艺。

虽然硅酸盐浆材问世以来的100年里，在20世纪50年代后期出现了许多其他化学浆材，但硅酸盐仍然是当前主要的化学浆材，它占目前使用的化学浆材的90%以上。由于其无毒、价廉和可灌性好等优点，欧美国家根据技术经济指标，依旧将硅酸盐浆材列在所有化学浆材的首位。

（2）木质素类。木质素浆液是以纸浆废液为主剂，加入一定量的固化剂所组成的浆液。它属于“三废利用”，源广价廉，是一种很有发展前途的注浆材料。木质素浆液目前包括铬木素浆液和硫木素浆液两种。这主要是因为现在仅有重铬酸钠和过硫酸铵两种固化剂能使纸浆废液固化。

8.5 灌浆理论

主要的灌浆理论如下：

（1）渗透性灌浆理论。渗透灌浆是指在压力作用下使浆液克服各种阻力，渗入地层中的孔隙或裂缝中，排挤出孔隙中存在的自由水和气体，而地基土层结构基本不受扰动和破坏。所用灌浆压力相对较小。这类灌浆一般只适用于中砂以上的砂性土和有裂隙的岩石。

（2）劈裂灌浆理论。劈裂灌浆是指在压力作用下，向钻孔泵送不同类型的流体，以克服地层的初始应力和抗拉强度，引起岩石和土体结构的破坏和扰动，使其沿垂直于小主应力的平面上发生劈裂，使地层中原有的裂隙或孔隙张开，形成新的裂隙或孔隙，浆液的可灌性和扩散距离增大，而所用的灌浆压力相对较高。这类灌浆适用于几乎所有类型的土层。

（3）压密灌浆理论。压密灌浆是指通过钻孔在土中灌入极浓的浆液，在注浆点使土体压密，在注浆管端部附近形成“浆泡”。靠近“浆泡”的区域将遭到一定程度的破坏，形成“塑性区域”，离浆泡较远的区域将产生弹性挤压变形，土体密度提高较多。这类灌浆一般只适用于中砂地基。

（4）电动化学灌浆原理。电动化学灌浆是指在施工时将带孔的注浆管作为阳极，用滤水管作为阴极，将溶液由阳极压入土中，并通以直流电（两电极间电压梯度一般采用0.3～1.0V/cm）。在电渗作用下，孔隙水由阳极流向阴极，促使通电区域中土的含水量降低，并形成渗浆通路，化学浆液也随之流入土的孔隙中，并在土中硬结。因而电动化学灌浆是在电渗排水和灌浆法的基础上发展起来的一种加固方法。这类灌浆适用于渗透性很差的地基土，一般压力很难注浆，渗透系数 $k < 10^{-4}$ cm/s，只靠一般静压力难以使浆液注入土的孔隙，此时需用电渗的作用使浆液进入土中。弊端是由于电渗排水作用，可能会引起邻近既有建（构）筑物基础的附加下沉。

8.6 灌浆法加固机理

灌浆法加固机理如下：

（1）化学胶结作用；

（2）惰性填充作用；

（3）离子交换作用。

8.7 设计计算

8.7.1 设计程序和内容

8.7.1.1 设计程序

(1) 查明场地的工程地质特性和水文地质条件。

(2) 根据工程性质、灌浆目的及水文、地质条件，初步选定灌浆方案。

(3) 除进行室内灌浆试验外，对较重要的工程，还要选择有代表性的地段进行现场灌浆试验，以便为确定灌浆技术参数及灌浆施工方法提供依据。

(4) 确定各项灌浆参数和技术措施。

(5) 在施工期间和竣工后的运用过程中，根据观测所得的异常情况，对原设计进行必要的调整。

8.7.1.2 设计内容

(1) 灌浆标准（重要概念）：通过灌浆要求达到的效果和质量指标。

(2) 施工范围：包括灌浆深度、长度和宽度。

(3) 灌浆材料：包括浆材种类和浆液配方。

(4) 浆液影响半径（重要概念）：指浆液在设计压力下所能达到的有效扩散距离。

(5) 钻孔布置：根据浆液影响半径和灌浆体设计厚度，确定合理的孔距、排距、孔数和排数。

(6) 灌浆压力（重要概念）：是指不会使地表面产生变化和邻近建（构）筑物受到影响前提下可能采用的最大压力。

(7) 灌浆效果评估：用各种方法和手段检测灌浆效果。

8.7.2 灌浆方案选择

灌浆方法和灌浆材料的选择一般应遵循以下原则：

(1) 灌浆目的是为提高地基强度和变形模量，一般可选用以水泥为基本的水泥浆、水泥砂浆和水泥水玻璃浆等，或采用高强度化学浆材，如环氧树脂等。

(2) 灌浆目的是为了防渗堵漏时，可采用黏土水泥浆、黏土水玻璃浆、水泥粉煤灰混合物、铬木素等。

(3) 在裂隙岩层中灌浆一般采用纯水泥或在水泥浆中或在水泥砂浆中掺入少量膨润土，在沙砾石层中或在溶洞中采用黏土水泥浆。

(4) 对孔隙较大的沙砾层或裂隙岩层中采用渗入性注浆法，在砂层灌注粒状浆材宜采用水力劈裂法，在黏性土层中采用水力劈裂法，矫正建（构）筑物的不均匀沉降则采用压密灌浆法。有时在考虑浆材选用上，还需要考虑浆材对人体的危害或对环境的污染问题。

总之，在选择灌浆方案时，必须把技术上的可行性和经济上的合理性综合起来考虑。

8.7.3 灌浆标准

所用灌浆标准的高低，关系到工程量、进度、造价和建（构）筑物的安全。

A 防渗标准

防渗标准越高，灌浆技术的难度就越大，一般灌浆工程量及造价也越高。因此，防渗标准不应是绝对的，每个灌浆工程都应根据自己的特点，通过技术经济比较确定一个相对合理指标。对重要的防渗工程，都要求将地基土的渗透系数降低至 $10^{-4} \sim 10^{-5}$cm/s 以下，对临时性工程或允许出现较大渗漏量而又不致发生渗透破坏的地层，也有采用 10^{-3}cm/s 数量级的工程实例。

B 强度和变形标准

根据灌浆的目的，强度和变形的标准随工程的具体要求而不同。

（1）为了增加摩擦桩的承载力，主要应沿桩的周边灌浆，以提高桩侧界面间的黏聚力；对支承桩则在桩底灌浆以提高桩端土的抗压强度和变形模量。

（2）为了减少坝基础的不均匀变形，仅需在坝基下游基础受压部位进行固结灌浆，以提高地基土的变形模量，而无需在整个坝基灌浆。

（3）对振动基础，有时灌浆目的只是为了改变地基的自然频率以清除共振条件，因而不一定需用强度较高的浆材。

（4）为了减小挡土墙的土压力，则应在墙背至滑动面附近的土体中灌浆，以提高地基土的重度和滑动面的抗剪强度。

C 施工控制标准

灌浆后的质量指标只能在施工结束后通过现场检测来确定，需制订一个保证获得最佳灌浆效果的施工控制标准。

（1）在正常情况下注入理论耗浆量 Q 为：

$$Q = Vn + m \tag{8-1}$$

式中 V——设计灌浆体积；

n——土的孔隙率；

m——无效注浆量。

（2）按耗浆量降低率进行控制：第二次序孔的耗浆量将比第一次序孔大为减少，这是灌浆取得成功的标志。

8.7.4 确定扩散半径

浆液扩散半径 r 是一个重要参数，它对灌浆工程量及造价具有重要的影响，如果选用的 r 值不符合实际情况，还将降低灌浆效果甚至导致灌浆失败。当地质条件较复杂或计算参数不易选准时，就应通过现场灌浆试验来确定。

8.7.5 灌浆压力

（1）在保证灌浆质量的前提下，使钻孔数尽可能减少。

（2）高的灌浆压力还能使一些微细孔隙张开，有助于提高可灌性。

（3）当孔隙被某种软弱材料填充时，高灌浆压力能在充填物中造成劈裂注浆，使软弱材料的密实度、强度和不透水性等得到改善。

（4）高灌浆压力还有助于挤出浆液中的多余水分，使浆液结石的强度提高。

8.7.6 灌浆量

灌注所需的浆液总用量 Q 可参照下式计算：

$$Q = 1000KVn \tag{8-2}$$

式中 Q——浆液总用量，L；

V——注浆对象的土量，m^3；

n——土的孔隙率；

K——经验系数，软土、黏性土、细砂，$K=0.3 \sim 0.5$；中砂、粗砂，$K=0.5 \sim 0.7$；砾砂，$K=0.7 \sim 1.0$；湿陷性黄土，$K=0.5 \sim 0.8$。

8.8 施工方法简介

8.8.1 按注浆管设置方法分类

（1）用钻孔方法。主要用于基岩或沙砾层，或已经压实过的地基。具有不使地基土扰动的优点，但一般的工程费用较高。

（2）用打入方法。打入方法有以下三种：

1）锤击法。搭建三脚架，用穿心锤将注浆管逐节击入地基。这种方法简单易行、造价低。

2）压入法。利用钻机或静力触探压机将钻杆分节压入地基。但钻机和压力机都是非注浆专用设备，成本高。

3）震动法。一只电动机带动一偏心锤就组成一台震动器，将注浆管逐节震入地基。这种方法工效高，注浆管垂直度好，成本低，是目前使用最普遍的一种方法。

（3）用喷注方法。是在注浆管打进困难的情况下采用的一种方法。这种方法利用泥浆泵，设置用水喷射的注浆管，因容易把地基扰动，所以不是理想的方法。

8.8.2 按灌注方法分类

（1）一种溶液一个系统方式。将所有的材料放进同一箱子中，预先做好混合准备，再进行注浆，这适用于凝胶时间较长的情况。

（2）两种浆液一个系统方式。将 A 溶液和 B 溶液预先分别装在各自准备的不同箱子中，分别用泵输送，在注浆管的头部使两种溶液会合。这种在浆管中混合进行灌浆的方法，适用于凝胶时间较短的情况。

（3）两种溶液两个系统方式。将 A 溶液和 B 溶液分别准备放在不同的箱子中，用不同的泵输送，在注浆管（并列管、双层管）顶端流出的瞬间，两种溶液就汇合而注浆。这种方法适用于凝胶时间是瞬间的情况。

8.9 灌浆质量和效果检验

灌浆质量与灌浆效果的概念不完全相同。灌浆质量一般指灌浆施工是否严格按设计和施工规范进行，例如灌浆材料的品种规格、浆液的性能、钻孔的角度、灌浆压力等，都要求符合规范的要求，不然则应根据具体情况采取适当的补充措施；灌浆效果则指灌浆后能将地基土的物理力学性质提高的程度。

灌浆质量高不等于灌浆效果好。因此，设计和施工中，除应明确规定某些质量指标外，还应规定所要达到的灌浆效果及检验方法。

灌浆效果的检验，通常在注浆结束后28d才可进行，检验方法如下：

（1）统计计算灌浆量。可利用灌浆过程中的流量和压力自动曲线进行分析，从而判断灌浆效果。

（2）利用静力触探测试加固前后土体力学指标的变化，用以了解加固效果。

（3）在现场进行抽水试验，测定加固土体的渗透系数。

（4）采用现场静载荷试验，测定土体的承载能力和变形模量。

（5）采用钻孔弹性波试验测定加固土体的动弹性模量和剪切模量。

（6）采用标准贯入试验或轻便触探等动力触探方法测定加固土体的力学性能，此法可直接得到灌浆前后原位土的强度，进行对比。

（7）进行室内试验。通过室内加固前后土的物理力学指标的对比试验，判定加固效果。

（8）采用γ射线密度计法。它属于物理探测方法的一种，在现场可测定土的密度，用以说明灌浆效果。

（9）使用电阻率法。将灌浆前后对土所测定的电阻率进行比较，根据电阻率差说明土体孔隙中浆液的存在情况。

在以上方法中，动力触探试验和静力触探试验最为简便实用。检验点一般为灌浆孔数的2%～5%，如检验点的不合格率等于或大于20%，或虽小于20%但检验点的平均值达不到设计要求，在确认设计原则正确后应对不合格的注浆区实施重复注浆。

8.10 工程实例

某机场场址属侵蚀剥蚀构造低山丘陵地貌，场址范围内低山成群，山沟发育，高低起伏，总体地势西南高、东北低，海拔高程在458～510m之间，相对最大高差近50m，现已建成通航。该机场设计机型为CRJ-200飞机，飞行区等级指标为3C支线机场，跑道长2200m，宽45m，远期按4C等级机场进行规划。地勘报告显示，场址存在较发育的土（溶）洞，埋深标高在460.0～485.0m之间，岩溶高度在0.7～8.3m之间，顶板岩石厚度在0.3～4.7m之间，上履土厚度在3.2～7.4m之间，洞内填充土为可塑或软塑黏土；下卧软（流）塑土层埋深标高在455.0～480.0m之间，厚度在3.5～14.4m之间，存在不均匀沉降和差异沉降变形问题等。场区地下水埋藏较深，标高在455m左右，以岩溶裂隙为主，流速较小，约0.5m/s，雨季有所增大。场址属于地震区，属小于6度震区。因此，针对该机场高填方（最大设计填方高度约30m），土（溶）洞较发育及下卧软塑土层容易引起地基不均匀沉降，差异沉降和影响地基稳定性等工程特点，需要通过地基处理试验研究，获取相对经济适用的地基处理方法，确保地基工程质量。

机场对地基的要求是：经过处理后地基必须达到密实、稳定和均匀。该机场设计的基本要求是：地基的工后沉降不得大于8cm，原地面沉降不得大于4cm；差异沉降按0.1%的弯沉盆进行控制也不得大于5cm。此外，设计还要求地基总沉降量的95%在施工期完成；处理后的原地面回弹模量应不小于25MPa。本次地基试验主要涉及土（溶）洞及下卧软塑土层的压力灌浆法地基处理试验，通过试验确认压力灌浆加固法能否起到降低洞内填充物变形量、提高承载力或者减少下卧软塑土层的不均匀沉降及差异沉降的作用；推荐合理的施工工艺、适宜的注灌材料和配合比；提供浆液的扩散半径、容许灌浆压力、灌浆孔间距、浆液消耗量等试验参数；提出注浆设备意见等。

本次压力灌浆试验分为下卧软塑土试验和土（溶）洞试验两部分。试验采用一台XY-1型油压钻机、一台XJ-100型手把钻机造孔注浆，一台100/1.5型砂浆泵、一台100/2.5型砂浆泵。软塑土试验区选择在地勘钻孔编号Z104~Z123孔地段，土（溶）洞试验区选在Z057、Z058和Z081三个孔地段。原设计灌浆试验方案为袖阀管法，由于实际等待套壳料初凝的时间较长，袖阀管的损耗量较大，根据实际情况经各方研究后，改为采用套管护壁直接灌浆法。

（1）压浆材料的选用：采用纯水泥浆，水泥采用52.5MPa普通硅酸盐水泥，外加剂采用水玻璃，也可根据现场情况选用。

（2）水灰比及扩散半径（孔距）的确定：现场试验时先采用较大水灰比（8∶1），再根据实际情况变浓至1∶0.5，1∶1两种水灰比做试验。土（溶）洞试验直接在原地勘钻孔附近相距1.5m左右呈三角形布置灌浆孔，共施工6个注浆孔；软塑土试验则根据土质情况和孔距按以往工程经验选用2.0m和2.5m两个小区，每种水灰比施工5个注浆孔为一组，编号为1~5，呈互接等边三角形布置，注浆加固后施工3个取芯检验孔，编号为ZK1~ZK3，两个小区共计注浆孔20个，取芯检验孔12个。

（3）容许灌浆压力的确定：试验中采用逐步提高压力的办法获得灌浆压力与灌浆量的关系曲线，当压力升至某一数值而灌浆量突然增大时，可将此时的压力值确定为容许灌浆压力。根据类似土层的施工经验，初始注浆压力在0.25~0.60MPa之间，终止压力在0.40~0.60MPa之间。

（4）灌浆孔深度应贯穿下卧软塑土层（或洞内填充物），孔斜小于1%。进浆流量控制按小于20L/min控制。

（5）灌浆效果检查：在地基处理试验结束28d后对加固区进行效果检查，包括标贯或动力触探试验、钻芯取样试验、开挖检查等。

1）土（溶）洞试验效果：由于溶洞内充填物含碎石，有岩石顶板覆盖，载荷试验无法做。原状及加固后土样又难以取出，经钻孔抽芯检验，溶洞内见碎石块状水泥结石。采用人工开挖，爆破揭去洞顶盖后，取出灌浆处理后填充物进行观察，可见水泥结块，体积较大，中间有黏土及碎石结核，水泥块呈浅灰色，强度稍低，四周仍有软土包围。处理效果虽不如原设想的水泥呈脉状充填于软土中，但仍可见岩土已得到明显的加固处理。

2）软塑土层处理试验效果：取样可见到水泥呈脉状充填于软土层中，已无软土存在。重型动力触探试验证实，加固前软土的一般击数小于1，一阵3击贯入量30cm以上；加固后距灌浆孔1.2m左右范围内已无软土，一般击数2~4，一阵3击贯入量8~15cm，加固效果非常明显。

土（溶）洞压浆试验表明，采用纯水泥浆，水灰比1∶(0.5～0.8)，高标号52.5MPa硅酸盐水泥，外加剂选用水玻璃，灌浆压力控制在0.8～1.0MPa之间，灌浆孔距在1.5m左右，浆液扩散半径大致在1.0～1.5m间。试验中单孔平均注浆量约为1249.17L，单孔平均耗用水泥量约为966.67kg。灌浆方案技术上是可行的，施工效果也较好。

软塑土压浆试验表明，采用纯水泥浆，水灰比1∶(0.5～0.8)，高标号52.5MPa硅酸盐水泥，外加剂选用水玻璃，灌浆压力控制在0.3～0.4MPa之间，灌浆孔距在2.5m左右，扩散半径可达到2.5m范围。在灌浆过程中进浆量稍高于设计值20L/min，技术上是可行的，但成本较高。试验中每米厚度软土注浆量从几千到上万升，平均每米软土耗用水泥量约2t多。造成这种情况的主要原因是：软塑土灌浆无边界限制，土层中裂隙较发育，导致吸浆量较大。

思　考　题

8-1 什么是灌浆法？灌浆有哪些作用？

8-2 灌浆法可应用于哪些工程领域？

8-3 灌浆材料有哪些？

8-4 灌浆法分为哪些类型？

8-5 灌浆法的设计步骤有哪些？

8-6 如何进行灌浆处理后的质量与效果检验？

注册岩土工程师考题

8-1 下列哪种方法不属于化学加固法（　）。

A 电渗法

B 粉喷桩法

C 深层水泥搅拌桩法

D 高压喷射注浆法

8-2 注浆法加固地基的施工中，评价浆液稠度的指标通常是浆液的（　）。

A. 浓度

B. 黏度

C. 渗透系数

D. 坍落度

8-3 根据注浆机理，注浆法加固地基可分为（　）。(多选题)

A. 压密注浆

B. 劈裂注浆

C. 渗透注浆

D. 压力注浆

8-4 一港湾淤泥质黏土层厚3m左右，经开山填土造地填土厚8m左右，填土层内块石大小不一，个别边长超过2m，现拟在填土层上建45层住宅，在下述地基处理方法中，采用（ ）方法比较合理。

A. 灌浆法

B. 预压法

C. 强夯法

D. 振冲法

参考答案：8-1. A 8-2. D 8-3. ABC 8-4. C

9 水泥土搅拌法

本章概要

本章对水泥土搅拌法的基本概念、加固机理、施工工艺及设计计算等内容进行重点阐述，介绍水泥搅拌法的常见加固效果检验方法，并给出某工程实例，以便对本章内容加深理解。

9.1 概　　述

水泥土搅拌法是用于加固饱和黏性土地基的一种方法。它是利用水泥（或石灰）等材料作为固化剂，通过特制的搅拌机械，在地基深处就地将软土和固化剂（浆液或粉体）强制搅拌，由固化剂和软土间所产生的一系列物理化学反应，使软土硬结成具有整体性、水稳定性和一定强度的水泥加固土，从而提高地基强度和增大变形模量。根据施工方法的不同，水泥土搅拌法分为水泥浆搅拌法和粉体喷射搅拌法两种。前者是用水泥浆和地基土搅拌，后者是用水泥粉或石灰粉和地基土搅拌。

水泥土搅拌法分为浆液搅拌法（以下简称湿法）和粉体搅拌法（以下简称干法）。水泥土搅拌法适用于处理正常固结的淤泥、淤泥质土、素填土、黏性土（软塑、可塑）、粉土（稍密、中密）、粉细砂（松散、中密）、中粗砂（松散、稍密）、饱和黄土等土层。不适用于含大孤石或障碍物较多且不宜清除的杂填土、欠固结的淤泥和淤泥质土、硬塑及坚硬的黏性土、密实的砂类土，以及地下水渗流影响成桩质量的土层。当地基土的天然含水量小于30%（黄土含水量小于25%）时不宜采用粉体搅拌法。冬期施工时，应注意负温对处理效果的影响。湿法的加固深度不宜大于20m；干法不宜大于15m。水泥土搅拌桩的桩径不应小于500mm。

水泥加固土的室内试验表明，有些软土的加固效果较好，而有的不够理想。一般认为含有高岭石、多水高岭石、蒙脱石等黏土矿物的软土加固效果较好，而含有伊利石、氯化物和水铝英石等矿物的黏性土以及有机质含量高、酸碱度（pH值）较低的黏性土的加固效果较差。

9.2 加固机理

水泥加固土的物理化学反应过程与混凝土的硬化机理不同，混凝土的硬化主要是在粗填充料（比表面不大、活性很弱的介质）中进行水解和水化作用，所以凝结速度较快。而在水泥加固土中，由于水泥掺量很小，水泥的水解和水化反应完全是在具有一定活性的介质——土的围绕下进行，所以水泥加固土比混凝土的强度增长过程缓慢。

9.2.1 水泥的水解和水化反应

普通硅酸盐水泥主要由氧化钙、二氧化硅、三氧化二铝、三氧化二铁及三氧化硫等组成，由这些不同的氧化物分别组成了不同的水泥矿物：硅酸三钙、硅酸二钙、铝酸三钙、铁铝酸四钙、硫酸钙等。用水泥加固软土时，水泥颗粒表面的矿物很快与软土中的水发生水解和水化反应，生成氢氧化钙、含水硅酸钙、含水铝酸钙及含水铁酸钙等化合物。

所生成的氢氧化钙、含水硅酸钙能迅速溶于水中，使水泥颗粒表面重新暴露出来，再与水发生反应，这样周围的水溶液就逐渐达到饱和。当溶液达到饱和后，水分子虽继续深入颗粒内部，但新生成物已不能再溶解，只能以细分散状态的胶体析出，悬浮于溶液中，形成胶体。

9.2.2 土颗粒与水泥水化物的作用

当水泥的各种水化物生成后，有的自身继续硬化，形成水泥石骨架；有的则与其周围具有一定活性的黏土颗粒发生反应。

9.2.2.1 离子交换和团粒化作用

黏土和水结合时就表现出一种胶体特征，如土中含量最多的二氧化硅遇水后，形成硅酸胶体微粒，其表面带有阴离子 Na^{+}或钾离子 K^{+}，它们能和水泥水化生成的氢氧化钙中钙离子 Ca^{2+}进行当量吸附交换，使较小的土颗粒形成较大的土团粒，从而使土体强度提高。

水泥水化生成的凝胶粒子的比表面积约比原水泥颗粒大 1000 倍，因而产生很大的表面能，有强烈的吸附活性，能使较大的土团粒进一步结合起来，形成水泥土的团粒结构，并封闭各土团的空隙，形成坚固的联结，从宏观上看也就使水泥土的强度大大提高。

9.2.2.2 硬凝反应

随着水泥水化反应的深入，溶液中析出大量的钙离子，当其数量超过离子交换的需要量后，在碱性环境中，能使组成黏土矿物的二氧化硅及三氧化二铝的一部分或大部分与钙离子进行化学反应，逐渐生成不溶于水的稳定结晶化合物，增大了水泥土的强度。

从扫描电子显微镜观察中可见，拌入水泥 7 天时，土颗粒周围充满了水泥凝胶体，并有少量水泥水化物结晶的萌芽。一个月后水泥土中生成大量纤维状结晶，并不断延伸充填到颗粒间的孔隙中，形成网状构造。到五个月时，纤维状结晶辐射向外伸展，产生分叉，并相互连接形成空间网状结构，水泥的形状和土颗粒的形状已不能分辨出来。

9.2.3 碳酸化作用

水泥水化物中游离的氢氧化钙能吸收水中和空气中的二氧化碳，发生碳酸化反应，生成不溶于水的碳酸钙，这种反应也能使水泥土增加强度，但增长的速度较慢，幅度也较小。

从水泥土的加固机理分析，由于搅拌机械的切削搅拌作用，实际上不可避免地会留下一些未被粉碎的大小土团。在拌入水泥后将出现水泥浆包裹土团的现象，而土团间的大孔隙基本上已被水泥颗粒填满。所以，加固后的水泥土中形成一些水泥较多的微区，而在大小土团内部则没有水泥。只有经过较长的时间，土团内的土颗粒在水泥水解产物渗透作用下，才逐渐改变其性质。因此在水泥土中不可避免地会产生强度较大和水稳性较好的水泥石区和强度较低的土块区。两者在空间相互交替，从而形成一种独特的水泥土结构。可见，搅拌越充分，土块被粉碎得越小，水泥分布到土中越均匀，则水泥土结构强度的离散性越小，其宏观的总体强度也最高。

9.3 设计计算

9.3.1 桩长和桩径

竖向承载搅拌桩的长度应根据上部结构对承载力和变形的要求确定，并宜穿透软弱土层到达承载力相对较高的土层；为提高抗滑稳定性而设置的搅拌桩，其桩长应超过危险滑弧以下2m。水泥搅拌桩的桩径不应小于500mm。

9.3.2 布桩形式

布桩形式可根据上部结构特点及对地基承载力和变形的要求，采用柱状、壁状、格栅状或块状等不同形式。桩可只在基础平面范围内布置，独立基础下的桩数不宜少于3根。柱状加固可采用正方形、等边三角形等布桩形式。

9.3.3 单桩承载力特征值

单桩竖向承载力特征值应通过现场载荷试验确定，无试验材料时，也可按照下列二式计算，并取其中较小值：

$$R_a = u_p \sum_{i=1}^{n} q_{si} l_{pi} + \alpha_p q_p A_p \tag{9-1}$$

$$R_a = \eta f_{cu} A_p \tag{9-2}$$

式中 R_a——单桩竖向承载力特征值，kN。

f_{cu}——与搅拌桩桩身水泥土配比相同的室内加固土试块，边长为70.7mm的立方体在标准养护条件下90d龄期的立方体抗压强度平均值，kPa。

η——桩身强度折减系数，干法可取0.20～0.25，湿法可取0.25。

u_p——桩的周长，m。

n——桩长范围内所划分的土层数。

q_{si}——桩周第i层土的侧阻力特征值，kPa；应按地区经验确定，对淤泥可取4～7kPa；对淤泥质土可取6～12kPa；对软塑状态的黏性土可取10～15kPa；对可塑状态的黏性土可以取12～18kPa。

l_{pi}——桩长范围内第i层土的厚度，m。

q_p——桩端端阻力特征值，kPa。

α_p——桩端端阻力发挥系数，应按地区经验确定。

9.3.4 复合地基承载力特征值

加固后搅拌桩复合地基承载力特征值应通过现场复合地基载荷试验确定，也可按式

(6-1) 计算。其中桩间土承载力折减系数 β，对淤泥、淤泥质土和流塑状软土等处理土层，可取 0.1 ~ 0.4，对其他土层可取 0.4 ~ 0.8。单桩承载力发挥系数 λ 可取 1.0。

9.3.5 水泥土复合地基的变形计算

水泥土复合地基的变形由复合土层的变形和桩端以下土层变形两部分组成。由于缺少系统的变形场测试资料，大多采用材料力学的推论或土力学的经验方法计算。

9.3.5.1 复合土层的变形计算

群桩体的压缩变形 s_1 可按下式计算：

$$s_1 = \frac{(p_o + p_{oz})L}{2E_{ps}} \tag{9-3}$$

$$E_{ps} = mE_p + (1 - m)E_s \tag{9-4}$$

式中 p_o——群桩体顶面处的平均压力；

p_{oz}——群桩体底面处的附加压力；

L——实际桩长；

E_{ps}——复合土层压缩模量；

E_p——搅拌桩的压缩模量，可取 $100 \sim 200 f_{cuk}$；

E_s——桩间土的压缩模量。

大量的搅拌桩设计计算及实测结果表明，桩体的压缩变形量仅在 10 ~ 30mm 之间变化。因此，当荷载大、桩较长或桩体强度小时，取大值；反之，当荷载小、桩较短或桩身强度高时，可取小值。

9.3.5.2 桩端以下土层的变形计算

将复合土层看作一层土，下部为若干层土，用分层（GB 50007—2011）总和法计算复合土层下影响深度内各层土的变形。具体按《建筑地基基础设计规范》的有关规定进行计算。在深厚的超软土中，当置换率较大时，如前所述，复合土体呈现深基效应，此时，按刚性桩群桩桩底沉降计算方法较为稳妥。

9.4 施工工艺

水泥土搅拌桩从施工工艺上可分为湿法和干法两种。

9.4.1 湿法

湿法常称为浆液搅拌法，将一定配比的水泥浆注入土中搅拌成桩，该工艺利用水泥浆作固化剂，通过特制的深层搅拌机械，在加固深度内就地将软土和水泥浆充分拌和，使软土硬结成具有整体性、水稳定性和足够强度的水泥土的一种地基处理方法。

浆液搅拌法施工注意事项如下：

(1) 现场场地应予平整，必须清除地上和地下一切障碍物。明浜、暗浜及场地低洼时应抽水和清淤，分层夯实回填黏性土料，不得回填杂填土或生活垃圾。开机前必须调试，检查桩机运转和输浆管畅通情况。

（2）根据实际施工经验，水泥土搅拌法在施工到顶端0.3～0.5m范围时，因上覆压力较小，搅拌质量较差。因此，其场地整平标高应比设计确定的基底标高再高出0.3～0.5m，桩制作时仍施工到地面，待开挖基坑时，再将上部0.3～0.5m的桩身质量较差的桩段挖去。而对于基础埋深较大时，取下限；反之，则取上限。

（3）搅拌桩垂直度偏差不得超过1%，桩位布置偏差不得大于50mm，桩径偏差不得大于4%。

（4）施工前应确定搅拌机械的灰浆泵输浆量、灰浆经输浆管到达搅拌机喷浆口的时间和起吊设备提升速度等施工参数；并根据设计要求通过成桩试验，确定搅拌桩的配比等各项参数和施工工艺。宜用流量泵控制输浆速度，使注浆泵出口压力保持为0.4～0.6MPa，并应使搅拌提升速度与输浆速度同步。

（5）制备好的浆液不得离析，泵送必须连续。拌制浆液的罐数、固化剂和外掺剂的用量以及泵送浆液的时间等应有专人记录。

（6）为保证桩端施工质量，当浆液达到出浆口后，应喷浆搅拌30s，使浆液完全到达桩端土充分搅拌后，再开始提升搅拌头。特别是设计中考虑桩端承载力时，该点尤为重要。

（7）预搅下沉时不宜冲水，当遇到较硬土层下沉太慢时，可适量冲水，但应考虑冲水成桩对桩身强度的影响。

（8）可通过复喷的方法达到桩身强度为变参数的目的。搅拌次数以1次喷浆2次搅拌或2次喷浆3次搅拌为宜，且最后1次提升搅拌宜采用慢速提升。当喷浆口到达桩顶标高时，宜停止提升，搅拌数秒，以保证桩头的均匀密实。

（9）施工时因故停浆，宜将搅拌机下沉至停浆点以下0.5m处，待恢复供浆时再喷浆提升。若停机超过3h，为防止浆液硬结堵管，宜先拆卸输浆管路，并妥加清洗。

（10）壁状加固时，相邻桩的施工时间间隔不宜超过12h，如因特殊原因超过上述时间，应对最后一根桩先进行空钻留出榫头以待下一批桩搭接，如间歇时间太长（如停电等），与第二根无法搭接，应在设计和建设单位认可后，采取局部补桩或注浆措施。

9.4.2 干法

干法常称为粉体搅拌法，该工艺利用压缩空气通过固化材料供给机的特殊装置，携带着粉体固化材料，经过高压软管和搅拌轴输送到搅拌叶片的喷嘴喷出，借助搅拌叶片旋转，在叶片的背面产生空隙，安装在叶片背面的喷嘴将压缩空气连同粉体固化材料一起喷出，喷出的混合气体在空隙中压力急剧降低，促使固化材料就地粘附在旋转产生空隙的土中，旋转到半周，另一搅拌叶片把土与粉体固化材料搅拌混合在一起，与此同时，这只叶片背后的喷嘴将混合气体喷出，这样周而复始地搅拌、喷射、提升，与固化材料分离后的空气传递到搅拌轴的周围，上升到地面释放。

粉体搅拌法施工中需注意的事项如下：

（1）喷粉施工前应仔细检查搅拌机械、供粉泵、送气（粉）管路、接头和阀门的密封性、可靠性。送气（粉）管路的长度不宜大于60m。

（2）喷粉施工机械必须配置经国家计量部门确认的具有能瞬时检测并记录出粉量的粉体计量装置及搅拌深度自动记录仪。

（3）搅拌头每旋转一周，其提升高度不得超过15mm。

（4）施工机械、电气设备、仪表仪器及机具等，在确认完好后方准使用。

（5）在建（构）筑物旧址或回填地区施工时，应预先进行桩位探测，并清除已探明的障碍物。

（6）桩体施工中，若发现钻机不正常的振动、晃动、倾斜、移位等现象，应立即停钻检查。必要时应提钻重打。

（7）施工中应随时注意喷粉机、空压机的运转情况；压力表的显示变化；送灰情况。当送灰过程中出现压力连续上升，发送器负载过大，送灰管或阀门在轴具提升中途堵塞等异常情况时，应立即判明原因，停止提升，原地搅拌。为保证成桩质量，必要时应予复打。堵管的原因除漏气外，主要是水泥结块。施工时不允许用已结块的水泥，并要求管道系统保持干燥状态。

（8）在送灰过程中如发现压力突然下降、灰罐加不上压力等异常情况，应停止提升，原地搅拌，及时判明原因。若由于灰罐内水泥粉体已喷完或容器、管道漏气所致，应将钻具下沉到一定深度后，重新加灰复打，以保证成桩质量。有经验的施工监理人员往往从高压送粉胶管的颤动情况来判明送粉的正常与否。检查故障时，应尽可能不停止送风。

（9）设计上要求搭接的桩体，需连续施工，一般相邻桩的施工间隔时间不超过8h。若因停电、机械故障而超过允许时间，应征得设计部门同意，采取适宜的补救措施。

（10）在SP-1型粉体发送器中有一个气水分离器，用于收集因压缩空气膨胀而降温所产生的凝结水。施工时应经常排除气水分离器中的积水，防范因水分进入钻杆而堵塞送粉通道。

9.4.3 两种方法的差别

（1）使用的干燥状态的固化材料可以吸收软土地基中的水分，对加固含水量高的软土、极软土以及泥炭化土地基效果更为显著。

（2）固化材料全面地被喷射到靠搅拌叶片旋转过程中产生的空隙中，同时又靠土的水分把它粘附到空隙内部，随着搅拌叶片的搅拌，固化剂均匀地分布在土中，不会产生不均匀散乱现象，有利于提高地基土的加固强度。

（3）与浆喷深层搅拌或高压旋喷相比，输入地基土中的固化材料要少得多，无浆液排出，地面无拱起现象。同时固化材料是干燥状态的粉状体，如水泥、生石灰、消石灰等，材料来源广泛，并可使用两种以上的混合材料。

（4）固化材料从施工现场的供给机的贮仓一直到喷入地基土中，成为连贯的密闭系统，中途不会发生粉尘外溢、污染环境的现象。

9.5 加固效果检验

9.5.1 抽芯取样

按土质和设计要求确定取样深度和取样数，一般在处理目标的土层、桩底位置都必须取样，进行室内试验，目的是确定处理效果和桩长够否。抽芯的施工方法与一般地质勘察方法略有不同，即要干钻不能湿钻；钻孔位置一般不应在桩中心处。

通常根据取芯结果，将桩的质量分为四类。

Ⅰ类桩：芯样水泥土的搅拌均匀程度较高，水泥含量达到设计要求，芯样水泥土贮存状态良好，无断灰、夹泥、喷灰不足不均。桩身无缺陷，承载力达到设计要求。

Ⅱ类桩：芯样水泥土的搅拌均匀程度较高，水泥含量基本达到设计要求，芯样水泥土赋存状态较好，无断灰、夹泥。桩身有轻微缺陷，承载力基本达到设计要求。

Ⅲ类桩：芯样水泥土的搅拌均匀程度一般，水泥含量基本达到设计要求，芯样水泥土赋存状态一般，局部有少量夹泥、喷灰不足、喷灰不均、水泥豆荚状结块等。桩身无严重缺陷，单桩承载力偏低。

Ⅳ类桩：芯样水泥土的搅拌均匀程度较差，水泥含量达不到设计要求，芯样水泥土赋存状态差，局部断灰、夹泥、喷灰不足不均。桩身严重缺陷，承载力远达不到设计要求。

9.5.2 静载荷试验

按设计要求进行单桩、单桩复合地基和多桩复合地基静载荷试验。将试验结果计算值进行比较，综合评价桩体质量和复合地基效果。

尽管慢速静载试验虽然能较准确确定加固后复合地基的承载力，但桩数较多时则影响工期，且给投资方带来较大的费用。

为了加快静载试验速度，美国现行试验标准中的快速维持荷载法，已将每级荷载增量间隔取 2.5min 进行加载。据此，考虑加载沉降主要在最初 3min 内完成，在实践中又产生了一次加载至单桩设计荷载的 1.5 倍左右，维持荷载 3min，然后一次卸载至零的快速一次性加载测桩法，由于它变长时间的分级加载为短时间的一次性加载，测桩时，犹如在桩上跑过一般，俗称“跑桩法”。它具有既能对桩基进行较多根数的检查，判明质量的优劣，又能判定其承载力是否合格，且不增加测试时间和费用等优点。

9.5.3 动测法

动测法主要是指小应变动测法，它是基于一维波动理论，利用弹性波的传播规律来分析桩身完整性。显然动测法检测速度快，测试简单，但国内大量资料表明，喷粉桩桩体强度与波速之间关系离散，桩端阻抗与周围介质没有明显变化，桩底反射不明显，因而难以用动测法评价桩身质量。

9.6 工程实例

A 工程概况

某传动部件有限公司准备兴建联合厂房及生活楼，总建筑面积约 9000m^2，为独立承台及条形基础和框、排架结构。因该场地基底持力层软弱，且建筑物对沉降要求较严，天然地基难以满足设计要求，经对多种加固方案的分析比较决定对地基土采用粉喷桩加固。

B 工程地质条件

该场地地属滨海相冲积平原，原为农田，现已回填，场地基本平坦。在 36.0m 深度范围内，地基土属第四全新统～上更新统陆相冲积物及海相沉积物，依据该场地的岩土工程勘察报告：拟建场地表层为1.2～3.4m厚的素填土，土质软硬不均，含植物根、有机质及少量石屑等物；其下为1.0～2.8m厚的黏土，黏土下面为7.4～10.0m厚的淤泥质土夹粉质黏土，即场区表层以下10.0m的土层物理力学性质较差。

C 粉喷桩加固设计

a 设计依据

(1) 该加固建筑物的基础平面施工图。

(2)《厂区岩土工程勘察报告》。

(3) 粉喷桩设计标准按国标《建筑地基处理技术规范》(JGJ79—2012) 执行。

(4) 按结构设计要求，地基处理后复合地基达120kPa。

b 设计准备

在粉喷桩加固设计前，为准确了解加固土体的性质、水质水泥和土的掺入比。在现场取8组土样，取样深度分别为本工程重点加固的2.0～4.0m和4.0～6.0m，并用现场取得的地下水做了室内试验。加固料为唐山渤海水泥总厂生产的万山牌425号矿渣硅酸盐水泥，掺入比分别为11%、14%、16%，该掺入比对应500mm直径的粉喷桩每延米加水泥分别为40kg、50kg、60kg，试验结果见表9-1。

表9-1 粉喷桩配比试验表

试验目的	样品编号	取样深度/m	水泥掺入比/%	抗压强度/MPa	试验目的	样品编号	取样深度/m	水泥掺入比/%	抗压强度/MPa
7d抗压试验	330	2.5	11	1.02	28d抗压试验	330	2.5	11	2.13
	331	4.5	16	1.34		331	4.5	16	2.21
	332	4.5	11	0.73		332	4.5	11	1.09
	333	4.5	14	1.50		333	4.5	14	2.24

c 设计计算

单桩承载力：

$$R_k^d = q_s \overline{U}_p + \alpha A_p q_p = 150.9\text{kN}$$

实际加固中，选择的水泥掺入比为14%。从表9-1可得28d强度为2.24MPa，换算成90天龄期的标准强度：

$$q_u(28) = 0.75 q_u(90) = 0.75 f_{cu.k}$$

$$f_{cu.k} = 2.93\text{MPa}$$

按桩体强度计算单桩竖向承载力：

$$R_k^d = \eta f_{cu.k} A_p = 234.4\text{kN}$$

取单桩承载力为150.9kPa。

桩间距为1.1m，总桩数为2417根，面积置换率$m=0.162$。

复合地基承载力：

$$f_{sp} = mR_k^d/A_p + \beta(1-m)f_k$$
$$=145.86\text{kPa}>120\text{kPa}$$

d 工程施工

该工程共进场四台粉喷机。在施工过程中按有关规定水泥土桩必须复搅到底，但实际是大多数粉喷设备第一次喷灰后最多复搅 2 ~ 5m 而难以复搅到底。因为每延米地基土内喷入 50 ~ 60kg 水泥后黏度大大增加，经第一次反搅喷灰后，地基土密实度也较大，难以复搅。而实际三搅两喷对保证施工质量切实可行，故在该项目中采取了全程两次喷灰的施工方案，即根据四台设备的施工能力经试验采用不同的两次喷灰量，即第一次全程喷 30kg 左右，第二次复搅到底后再喷入 20 ~ 30kg 的水泥，从施工上保证了复搅均匀度，工艺上满足了三搅两喷的规定，在 2417 根桩长为 9.5m 的粉喷桩施工中全部实现了全程搅拌，其余地面加固桩的 5.0m 桩也均实现了全程复搅。

该项目在施工中采用“水泥土桩施工组织和管理计算机处理系统”进行过程控制，取得了良好效果，保证了质量、提前工期完成任务，得到甲方、监理、质检站等单位的广泛好评。

e 效果检验

施工完毕 28d 后，采用方形承压板对粉喷桩随机抽取 12 根粉喷桩，进行了慢速维持载荷法试验，试验结果表明加固后复合地基可以满足设计要求。

思 考 题

9-1 试述水泥土搅拌法的适用范围、分类方法、加固机理。
9-2 水泥土搅拌桩的加固机理是基于水泥土的哪些化学反应?
9-3 选用水泥土搅拌桩作为支护挡墙时，应进行哪些验算?
9-4 试比较水泥土搅拌桩采用湿法施工和干法施工的优缺点?
9-5 试述水泥土的龄期与水泥土的强度关系。

注册岩土工程师考题

9-1 水泥土搅拌法的加固机理包括（ ）。(多选题)

A. 水泥土硬化机理
B. 复合地基加固机理
C. 置换作用
D. 挤密作用

9-2 水泥土搅拌桩的直径不应小于（ ）。

A. 300mm
B. 400mm
C. 500mm
D. 600mm

9-3 当采用 N10 对水泥土搅拌桩进行桩体均匀性检验时，应在成桩（ ）天内进行。

A. 1
B. 2
C. 3
D. 4

9-4 水泥土搅拌法分为干法和湿法两种，其中干法是指（ ）。

A. 深层搅拌法
B. 粉体喷搅法
C. 水位以上水泥土夯实桩法
D. 喷粉后加水法

9-5 竣工验收时，对于竖向承载的水泥土搅拌桩，其承载力检验应采用（ ）。（多选题）
A. 应采用复合地基载荷试验
B. 应采用单桩载荷试验
C. 应采用地基土载荷试验
D. 应采用 N10 检验桩体均匀性及密实度

9-6 水泥土搅拌法中，如采用大体积块加固处理，固化剂（水泥）的掺入量宜为（ ）。
A. 5% ~7%
B. 7% ~12%
C. 12% ~15%
D. 15% ~20%

参考答案：9-1. AB 9-2. C 9-3. C 9-4. B 9-5. AB 9-6. B

10　高压喷射注浆法

本章概要

高压喷射注浆法是深层密实法之一，可以增加地基强度、止水防渗、防止砂土液化、减少支挡结构物土压力等。本章介绍高压喷射注浆法的加固机理，设计、施工和质量检验方法。

10.1　概　　述

高压喷射注浆法（ High Pressure Jet Grouting）又称旋喷法，于20世纪70年代初期始创于日本。我国是继日本之后高压喷射注浆法研究开发较早和应用范围较广的国家，在70年代开始用于桥墩、房屋等地基处理。它是利用钻机将带有喷嘴的注浆管钻进至土层的预定位置后，以20MPa左右的高压将加固用浆液（一般为水泥浆）从喷嘴喷射出冲击土层，土层在高压喷射流的冲击力、离心力和重力等作用下与浆液搅拌混合，浆液凝固后，便在土中形成一个固结体。至今，我国已有上百项工程应用了高压喷射注浆法。

高压喷射注浆法按喷射方向和形成固体的形状可分为旋转喷射（简称旋喷）、定向喷射（简称定喷）和摆动喷射（简称摆喷）三种（见图10-1）。旋转喷射时喷嘴边喷边旋转和提升，固结体呈圆柱状，称为旋喷法，主要用于加固地基；定向喷射喷嘴边喷边提升，喷射定向的固结体呈壁状；摆动喷射固结体呈扇状墙。定喷和摆喷常用于基坑防渗和边坡稳定等工程。

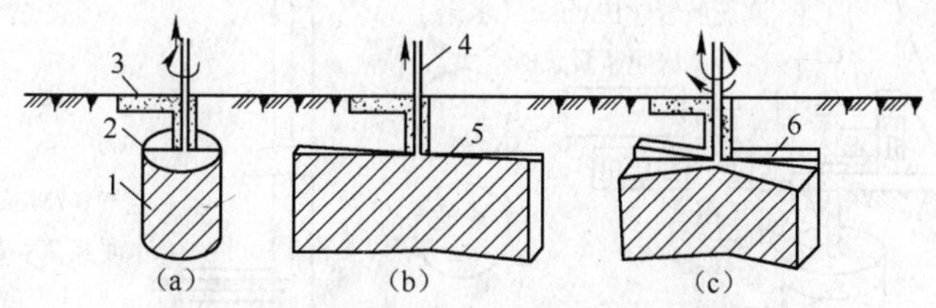

图10-1　高压喷射注浆的三种形式

（a）旋喷；（b）定喷；（c）摆喷

1—桩；2—射流；3—冒浆；4—喷射注浆；5—板；6—墙

10.1.1　高压喷射注浆法的分类及形式

按注浆的基本工艺可分为单管法（浆液管）、二重管法（浆液管和气管）、三重管法（浆液管、气管和水管）和多重管法（水管、气管、浆液管和抽泥浆管等）。

10.1.1.1 单管法

单管旋喷注浆法是利用钻机把安装在注浆管（单管）底部侧面的特殊喷嘴，置入土层设计深度后，用高压泥浆泵等高压发生装置，以20MPa左右的压力，把浆液从喷嘴中喷射出去冲击破坏土体，同时借助注浆管的旋转和提升运动，使浆液与从土体上崩落下来的土搅拌混合，经过一定时间的凝固，便在土中形成了圆柱状的固结体，直径为0.4～1.0m，如图10-2所示。这种方法在日本被称为CCP工法。

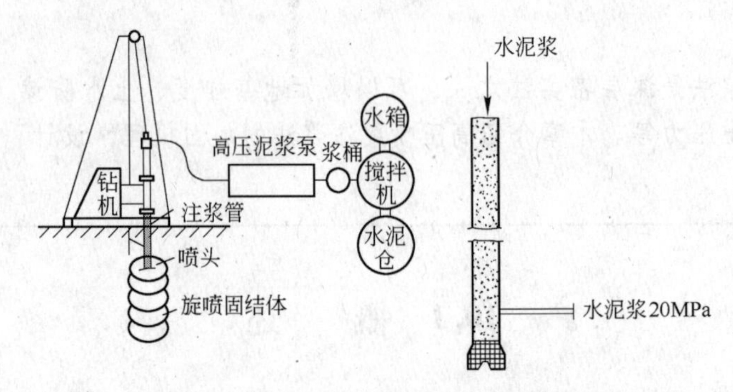

图10-2 单管法高压喷射注浆示意图

10.1.1.2 二重管法

使用双通道的二重注浆管。当二重注浆管钻进到土层设计深度后，在管底部侧面的一个同轴双重喷嘴中，同时喷射出高压浆液和空气两种介质的喷射流冲击破坏土体。即以高压泥浆泵等高压发生装置喷射出20MPa左右压力的浆液，从内喷嘴中喷出，并用0.7MPa左右的压力，把压缩空气从外喷嘴中喷出。在高压浆液和外环气流的共同作用下，破坏土体的能量显著增加，喷嘴边喷射边旋转提升，最后在土体中形成圆柱状加固体，固结体的直径约为0.6～1.5m（见图10-3）。这种方法在日本被称为JSG工法。

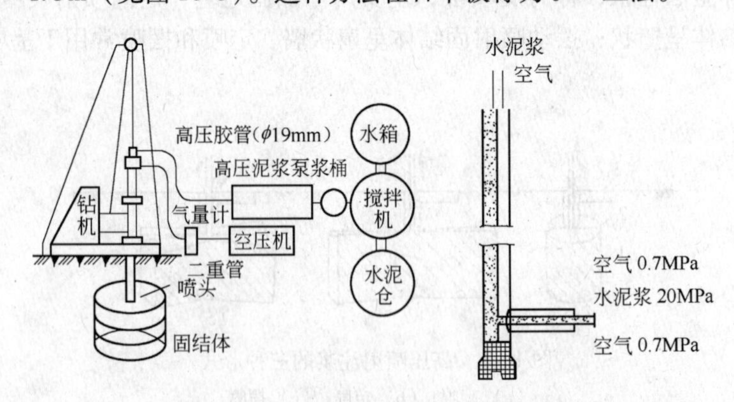

图10-3 二重管法高压喷射注浆示意图

10.1.1.3 三重管法

分别使用输送水、气、浆三种介质的三重管。在以高压泵产生的20MPa左右的高压水喷射流的周围，环绕一股0.7MPa左右的圆筒状气流，进行高压水喷射流和气流同轴喷射冲切土体，形成较大的空隙，再另外用泥浆泵压入压力为2～5MPa的浆液填充空隙，喷嘴作旋转和提升运动，最后在土体中凝固为直径较大的圆柱状固结体，直径约为 0.8 ~ 2m（见图 10-4）。这种方法在日本被称为 CJP 工法。

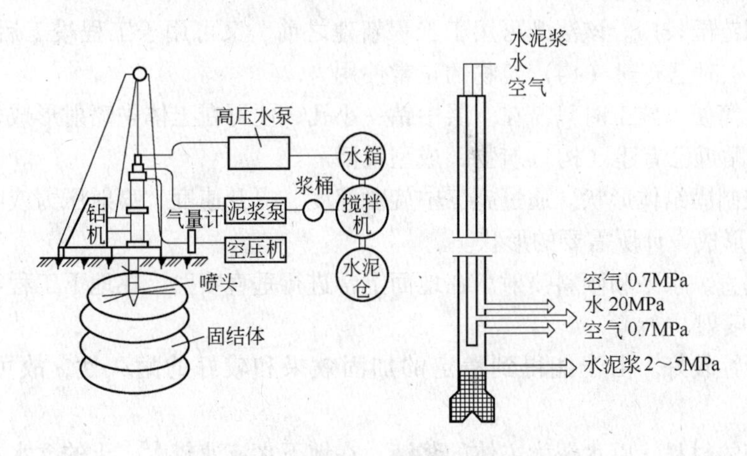

图 10-4　三重管法高压喷射注浆示意图

10.1.1.4　多重管法

首先在地面钻导向孔，后置放多重管，用逐渐向下运动的旋转超高压水射流（压力约 40MPa）切削破坏四周土体，经高压水冲击下来的土和石成为泥浆后，立即用真空泵从多重管中抽出。如此反复地冲击和抽吸便在地层中形成一个较大的空间。装在喷嘴附近的超声波传感器及时测出空间的直径和形状，最后根据工程要求选用浆液、砂浆、砾石等材料充填，于是在地层中形成一个大直径的柱状固结体，在砂性土中最大直径可达 4m（见图 10-5）。这种方法在日本被称为 SSS-MAN 工法。

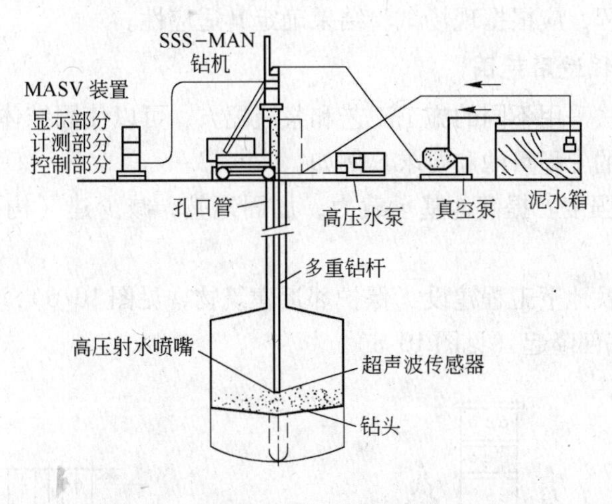

图 10-5　多重管法高压喷射注浆示意图

上述几种方法由于喷射流的结构和喷射的介质不同，有效处理长度也不同，以三重管法最长，二重管法次之，单管法最短。结合工程特点，旋喷形式可采用单管法、二重管法和三重管法。定喷和摆喷注浆常用二重管法和三重管法。

10.1.2　高压喷射注浆法的优点

高压喷射注浆法的优点如下：

（1）适用范围较广。该法既可用于工程新建之前，又可用于工程竣工后的托换工程，而且能保证施工时已有建（构）筑物的正常使用。

（2）施工简便。施工时只需在土层中钻一小孔，便可在土体中喷射形成较大直径的固结体，故而可贴近已有建（构）筑物，成型灵活。

（3）可控制固结体形状。通过施工中旋喷速度、提升速度、喷射压力或喷嘴直径的调整，使固结体形成设计所需要的形状。

（4）可垂直、水平和倾斜喷射。在地面上常进行垂直喷射，在地下工程等施工中可采用水平和倾斜喷射。

（5）耐久性较好。由于能得到稳定的加固效果和较好的耐久性，故可用于永久性工程。

（6）广阔的材料。以水泥为主体的浆液，在地下水流速较大、土的含水量较高等情况下，可掺加适量外掺剂，以达到速凝、高强、抗冻、耐腐蚀和浆液不沉淀等效果。

（7）设备简便。高压射注浆全套设备结构紧凑，体积小，机动灵活，可在狭窄和低矮的空间施工。

10.1.3　高压喷射注浆法的适用范围

10.1.3.1　土质适用条件

主要适用于软弱土层，如淤泥、淤泥质土、黏性土、粉土、黄土、砂土、素填土等地基。当土中含有较多的大粒径块石、大量植物根茎或有较高的有机质时，以及地下水流速过大和已涌水的工程，应根据现场试验结果确定其适应性。

10.1.3.2　工程适用范围

高压喷射注浆法采用不同的施工工艺和浆液配方，可以使固结体的直径、强度和渗透系数适应多种不同的工程目的和要求，例如：

（1）提高地基强度。提高地基承载力，加固地基，减少建（构）筑物的沉降和不均匀沉降。

（2）挡土围堰及地下工程建设（保护邻近建筑物，见图10-6），保护地下工程（见图10-7），防止基坑底部隆起（见图10-8）。

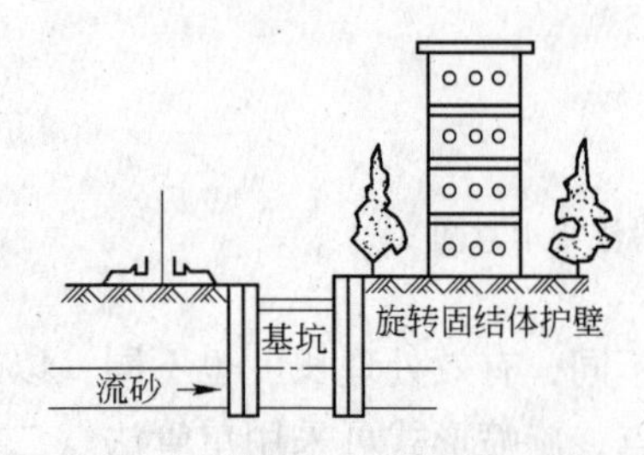

图10-6　保护邻近建（构）筑物

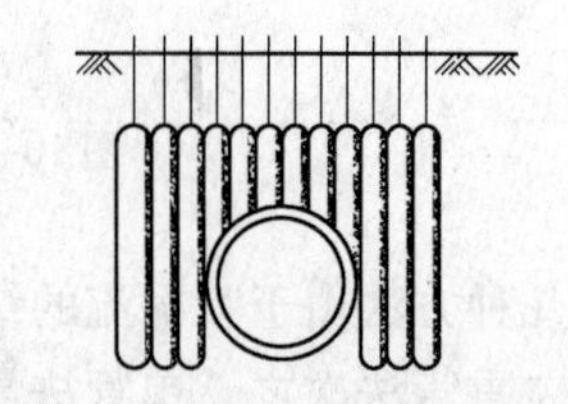

图10-7　地下管道或涵洞护拱

(3) 增大土的黏聚力和摩擦力，防止小型坍方滑坡（见图10-9）。

(4) 防渗帷幕工程（见图10-10～图10-12）。

(5) 防止地基土液化，增强设备基础下地基土的抗振动性能。

(6) 降低土的含水量，防止路基翻浆冒泥和地基冻胀。

(7) 其他。如防止地下管道漏水漏气等。

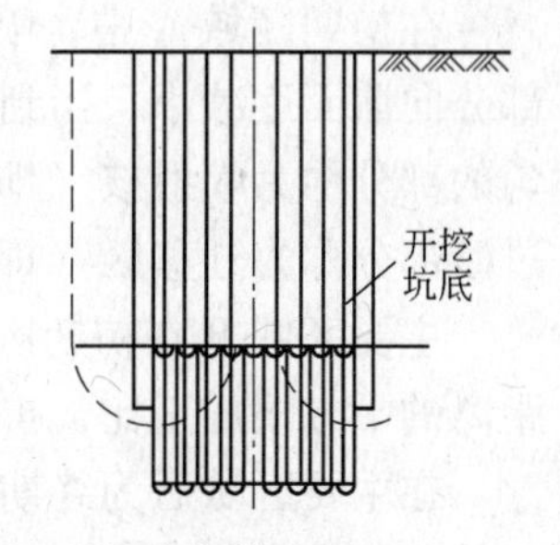

图10-8　防止基坑底部隆起

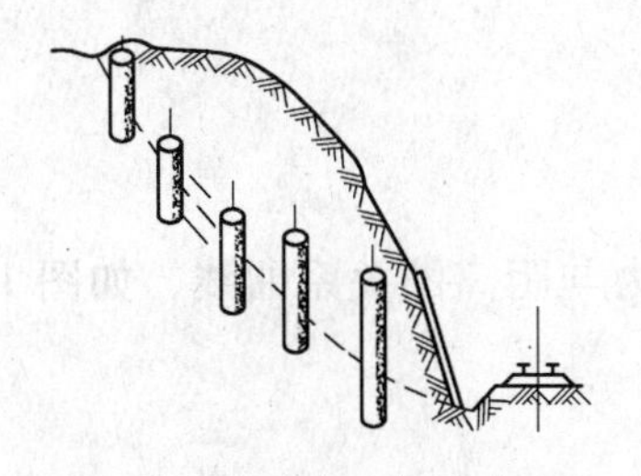

图10-9　防止小型坍方滑坡

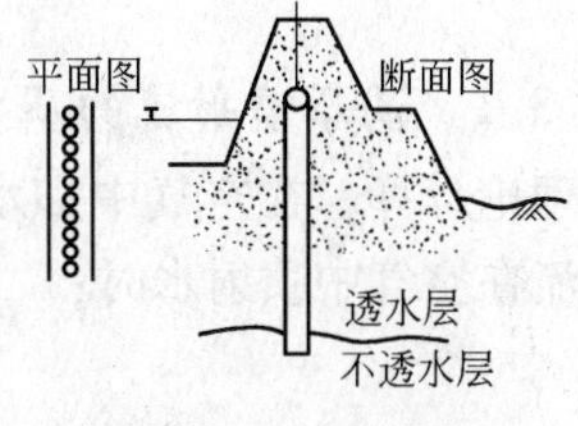

图10-10　坝基防渗

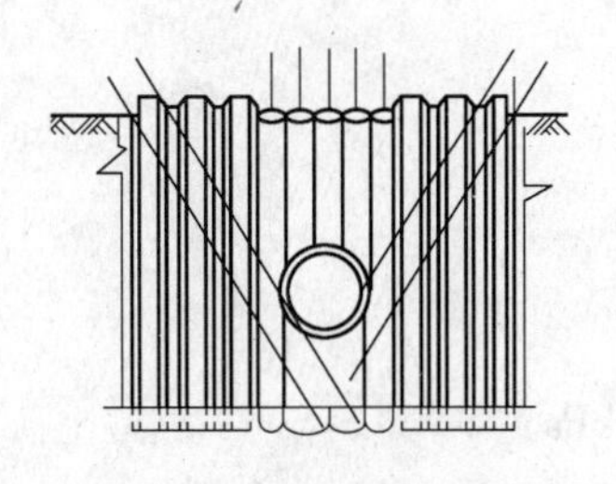

图10-11　地下连续墙补缺

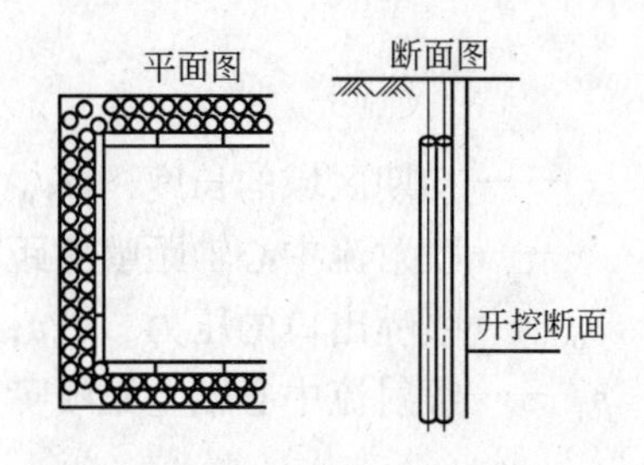

图10-12　防止涌砂冒水

10.2 加固机理

10.2.1 高压水喷射流性质

通过高压发生设备，高压喷射流获得巨大能量后，从一定形状的喷嘴中以很高的速度连续喷射出来，形成能量高度集中的一股液流。在高压高速条件下，喷射流具有很大的功率。

10.2.2 高压喷射流构造

高压水连续喷射流在空气中喷出时的构造如图10-13所示，可由三个区域组成，即保持出口压力的初期区域A、紊流发达的主要区域B和喷射水流变成不连续喷流的终期区域C。

在初期区域 A 中，喷射出口处速度分布是均匀的，轴向动压是常数，保持均匀速度的部分向前面逐减小，当到达某一位置后，断面上的流速度分布不再均匀。速度分布保持均匀的部分称为喷射核（即 E 区段），喷射核末端扩散宽度稍有增加，轴向动压有所减小的过渡部分称为迁移区（即 D 区段）。

主要区域 B 在初期区域之后，在此区域内，轴向动压陡然减弱，喷射扩散宽度和喷射距离的平方根成正比，扩散率为常数，喷射流的混合搅拌在这一部分进行。

在主要区域后为终期区域 C，到此喷射流能量衰减很大，末端呈雾化状态，该区域喷射能量较小。

喷射加固的有效长度为初期区域长度和主要区域长度之和，若有效喷射长度愈长，则搅拌土的距离愈大，喷射加固体的直径也愈大。

10.2.3　加固地基机理

10.2.3.1　高压喷射流的压力衰减

根据理论计算，在空气中和水中喷射得到的压力与距离的关系曲线，如图 10-14 所示。喷射流在空气中喷射水时：

$$\frac{p_m}{p_0} > \frac{x_c}{x} \tag{10-1}$$

喷射流在水中喷射水时：

$$\frac{p_m}{p_0} = \left(\frac{x_c}{x}\right)^2 \tag{10-2}$$

式中　x_c——初期区域的长度，m；

x——喷射流中心轴距喷嘴距离，m；

p_0——喷嘴出口的压力，kPa；

p_m——喷射流中心轴上距喷嘴 x 距离的压力，kPa；

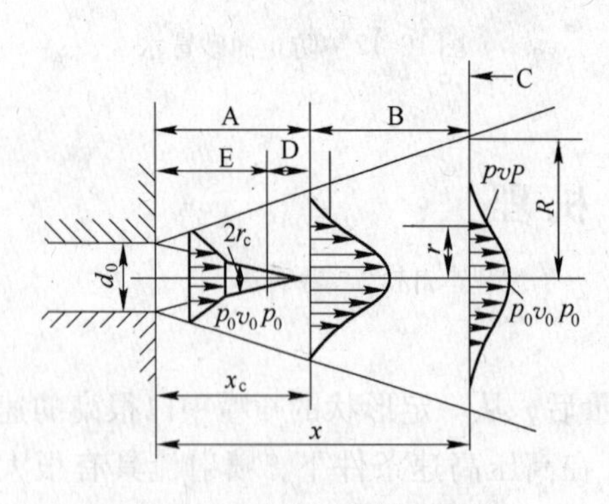

图 10-13　高压喷射流构造

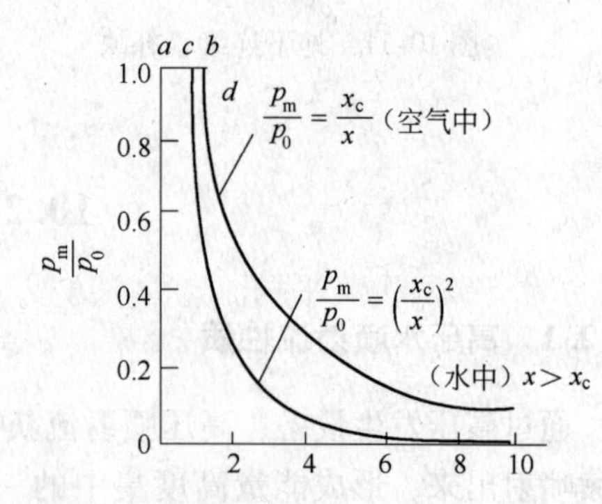

图 10-14　喷射流在中心轴上的压力分布曲线

据实验结果，可知：

在空气中喷射时：　　$x_c = (70 \sim 100)\, d_0$

在水中喷射时：　　$x_c = (6 \sim 6.5)\, d_0$

式中　d_0——喷嘴的直径。

当压力高达10～40MPa的喷射流在介质中喷射时，压力的衰减规律也可以近似地用以下经验公式表达：

$$p_m = K d_0^{\frac{1}{2}} \frac{p_0}{x^n} \tag{10-3}$$

式中 K，n——经验系数（适用于 $x=50 \sim 300d_0$）。

10.2.3.2 水（浆）、气同轴喷射流的构造

二重管旋喷的浆、气同轴喷射流和三重管的水、气同轴喷射流都是在射流的外围同轴喷射的圆筒状气流，其基本构造相同，以后者为例加以分析。

在初期区域A内，高压水喷射流的速度保持喷嘴出口处的速度，但因水喷射与空气流相撞以及喷嘴内部表面的不够光滑，所以，从喷嘴中喷射出的水流较紊乱，在高压喷射水流中形成气泡，在本区域末端，气泡与喷射水流的宽度相同。

在迁移区域D内，高压喷射水流与空气开始混合，出现较多的气泡。

在主要区域B内，高压喷射水流衰减，内部含有大量气泡，气泡逐渐分裂破坏，成为不连续的细水滴状，同轴喷射流的宽度迅速扩大。

水（浆）、气同轴喷射流的初期区域长度可由下列经验公式表示：

$$x_c \approx 0.048 v_0 \tag{10-4}$$

式中 v_0——初期流速，m/s。

10.2.3.3 高压喷射流对土体的破坏作用

破坏土体结构强度的最主要因素是喷射动压力。根据动量定律，高压喷射流在空气中喷射时对土的破坏力为：

$$F = \rho Q v_m \tag{10-5}$$

式中 F——高压喷射流的破坏力，kg·m/s^2；

ρ——喷射流介质的密度，kg/m^3；

Q——流量，m^3/s，$Q = v_m A$；

v_m——喷射流的平均速度，m/s；

A——喷嘴断面积，m^2。

即

$$F = \rho A v_m^2 \tag{10-6}$$

可见，破坏力与平均流速的平方成正比。所以，在喷嘴面积一定的条件下，为了得到更大的破坏力，需要增加平均流速，也就是需要增加旋喷压力，一般要求高压脉冲泵的工作压力在20MPa以上，这样可使射流像刚体一样，冲击破坏土体，使土与浆液搅拌混合，凝固成圆柱状的固结体。

10.2.3.4 水（浆）、气同轴喷射流对土的破坏作用

单射流虽然具有巨大的能量，但因其压力在土中的急剧衰减，因此破坏主体的有效射程较小，使固结体直径较小。

图10-15所示为不同类型喷射流中动水压力与距离的关系，表明高速空气具有防止高速水射流动压力急剧衰减的作用。因此，水（浆）、气同轴喷射流对土的破坏作用增大，故而使固体直径变大。

高压喷射流在地基中的加固范围，就是喷射距离加渗透部分和压缩部分的长度为半径的圆柱体。一部分细小土粒被喷射的浆液置换而随液流被带到地面上（俗称冒浆），其余的土粒与浆液混合搅拌，形成了如图10-16所示的结构。随着土质的不同，固结体的断面结构也有所不同。由于固结体不是等粒的单体结构，固结质量也不均匀，通常是中心部分的强度低于边缘部分。

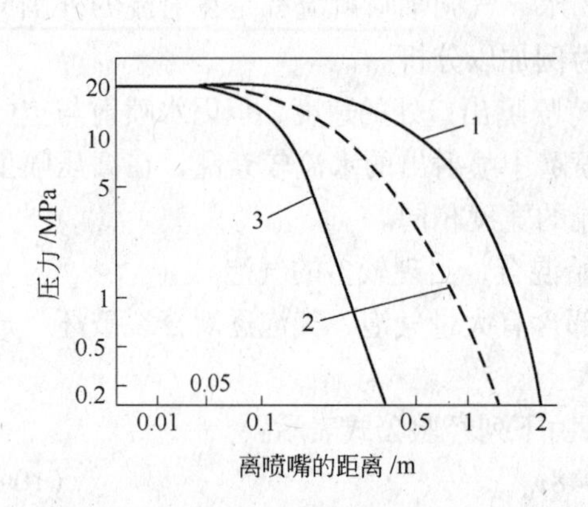

图10-15 喷射流轴上动水压力与距离的关系
1—高压喷射流在空气中单独喷射；2—水、气同轴喷射流在水中喷射；3—高压喷射流在水中单独喷射

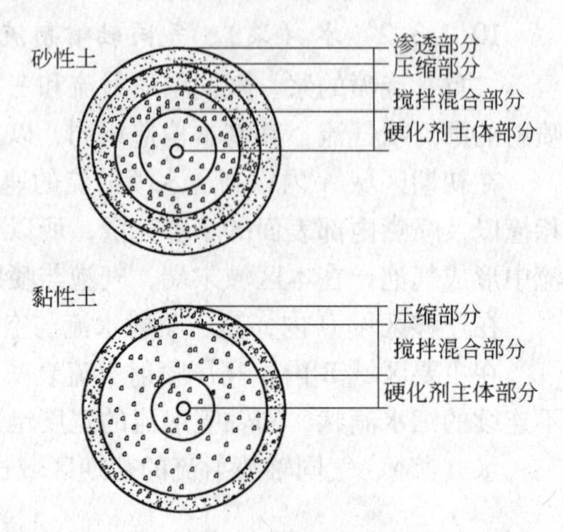

图10-16 喷射最终固结状况示意图

10.2.4 加固土的基本性状

10.2.4.1 直径或长度

旋喷固结体的直径大小与土的种类和密实程度有较密切的关系。对黏性土地基加固，单管旋喷注浆加固体直径一般为0.3～0.8m；三重管旋喷注浆加固体直径可达0.7～1.8m；二重管旋喷注浆加固体直径介于以上二者之间。多重管旋喷直径为2.0～4.0m。旋喷桩的设计直径见表10-1。定喷和摆喷的有效长度约为旋喷桩直径的1.0～1.5倍。

10.2.4.2 固结体形状

固结体按喷嘴的运动规律不同而形成均匀圆柱状、非均匀圆柱状、圆盘状、板墙状、扇形壁状等，同时因土质和工艺不同而有所差异。在均质土中，旋喷的圆柱体比较匀称；而在非匀质土或有裂隙土中，旋喷的圆柱体不匀称，甚至在圆柱体旁长出翼片。由于喷射流脉动和提升速度不均匀，固结体的表面不平整，可能出现许多乳状突出；三重管旋喷固结体受气流影响，在粉质砂土中外表格外粗糙；在深度大时，如不采取相应措施，旋喷固结体可能上粗下细似胡萝卜的形状。

固结体的基本性状见表10-1。

10.2.4.3 重量

固结体内部土粒少并含有一定数量的气泡，因此，固结体的重量较轻，轻于或接近于原状土的密度。黏性土固结体比原状土轻约10%，但砂类土固结体也可能比原状土重10%。

表 10-1 旋喷桩特性指标

<table>
<tr><th colspan="3">固结体性质 \ 方法</th><th>单管法</th><th>二重管法</th><th>三重管法</th></tr>
<tr><td rowspan="6">旋喷有效直径 /m</td><td rowspan="3">黏性土</td><td>$0<N\leq5$</td><td>0.5~0.8</td><td>0.8~1.2</td><td>1.2~1.8</td></tr>
<tr><td>$5<N\leq10$</td><td>0.4~0.7</td><td>0.7~1.1</td><td>1.0~1.6</td></tr>
<tr><td>$10<N<20$</td><td>0.3~0.6</td><td>0.6~0.9</td><td>0.7~1.2</td></tr>
<tr><td rowspan="3">砂性土</td><td>$0<N\leq10$</td><td>0.6~1.0</td><td>1.0~1.4</td><td>1.5~2.0</td></tr>
<tr><td>$10<N\leq20$</td><td>0.5~0.9</td><td>0.9~1.3</td><td>1.2~1.8</td></tr>
<tr><td>$20<N<30$</td><td>0.4~0.8</td><td>0.8~1.2</td><td>0.9~1.5</td></tr>
<tr><td colspan="3">单向定喷有效长度/m</td><td>1.0~2.5</td><td></td><td></td></tr>
<tr><td colspan="3">单柱垂直极限荷载/kN</td><td>500~600</td><td>1000~1200</td><td>2000</td></tr>
<tr><td colspan="3">单柱水平极限荷载/kN</td><td>30~40</td><td></td><td></td></tr>
<tr><td colspan="3">最大抗压强度/MPa</td><td colspan="3">砂土 10~20，黏性土 5~10，黄土 5~10，砂砾 8~20</td></tr>
<tr><td colspan="3">平均抗折强度/平均抗压强度</td><td colspan="3">1/5~1/10</td></tr>
<tr><td colspan="3">干土重度/$kN\cdot m^{-3}$</td><td colspan="3">砂土 16~20，黏性土 14~15，黄土 13~15</td></tr>
<tr><td colspan="3">渗透系数/$cm\cdot s^{-1}$</td><td colspan="3">砂土 $10^{5}\sim10^{-7}$，黏性土 $10^{-6}\sim10^{-7}$，砂砾 $10^{-6}\sim10^{-7}$</td></tr>
<tr><td colspan="3">内聚力 c/MPa</td><td colspan="3">砂土 0.4~0.5，黏性土 0.7~1.0</td></tr>
<tr><td colspan="3">内摩擦角/(°)</td><td colspan="3">砂土 30~40，黏性土 20~30</td></tr>
<tr><td colspan="3">标准贯入击数 N</td><td colspan="3">砂土 30~50，黏性土 20~30</td></tr>
<tr><td rowspan="2">弹性波速 /$km\cdot s^{-1}$</td><td colspan="2">P 波</td><td colspan="3">砂土 2~3，黏性土 1.5~2.0</td></tr>
<tr><td colspan="2">s 波</td><td colspan="3">砂土 1.0~1.5，黏性土 0.8~1.0</td></tr>
<tr><td colspan="3">化学稳定性能</td><td colspan="3">较好</td></tr>
</table>

10.2.4.4 渗透系数

固结体内虽有一定的孔隙，但这些孔隙并不贯通。而且固结体有一层较致密的硬壳，其渗透系数达 10^{-6}cm/s 或更小，故具有一定的防渗性能。

10.2.4.5 强度

土体经过喷射后土粒重新排列，水泥等浆液含量大。由于一般外侧土颗粒直径大、数量多，浆液成分也多，因此在横断面上中心强度低，外侧强度高，与土交接的边缘处有一圈坚硬的外壳。

影响固结体强度的主要因素是土质和浆材，有时使用同一浆材配方。软黏土的固结强度成倍地小于砂土固结强度。一般在黏性土和黄土中的固结体，其抗压强度可达 5~10MPa，砂类土和砾层中的固结体其抗压强度可达 8~20MPa，固结体的抗拉强度一般为抗压强度的 1/10~1/5。

10.2.4.6 单桩承载力

旋喷柱状固结体有较高的强度，外形凸凹不平，因此有较大的承载力，固结体直径愈大，承载力愈高。

10.3 设计计算

10.3.1 旋喷直径的确定

由于单管、二重管和三重管等的喷射方法不同，所形成的固结体的直径大小也不相同。通常根据估计直径来选用喷射注浆的种类和喷射方式。对于大型的或重要的工程，估计直径应在现场通过试验确定。在无试验资料的情况下，对小型或不太重要的工程，可参考表10-1所列数值。可采用矩形或梅花形布桩方式。

10.3.2 地基承载力计算

经旋喷加固的地基，一般应按复合地基设计。旋喷桩复合地基承载力标准值应通过现场的复合地基静载荷试验确定，也可按下式计算或结合当地经验确定：

$$f_{sp.k} = \frac{1}{A_e}[R_k^d + \beta f_{s.k}(A_e - A_p)] \tag{10-7}$$

式中 $f_{sp.k}$——复合地基承载力标准值，kPa；

$f_{s.k}$——桩间天然地基土承载力标准值，kPa；

A_p——单桩的平均截面积，m^2；

A_e——每根桩承担的处理面积，m^2；

β——桩间天然地基土承载力折减系数，根据试验确定，无试验资料时可取0.2～0.6，当不考虑桩间软土的作用时可取零；

R_k^d——单桩竖向承载力标准值，kN，通过现场静载荷试验确定，或按下面的公式计算，取其中的较小值：

$$R_k^d = \eta f_{cu.k} A_p \tag{10-8}$$

$$R_k^d = \pi \bar{d} \sum_{i=1}^{n} h_i q_{si} + A_p q_p \tag{10-9}$$

式中 $f_{cu.k}$——桩身试块（边长为70.7mm的立方体）的无侧限抗压强度平均值，kPa；

η——强度折减系数，可取0.33；

h_i，q_{si}——桩周第i层土的厚度（m）和摩擦力标准值（kPa），后者可采用钻孔灌注桩侧壁摩擦力标准值；

$\bar{d}$——桩的平均直径，m；

n——桩长范围内的土层数；

q_p——桩端天然地基土的承载力标准值，kPa，可按《建筑地基基础设计规范》（GB50007—2011）的有关规定确定。

10.3.3 地基变形计算

旋喷桩沉降计算值应视为桩长范围内的复合地基和下卧层地基土的变形之和。其中复合地基的压缩模量由下式确定：

$$E_{sp} = \frac{E_s(A_e - A_p) + E_p A_p}{A_e} \tag{10-10}$$

式中 E_{sp}——旋喷桩复合地基的压缩模量，kPa；

E_s——桩间土的压缩模量，可用天然地基的压缩模量代替，kPa；

E_p——桩体的压缩模量，可采用确定混凝土割线弹性模量的方法确定，kPa。

变形计算应按国标《建筑地基基础设计规范》（GB50007—2011）的有关规定进行。

10.3.4 浆量计算

浆液用量有两种计算方法，即体积法和喷量法，并取两种方法计算的大值作为设计喷射浆量。

10.3.4.1 体积法

按旋喷固结体的体积计算浆量：

$$Q = \frac{\pi}{4}D_e^2K_1h_1(1+\beta) + \frac{\pi}{4}D_0^2K_2h_2 \tag{10-11}$$

式中 Q——旋喷浆液用量，m^3；

D_e，D_0——旋喷体直径和注浆管直径，m；

K_1，K_2——填充率（0.75~0.9）和未旋喷范围内土的填充率（0.5~0.75）；

h_1，h_2——旋喷长度和未旋喷长度，m；

β——损失系数（0.1~0.2）。

10.3.4.2 喷量法

按单位时间喷射的浆液量及喷射持续时间计算浆量，可用下式：

$$Q = \frac{qH}{v}(1+\beta) \tag{10-12}$$

式中 Q——旋喷浆液用量，m^3；

q——单位时间喷浆量，m^3/min；

H——旋喷长度，m；

v——注浆管的提升速度，m/min；

β——损失系数（0.1~0.2）。

根据计算所需的喷浆量和设计的水灰比，即能确定水泥的使用量。

10.3.5 防渗堵水设计

对防渗堵水工程，最好按双排或三排布孔方式布孔，使旋喷桩相互搭接形成帷幕（见图10-17）。孔距应为1.73R_0（R_0为旋喷桩设计半径）、排距为1.5R_0最为经济。

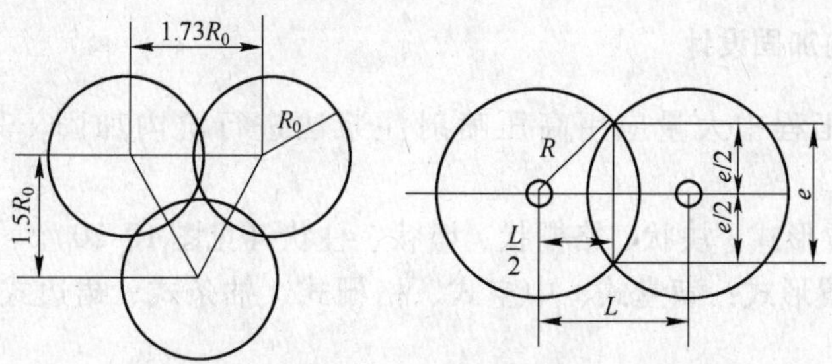

图10-17 布孔孔距和旋喷注浆固结体搭接图

如果要增加每排旋喷桩的搭接厚度，可适当缩小孔距，按下式计算孔距：

$$e = 2\sqrt{R_0^2 - \left(\frac{L}{2}\right)^2} \tag{10-13}$$

式中 e——旋喷桩的交圈厚度，m；

L——旋喷桩的孔距，m。

定喷和摆喷是一种常用的防渗堵水方法。因为喷射出的板墙薄而且长，不但降低了成本，而且提高了整体的连续性。相邻孔定喷连接形式见图 10-18。摆喷连接形式也可按图 10-19 所示方式进行布置。

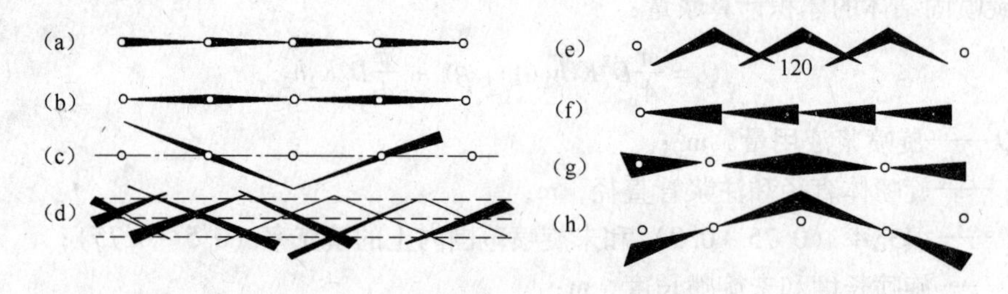

图 10-18 定喷防渗帷幕形式示意图

（a）单喷嘴单墙首尾连接；（b）双喷嘴单墙前后对接；（c）双喷嘴单墙折线连接；（d）双喷嘴双折线连接；（e）双喷嘴夹角单墙连接；（f）单喷嘴扇形单墙首尾连接；（g）双喷嘴扇形单墙前后对接；（h）双喷嘴扇形单墙折线连接

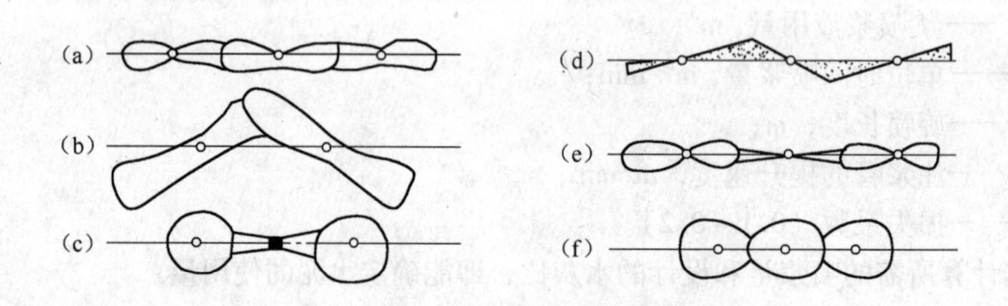

图 10-19 摆喷防渗帷幕形式示意图

（a）直摆型（摆喷）；（b）折摆型；（c）桩墙型；（d）微摆型；（e）摆定型；（f）柱列型

10.3.6 基坑坑内加固设计

软土深基坑工程中大量应用高压喷射注浆法进行坑内加固，其加固形式有以下几种：

（1）排列布置形式：块状、格栅状、墙状、柱状（见图 10-20）。

（2）平面布置形式：满堂式、中空式、格栅式、抽条式、裙边式、墩式、墙式（见图 10-21）。

（3）竖向布置形式：平板式、夹层式、满坑式、阶梯式（见图 10-22）。

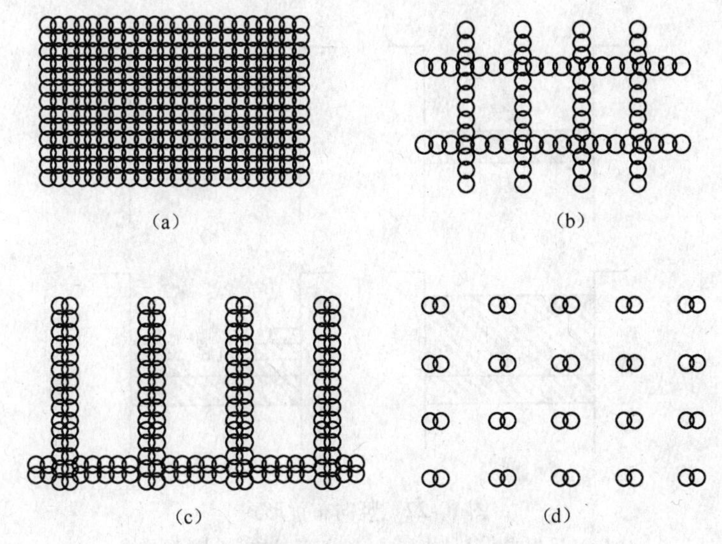

图 10-20 排列布置形式

(a) 块状；(b) 格栅状；(c) 墙状；(d) 柱状

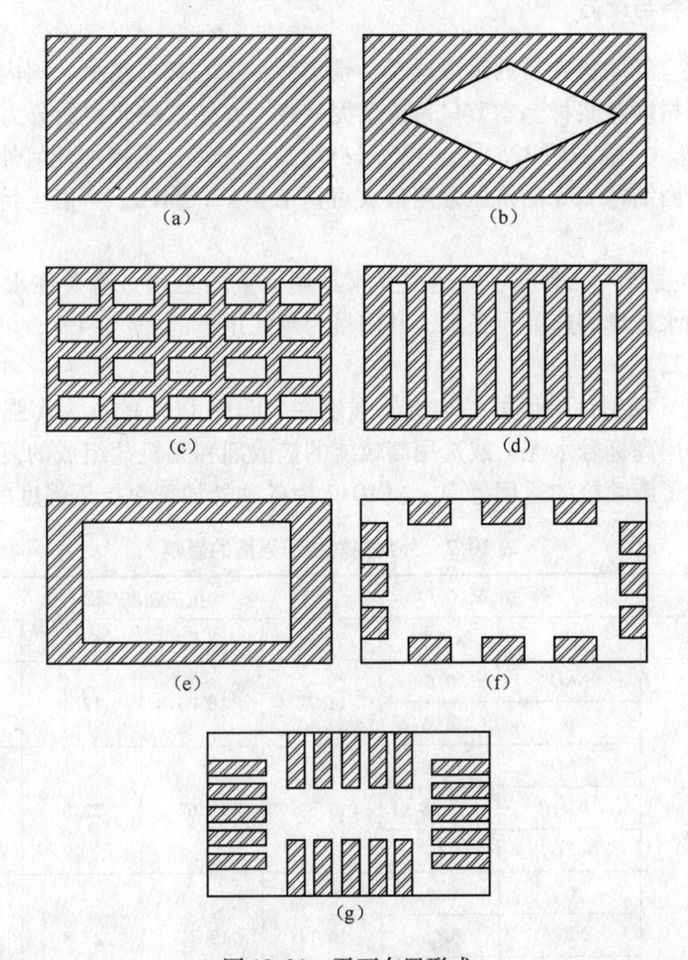

图 10-21 平面布置形式

(a) 满堂式；(b) 中空式；(c) 格栅式；(d) 抽条式；(e) 裙边式；(f) 墩式；(g) 墙式

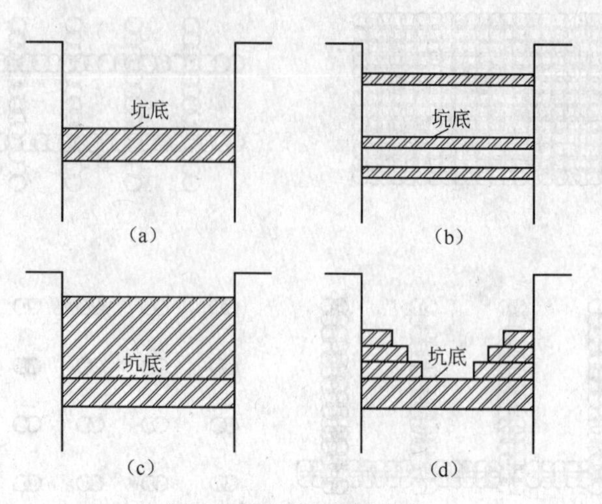

图 10-22 竖向布置形式

（a）平板式；（b）夹层式；（c）满坑式；（d）阶梯式

10.3.7 浆液材料与配方

水泥是最便宜且取材容易的浆液材料，是喷射注浆的基本浆材。国内只有少数工程使用过丙凝和尿醛树脂等浆材。本节只讨论水泥浆液，并按其注浆目的分为以下几种类型：

（1）普通型。一般采用 325 号或 425 号硅酸盐水泥浆，不掺加任何外加剂，水灰比为 1∶1～1.5∶1，固结体 28d 的抗压强度最大可达 1.0～2.0MPa。一般无特殊要求的工程宜采用此型浆液。

（2）速凝早强型。对地下水发达或要求早期承重的工程，需要在水泥浆中掺入氯化钙、三乙醇胺和水玻璃等速凝早强剂，其用量为水泥用量的 2%～4%，可使固结体的早期强度有较大的提高。

（3）高强型。喷射固结体的平均抗压强度在 20MPa 以上的称为高强型。提高固结体强度的方法有采用高标号水泥，或选用高效能的扩散剂和无机盐组成的复合配方等。此种类型的配方扩大了旋喷桩的适用范围。表 10-2 为各种外加剂对抗压强度的影响。

表 10-2 外加剂对抗压强度的影响

主剂		外加剂		抗压强度/MPa				抗折强度/MPa
名称	用量	名称	掺量/%	28 天	3 月	6 月	1 年	
525 号普通硅酸盐水泥	100	NNO	0.5	11.72	16.05	17.4	18.81	3.69
		NR_3	0.05					
		NNO	0.50	13.59	18.62	22.8	24.68	6.27
		NR_3	0.05					
		$NaNO_2$	1					
		NF	0.5	14.14	19.37	27.8	29.0	7.36
		NR_3	0.05					
		$Na_2S_2O_3$	1					

（4）抗渗型。在水泥浆中掺入2% ~4%的水玻璃，可以明显提高浆液的抗渗性能，使用的水玻璃模数为2.4~3.4，浓度要求30~40波美度。对以抗渗为目的的工程，最好使用“柔性材料”，可在水泥浆中掺入10% ~50%的膨润土（与水泥重量的百分比）。矿渣水泥不能用于抗渗工程中。

（5）填充剂型。将粉煤灰等材料作为填充剂加入水泥浆中，可以大幅度降低工程造价，而且浆液早期强度虽然较低，但后期强度增长率高，水化热低。

（6）抗冻型。在浆液中加入抗冻剂，在土未结冻前进行注浆，可达到防治土体冻胀的作用。使用的抗冻剂一般有：1）水泥-沸石粉浆液（沸石粉掺量为水泥用量的10% ~20%）；2）水泥-扩散剂NNO浆液（NNO的掺入量为0.5%）等。

国内目前用得较多的外加剂及配方见表10-3。

表10-3 国内较常用的添有外加剂的旋喷浆液配方表

序号	外加剂成分及百分比	浆 液 特 性
1	氯化钙2% ~4%	促凝，早强，可灌性好
2	铝酸钠2%	促凝，强度增长慢，稠度大
3	水玻璃2%	初凝快，终凝时间长，成本低
4	三乙醇胺0.03% ~0.05%，食盐1%	有早强作用
5	三乙醇胺0.03% ~0.05%，食盐1%，氯化钙2% ~3%	促凝，早强，可喷性好
6	氯化钙（或水玻璃）2%，NNO 0.5%	促凝，早强，强度高，浆液稳定性好
7	氯化钠1%，亚硝酸钠0.5%，三乙醇胺0.03% ~0.05%	防腐蚀，早强，后期强度高
8	粉煤灰25%	调节强度，节约水泥
9	粉煤灰25%，氯化钙2%	促凝，节约水泥
10	粉煤灰25%，硫酸钠1%，三乙醇胺0.03%	促凝，早强，节约水泥，抗冻性好
11	矿渣25%	提高固结体强度，节约水泥
12	矿渣25%，氯化钙2%	促凝，早强，节约水泥

10.4 施工工艺

10.4.1 施工机具

高压喷射注浆的施工机具，主要由钻机和高压发生设备两部分组成。由于喷射的方式不同，所使用的机器设备和数量也不相同，如表10-4所示。

表10-4 各种高压喷射注浆法主要施工机器及设备一览表

序号	机器设备名称	型 号	规 格	所 用 的 机 具			
				单管法	二重管法	三重管法	多重管法
1	高压泥浆泵	SNS-H300水流 Y-2型液压泵	300kg/cm^2 200kg/cm^2	√	√		

续表 10-4

序号	机器设备名称	型　号	规　格	所用的机具			
				单管法	二重管法	三重管法	多重管法
2	高压水泵	3XB，3W6B，3W78	350kg/cm² 200kg/cm²			√	√
3	钻机	工程地质钻振动钻机		√	√	√	√
4	泥浆泵	BW-150 型	70kg/cm²			√	√
5	真空泵						√
6	空压机		8kg/cm² 3m³/min		√	√	
7	泥浆搅拌机			√	√	√	√
8	单管			√			
9	二重管				√		
10	三重管					√	
11	多重管						√
12	超声波传感器						√
13	高压胶管		ϕ19～22mm	√	√	√	√

根据不同的工程要求，可按图 10-23 选择不同的喷头形式。

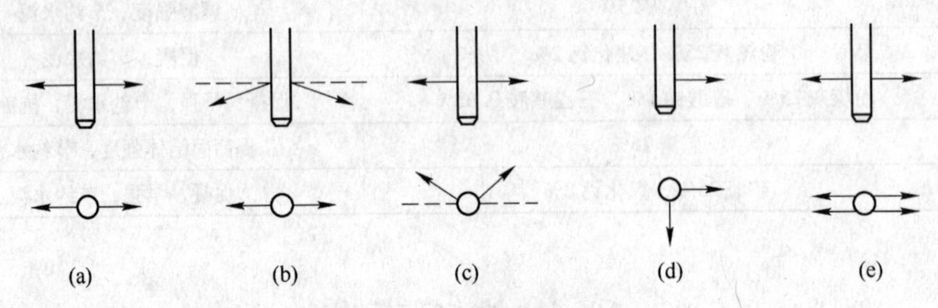

图 10-23　不同形式的喷头

（a）水平；（b）下倾；（c）夹角；（d）90°夹角；（e）四喷嘴

10.4.2　施工顺序

施工顺序如下：

（1）钻机就位。将钻机安放在设计的孔位上并保持垂直。施工时旋喷管的允许倾斜度不得大于 1.5%。

（2）钻孔。单管旋喷常用 76 型旋转振动钻机，钻进深度可达 30m 以上，适用于标准贯入度小于 40 的砂土和黏性土。当遇到比较坚硬的地层时宜采用地质钻机。钻孔位置与设计位置的偏差不得大于 50mm。

（3）插管。将喷管插入地层预定的深度。使用 76 型振动钻机钻孔时，插管与钻孔两道工序合二为一，钻孔完毕，插管作业即完成．使用地质钻机钻孔完毕，需拔出岩芯管，再换上旋喷管插入到预定深度。插管过程中可边射水边插管，以防泥沙堵塞喷嘴。若射水压力过高，如大于1MPa，则容易射塌孔壁。

（4）喷射作业。当喷管插入预定深度后，立即按设计配合比搅拌浆液，开始由下而上进行喷射作业。技术人员必须时刻检查浆液初凝时间、注浆量、风量、压力、旋转提升速度等参数是否符合设计要求，随时记录并绘制作业过程曲线。当浆液初凝时间大于20h，应及时停止使用该水泥浆（正常水灰比为1∶1，初凝时间为15h左右）。国内当前使用的高压喷射注浆参数见表10-5。

表10-5　常用高压喷射注浆参数

高压喷射注浆的种类			单管法	二重管法	三重管法
适用的土质			砂土、黏性土、黄土、杂填土、小粒径沙砾		
浆液材料及其配方			以水泥为主要材料，加入不同外加剂后可具有速凝、早强、抗蚀、防冻等性能，常用水灰比1∶1，亦可用化学材料		
高压喷射注浆参数值	水	压力/MPa	—	—	20
		流量/$L \cdot min^{-1}$	—	—	80~120
		喷嘴孔径（mm）及个数	—	—	ϕ2~3（一或两个）
	空气	压力/MPa	—	0.7	0.7
		流量/$m^3 \cdot min^{-1}$	—	1~2	1~2
		喷嘴间隙（mm）及个数	—	1~2（一或两个）	1~2（一或两个）
	浆液	压力/MPa	20	20	1~3
		流量/$L \cdot min^{-1}$	80~120	80~120	100~150
		喷嘴孔径（mm）及个数	ϕ2~3（两个）	ϕ2~3（一或两个）	ϕ10（两个）~ϕ14（一个）
	注浆管外径/mm		ϕ42或ϕ45	ϕ42、ϕ50、ϕ75	ϕ75或ϕ90
	提升速度/$cm \cdot min^{-1}$		20~25	约10	约10
	旋转速度/$r \cdot min^{-1}$		约20	约10	约10

（5）冲洗。喷射施工完毕后，应把注浆管等机具设备冲洗干净，水泥浆不得残存在管内和机具内。通常把浆液换成水，在地面上喷射以排除浆液。

（6）移动机具。将钻机等机具设备移到新的孔位上。

10.5 质量检验

10.5.1 检验内容

检验内容如下：

（1）固结体的整体性和均匀性；

（2）固结体的有效直径；

（3）固结体的垂直度；

（4）固结体的强度特性（桩的轴向抗压强度及抗剪强度、水平承载力、抗渗性、抗冻性和抗酸碱性等）；

（5）固结体的溶蚀和耐久性能。

10.5.2 检验方法

（1）开挖检验。待浆液凝固具有一定强度后（不少于 28d），即可开挖检查固结体的垂直度和固结体的形状。

（2）钻孔取芯。在已旋喷好的固结体中钻取岩芯，将岩芯做成标准试件进行室内物理力学性能试验，鉴定其是否符合设计要求。

（3）渗透试验。进行现场渗透试验，测定其抗渗能力，一般有钻孔压力注水和钻孔抽水两种渗透试验。

（4）标准贯入试验。在旋喷固结体的中部（一般距离旋喷注浆孔中心 0.15 ~ 0.20m 左右）进行标准贯入试验。

（5）载荷试验。静载荷试验分垂直和水平载荷试验两种。在对旋喷固结体进行静载荷试验之前，对固结体的加载部分应进行加强处理，以防其受力不均匀而损坏。

10.6 工程实例

A 工程概况

威海卫大厦位于山东省威海市，距离海边约 200m，地上 17 层，地下一层共 18 层，建筑物高度 60m，平面呈正三角形，底部为箱形基础，现浇筑钢筋混凝土剪力墙结构，占地面积 $1100m^2$，建筑物总重 24100t。

威海卫大厦地处海滨滩涂，天然地基承载力仅有 110 ~ 130kPa，预估沉降量达 700mm，超过设计规范允许值，考虑到高层建筑地基承载力要求高的特点，经分析研究后决定采用高压喷射注浆法进行地基加固。

B 地质条件

威海卫大厦坐落在地质复杂、基岩埋深很大的软土层上，场地地层大致可分为四层。

（1）人工填土层：由粉质黏土、粗砂、碎石、砖瓦和炉碴组成，松散，不均匀，层厚 0.6 ~ 1.4m。

（2）近期的滨海相沉积层：上部为中密砂、沙砾和碎石透水层，下部为中等压缩性黏土，厚度约 10m。

（3）第四系冲积层：粉质黏土、细砂及碎石组成，上部黏土的压缩性较高，呈软塑 ~ 可塑状态。该层厚约 5.4m。

（4）基岩：片麻岩，深 30m 以上属于全风化带，其间有一层夹有白色高压缩性的高岭土。风化层层面由西向东倾斜倾角 6°。

各层土的物理力学性质见表 10-6。

地下水埋深为 0.6 ~ 1.1m，pH 值为 6.9，水力坡度为 0.30% ~ 0.35%。

设计要求指标：加固后大厦地基的承载力达到 250kPa；差异沉降不大于 0.5%；垂直载荷通过箱形基础均匀传至基底，不考虑弯矩；不考虑水平推力。

表 10-6 土的物理力学指标

土层	土名	重 度 γ/kN·m^{-3}	孔隙比 e	含水率 ω/%	饱和度 ω/%	塑性指数 S_r/%	液性指数 I_p	直 剪		压缩系数 a_{1-2}/MPa^{-1}	压缩模量 E_0/kPa
								摩擦角 I_L	黏聚力 c/kPa		
Ⅲ$_1$，Ⅲ$_2$	中砂	19.4									
Ⅴ	砾砂	20									
Ⅵ	卵石	20									
Ⅱ$_{2-1}$	粉质黏土	20	0.622	22.2	94.1	10.5	0.63	10	18	0.35	5000
Ⅱ$_{2-2}$	粉质黏土	19.8	0.68	23.8	93.5	11.7	0.59	10	20	0.29	上层 6500，下层 10000
Ⅲ$_3$	中砂	20									11000
Ⅵ$_1$，Ⅵ$_2$	中砂	20									15000
Ⅶ	碎石土	20									29000
Ⅷ$_1$	风化层	16.9	1.34	47.3	94.1	12.4	1.93	23.0	45	0.53	5000
Ⅷ$_2$	24～27m	20									17000
	27～40m	20									26000

C 旋喷桩设计

旋喷桩加固体的强度大，压缩模量高，可以有效地防止地基产生的不均匀沉降。

a 设计要点

(1) 根据场地地质条件，对Ⅱ$_{2-1}$和Ⅱ$_{2-2}$粉质黏土层应提高其地基承载力，其余土层以控制沉降量为主，达到规范规定的沉降量不得大于200mm 的要求；

(2) 根据基础形式，将旋喷桩满堂布设，桩距 2m；

(3) 箱形基础底面至-7m 的中砂层不予加固，可作为应力调整层，地基加固深度从-7～-24.5m；

(4) 因-14～-24.5m 天然地基承载力已满足设计要求，加固的目的只是控制沉降，所以，在该深度内可以适当减少旋喷桩桩数，并采用长短桩相结合的布桩方式；

(5) 在建筑物基础边缘和承重量大的部位适当增加长桩；

(6) 长桩要穿过压缩性大的高岭土，短桩穿过Ⅱ$_{2-2}$粉质黏土层；

(7) 作为复合地基，旋喷桩不与箱形基础直接联系；

(8) 加固范围大于建筑物基础平面。

b 计算参数

经设计计算得出计算参数如下：

设计荷载 p_0=250kPa；旋喷桩直径 D=0.8m，面积 A_p=0.5m^2；旋喷桩长度 L_1=6.5～7.5m，L_2=18.5～19.5m；旋喷桩单桩承载力 685kN；旋喷桩桩数 n=439（计算为 421）；旋喷桩面积置换率 m_1=0.1444（长短桩部分），m_2=0.0822（长桩部分）；复合地基压缩模量 E_{sp1}=157.7MPa（短桩部分），E_{sp2}=64.2MPa（长桩部分）。

c 复合地基沉降量

对旋喷桩复合地基进行沉降量计算，可以按桩长范围内复合土层以及下卧层地基变形值计算（见图 10-24）。

计算得到 $S_{sp1}=0.204$cm，$S_{sp2}=0.814$cm，$S_{sp3}=0.6$cm，共 1.62cm。

由于施工过程中出现了一些问题，所以对复合地基设计进行了修改和补充，主要是取消了箱形基础底部的中砂应力调节层，对中砂加喷补强桩和增加以保证旋喷质量为目的的中心桩和静压注浆（见图 10-25）。

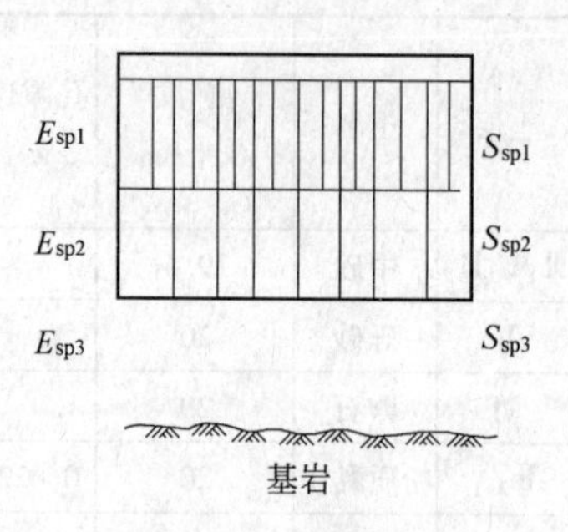

图 10-24　复合地基沉降计算示意图

D　旋喷桩施工

采用单管法旋喷施工，旋喷参数是：旋喷压力 20MPa；喷射流量 100L/min；旋转速度 20r/min；提升速度 0.2 ~ 0.8m/min；使用 425 号普通硅酸盐水泥；水泥浆相对密度为 1.5。

施工第一阶段，完成了部分长、短桩旋喷施工；第二阶段完成了全部长、短桩旋喷，中心桩旋喷和静压注浆，并进行了部分质量检验工作；第三阶段完成了 260 根补强桩及其补强后的质量检验工作。

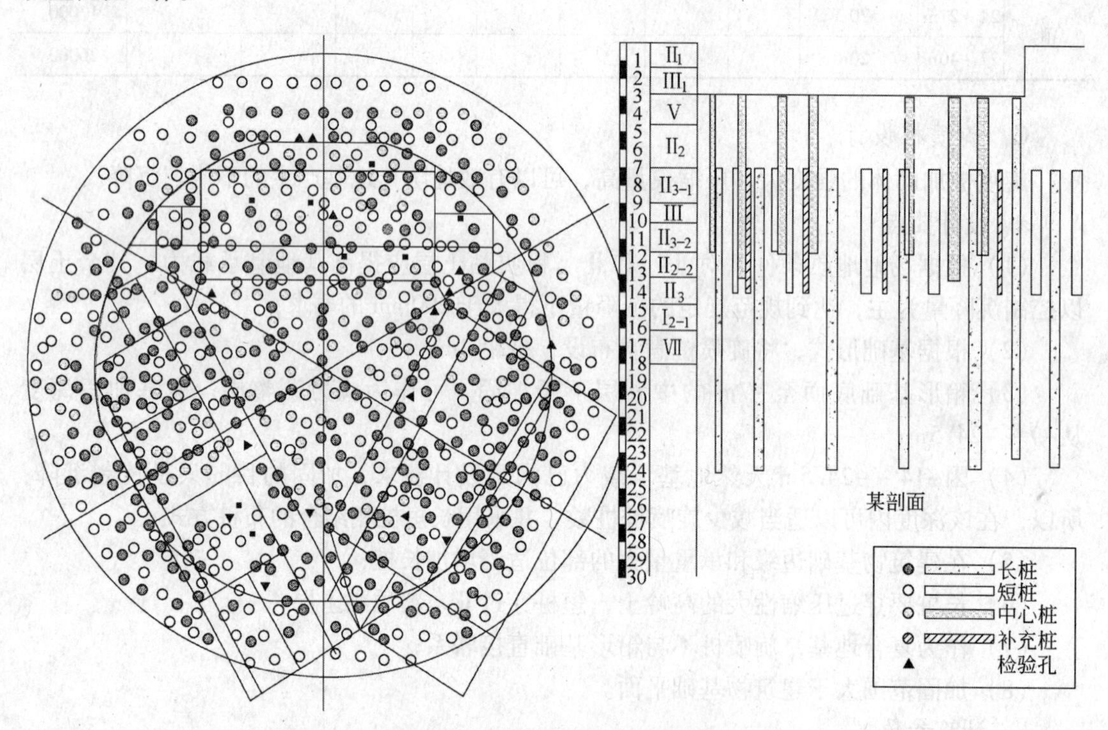

图 10-25　旋喷及静压注浆竣工图

E　质量检验

在施工初期、中期和竣工后，进行了数次多种方法的质量检验。主要情况如下：

（1）旁压试验结果表明，旋喷桩桩间土得到了一定程度的加固。

（2）浅层开挖出的旋喷桩直径在 0.6 ~ 0.8m 之间。

（3）钻探取芯结合标准贯入试验结果表明，旋喷桩桩体连续，强度较高。旋喷桩的平均无侧限抗压强度，在黏性土中为 9.4MPa，砂性土中为 14.79MPa。动力触探表明，局部桩头有空穴，为补强旋喷提供了资料。

（4）根据建筑物上布设的近50个沉降观测点提供的沉降资料，建筑物实际下沉量仅为8～13mm。故此决定将原设计的地上15层改为17层。

此例开创了旋喷法用于高层建筑地基处理的新局面。

思 考 题

10-1 试述高压喷射注浆法的加固机理。

10-2 试述影响高压喷射加固体强度的因素。

10-3 试述高压喷射注浆法抗渗和加固地基时的设计要点。

10-4 试述高压喷射注浆法处理基坑工程中坑底软弱土层的布置方式。

注册岩土工程师考题

10-1 采用高压喷射注浆法加固地基时，下列哪条是正确的（　）。

A. 产生冒浆是不正常，应减小注浆压力直至不冒浆为止

B. 产生冒浆是正常，但应控制冒浆量

C. 产生冒浆是正常，为确保注浆质量，冒浆量越大越好

D. 偶尔产生冒浆是正常的，但不应持久

10-2 能用高压喷射注浆法而不能用深层搅拌注浆法的工程项目是（　）。

A. 基坑底部的加固

B. 基坑支护

C. 既有建筑物加固

D. 地基液化

参考答案：10-1. B　10-2. C

11　土工合成材料

本章概要

本章主要介绍常见土工合成材料的特性，探讨加筋土合成材料设计要点和施工质量要求。

本章要求掌握加筋土合成材料特性及作用，了解土工加筋合成材料设计要点和施工质量要求。

11.1　概　　述

土工合成材料是岩土工程中应用的合成材料的总称，其原料主要是人工合成的高分子聚合物，如塑料、化纤、合成橡胶等。土工合成材料可置于岩土或其他工程结构内部、表面或各结构层之间，具有加强、保护岩土或其他结构的功能，是一种新型工程材料。

加筋土技术的发展与加筋材料的发展密不可分，加筋材料从早期的天然植物、帆布、金属和预制钢筋混凝土发展到土工合成材料，土工合成材料的出现被誉为岩土工程的一次革命，它以优越的性能和丰富的产品形式在工程建设中得到广泛应用，在地基处理工程中也发挥了重要的作用。20世纪70年代后，土工合成材料迅猛发展，被誉为继砖石、木材、钢铁和水泥后的第五大工程建筑材料，已经广泛应用于水利、建筑、公路、铁路、海港、环境、采矿和军工等领域，其种类和应用范围还在不断发展扩大。

1958年，美国佛罗里达州将土工织物布设在海岸块石护坡下作为防冲垫层，公认为是土工合成材料用于岩土工程的开端。1963年，法国工程师维多尔根据三轴试验结果提出了加筋土的概念及加筋土的设计理论，成为加筋土发展历史上的一个重要里程碑，标志着现代加筋土技术的兴起，从而使得加筋土技术的工程应用从经验性到具有较为系统的理论指导。1983年国际土力学与基础工程学会成立了土工织物协会，后更名为国际土工合成材料协会，成为土工学术界重视土工合成材料的重要标志。

在我国，自1979年由云南煤矿设计院在田坝修建第一批加筋土挡土墙以来，加筋土技术逐步在我国得到广泛应用，并于1998年颁布了国家标准《土工合成材料应用技术规范》（GB50290—1998）。现在除西藏和青海省以外，其他各省市已修建了大量的加筋土工程 。

11.2　土工合成材料的类型

土工合成材料包括各种土工纤维（土工织物）、土工膜、土工格栅、土工垫以及各种组合型的复合聚合材料，其产品根据加工制造的不同，可以分为以下几种类型：

(1) 有纺型土工织物（Woven Geotoxtile）。这种土工织物由相互正交的纤维织成，与通常的棉毛织品相似，其特点是孔径均匀，沿经纬线方向强度大，拉断的伸长率较低。

(2) 无纺型土工织物（Nonwoven Geotextile）。这种土工织物中纤维（连续长丝）的排列是无规则的，与通常的毛毯相似。它一般多由连续生产线生产，制造时先将合成材料原料经过熔融挤压，喷丝，直接平铺成网，然后使网丝联结制成土工织物。联结的方法有热压、针刺和化学黏结等不同的处理方法。前两种方法制成的产品又分别称无纺热黏型土工织物和无纺针刺型土工织物。

(3) 编织型土工织物（Knitted Geotextile）。这种土工织物由单股或多股线带编织而成，与通常编制的毛衣相似。

(4) 组合型土工织物（Composite Geotextile）。这是由前三类组合而成的土工织物。

(5) 土工膜（Geomembranes）。在各种塑料、橡胶或土工纤维上喷涂防水材料而制成的各种不透水膜。

(6) 土工垫（Geomat）。由粗硬的纤维丝粘接而成。

(7) 土工格栅（Geogrid）。由聚乙烯或聚丙烯板通过单向或双向拉伸扩孔制成（见图 11-1），孔格尺寸为 10 ~100mm，孔格为圆形、椭圆形、方形或长方形。

(8) 土工网（Geonet）。土工网由挤出的 1 ~5mm 塑料股线制成。

(9) 土工塑料排水板。土工塑料排水板为一种复合型土工合成材料，由芯板和透水滤布两部分组成。滤布包裹在芯板外面，在其间形成纵向排水沟槽。

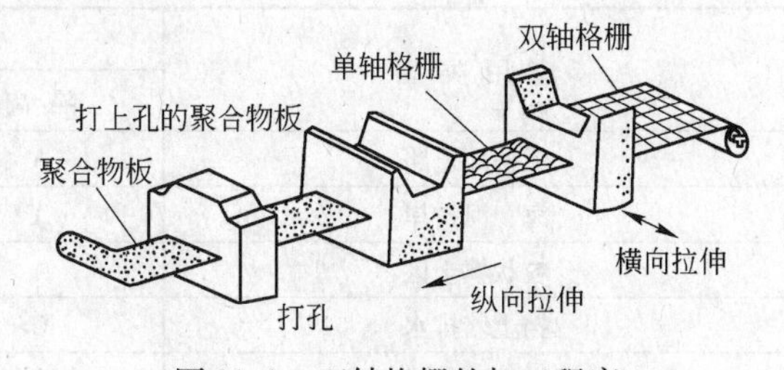

图 11-1 双轴格栅的加工程序

(10) 土工复合材料。土工复合材料是由两种或两种以上土工产品组成的复合材料，如土工塑料排水带。

11.3 土工合成材料的性能和优缺点

11.3.1 土工合成材料的性能

土工合成材料产品的性能指标主要包括以下几个方面：

(1) 产品形态：材质及制造方法、宽度、每卷的直径及重量。

(2) 物理性质：单位面积质量、厚度、开孔尺寸及均匀性。

(3) 力学性质：抗拉强度、断裂时伸长率、撕裂强度、穿透强度、顶破强度、疲劳强度、蠕变性及合成材料与土体间的摩擦系数等。

(4) 水理性质：垂直向和水平向的透水性。

(5) 耐久性：抗老化能力，抗化学、生物侵蚀性，抗磨性，抗温度、冻融及干湿变化性。

11.3.2 土工合成材料的优缺点

综合以上各种因素，可以得知土工合成材料的优点是：质地柔软，重量轻，整体连续性好，施工方便，抗拉强度高，耐腐蚀和抗微生物侵蚀性好，无纺型的当量直径小和反滤性能好。其缺点是：同其原材料一样，未经特殊处理，则土工合成材料抗紫外线能力低，但如果在其上覆盖黏性土或砂石等物，其强度的降低是不大的。另外，合成材料中以聚酯纤维和聚丙烯腈纤维耐紫外线辐射能力和耐自然老化性能为最好。由聚乙烯、聚丙烯原材料制成的土工合成材料，在受保护的条件下，其老化时间可达 50 年（聚酰胺为 10 ~ 20 年），甚至可达更长年限（如 100 年）。

11.4 土工合成材料的主要作用

土工合成材料在工程上的应用，主要有四个作用：排水作用、隔离作用、反滤作用和加固补强作用（见表 11-1）。

表 11-1 不同应用领域中土工合成材料基本功能的相对重要性

应用类型	功能			
	隔离	排水	加筋	反滤
无护面道路	A	C	B	B
海、河护岸	A	C	B	A
粒状填土区	A	C	B	D
挡土墙排水	C	A	D	C
用于土工薄膜下	D	A	B	D
近水平排水	C	A	B	D
堤坝基础加筋	B	C	A	D
加筋土墙	D	D	A	D
堤坝桩基	B	D	A	D
岩石崩落网	D	C	A	D
密封水力充填	B	C	A	A
防冲	D	C	B	A
柔性模板	C	C	C	A
排水沟	B	C	D	A

注：A—主要功能（控制功能）；B，C，D—次要、一般、不很重要的功能。

11.4.1 排水作用

某些具有一定厚度的土工合成材料具有良好的三维透水特性。利用这种特性，它除了可作透水反滤外，还可使水经过土工纤维的平面迅速沿水平方向排走，而且不会堵塞，构成水平的排水层。它还可以与其他材料（如粗粒料、排水管、塑料排水板等）共同构成排水系统（见图 11-2）或深层排水井。此外，还有专门用于排水的土工聚合材料。

土工合成材料的排水效果，取决于其在相应的受力条件下导水度（导水度等于水平向渗透系数与其厚度的乘积）的大小及其所需的排水量和所接触的土层的土质条件。

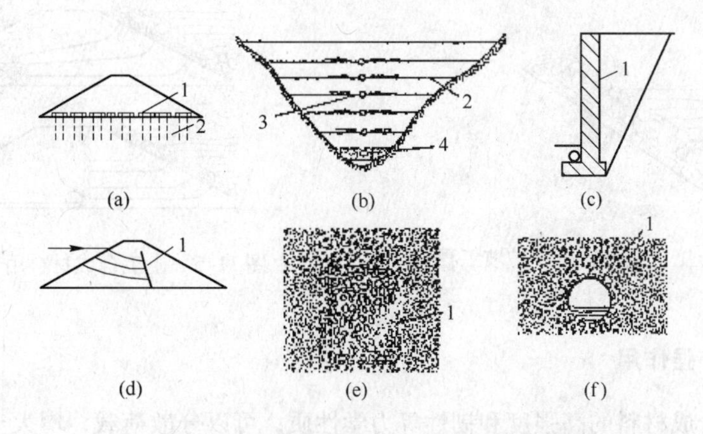

图 11-2　土工合成材料用于排水的典型实例

1—土工合成材料；2—塑料排水带；3—塑料管；4—排水涵管

11.4.2　隔离作用

土工合成材料可以设置在两种不同的土质或材料或者土与其他材料之间，将它们相互隔离开来，可以避免不同材料的混杂而产生不良效果，并且依靠其优质的特性以适应受力、变形和各种环境变化的影响而不破损。这样，将土工合成材料用于受力结构体系中，必将有助于保证结构的状态和设计功能。在铁路工程（见图11-3）中使用土工合成材料，可以保持轨道的稳定，减少养路费用；将其用于道路工程中，可防止路堤翻浆冒泥；用于材料的储存和堆放，可以避免材料的损失和劣化，而且对于废料还有助于防止污染等。

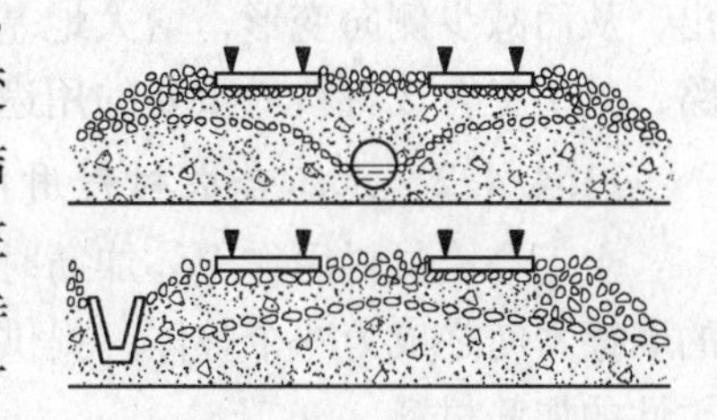

图 11-3　土工合成材料用于铁路工程

作为隔离作用的土工合成材料，其渗透性应大于所隔离土的渗透性并不被其堵塞。在承受动荷载作用时，土工合成材料还应具备足够的耐磨性。当被隔离的材料或土层间无水流作用时，也可以使用不透水的土工膜作隔离材料。

11.4.3　反滤作用

在有渗流的情况下，利用一定规格的土工合成材料铺设在被保护的土上，可以起到与一般砂砾反滤层同样的作用，即容许水流畅通而同时又阻止土粒移动，从而防止发生流土、管涌和堵塞（见图11-4）。

多数土工合成材料在单向渗流的情况下，在紧贴土工合成材料的土体中，细颗粒逐渐向滤层移动，自然形成一个反滤带和骨架网，阻止土粒的继续流失，最后土工合成材料与相邻接触部分土层共同形成了一完整的反滤系统（见图11-4和图11-5）。将土工合成材料铺放在上游面块石护坡下面，起反滤和隔离作用，也可将其置于下游排水体周围起反滤作用，或者铺放在均匀土坝的坝体内，起竖向排水作用，这样可以有效地降低均质坝体浸润线，提高下游坡坝的稳定性。具有这种排水作用的土工合成材料，在其平面方向需要有较大的渗透系数。

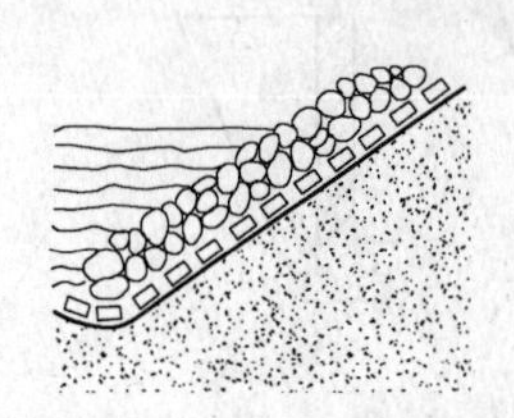

图 11-4　土工合成材料用于护坡工程

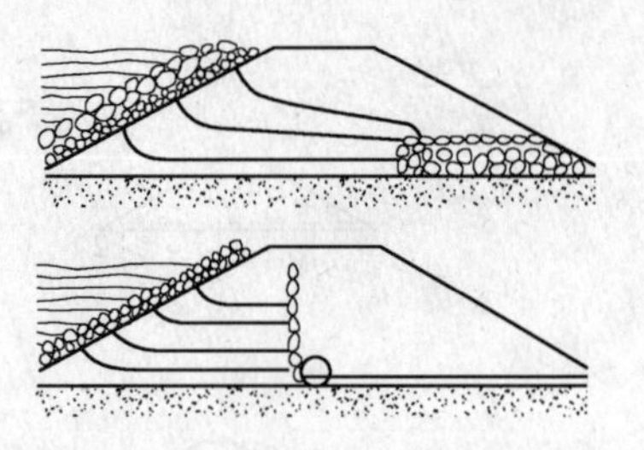

图 11-5　土工合成材料用于土坝工程

11.4.4　加固补强作用

利用土工合成材料的高强度和韧性等力学性质，可以分散荷载，增大土体的刚度模量以改善土体；或作为加筋材料构成加筋土以及各种复合土工结构。

11.4.4.1　土工合成材料用于加固补强地基

当地基可能产生冲切剪切破坏时，铺设的土工合成材料将阻止地基中剪切破坏面的产生，从而使地基的承载力提高。

当很软的地基可能产生很大的变形时，铺设的土工合成材料可以阻止软土的侧向挤出，从而减少侧向变形，增大地基的稳定性。在沼泽地、泥炭土和软黏土上建造临时道路，是土工合成材料最重要的用途之一。

11.4.4.2　土工合成材料用作加筋材料

土工合成材料用作土体加筋时，其作用与其他筋材的加筋土相似，通过土与加筋之间的摩擦力使之成为一个整体，提供锚固力保证支挡建筑物的稳定。但土工合成材料是相对柔性的加筋材料。

土工合成材料用于加筋，一般要求有一定的刚度。土工格栅能很好地与土相结合，是一种良好的加筋材料，与金属筋材相比，土工合成材料不会因腐蚀而失效，在桥台、挡墙、护岸、码头支挡建筑物中均得到了成功的应用（见图 11-6）。

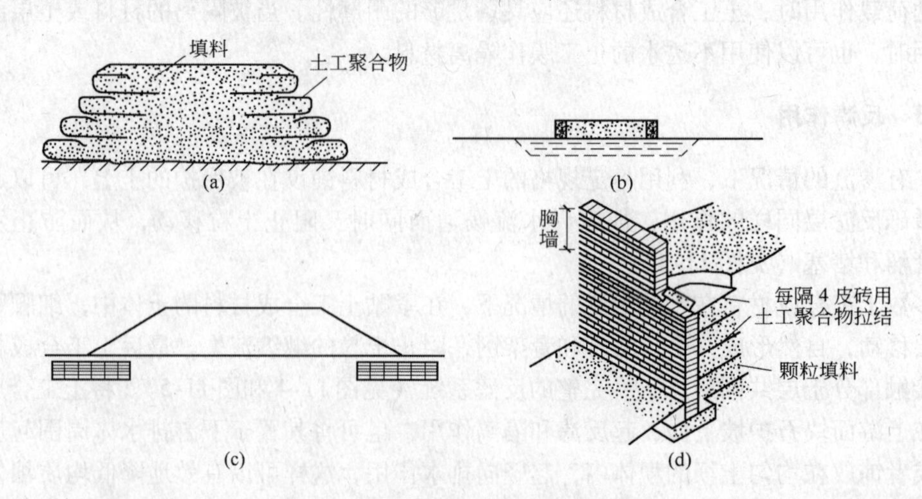

图 11-6　土工合成材料的工程应用

（a）土工聚合物加固路堤；（b）土工聚合物加固油罐地基；（c）土工聚合物加固路基；（d）砖面土工聚合物加筋土挡墙

需要注意的是，在实际工程中应用的土工合成材料，不论作用的主次，总是以上几种作用的综合，隔离作用不一定伴随过滤作用，但过滤作用经常伴随隔离作用。因而，在设计选料时，应根据不同工程应用对象综合考虑对土工合成材料作用的要求。

11.5　土工合成材料设计要点

土工合成材料设计主要是根据土工合成材料的作用进行的。对于反滤作用，需进行反滤层设计；对于地基加固作用，需进行地基承载力计算；对于路堤工程加筋作用，需进行抗滑稳定分析计算。

11.5.1　滤层设计

11.5.1.1　土工织物的反滤作用原理

如图11-7所示，图中左侧为大孔隙堆石体，右侧为被保护土，二者间夹有起反滤作用的土工织物。当水流从被保护土自右向左流入堆石体时，部分细土粒将被水流挟带进入堆石体。在被保护土一侧的土工织物表面附近，较粗土粒首先被截留，使透水性增大。同时，这部分较粗粒层将阻止其后面的细土粒继续被水流带走，而且越往后细土粒流失的可能性越小，于是就在土工织物的右侧形成一个从左往右颗粒逐渐变细的“天然反滤层”。该层发挥着保护土体的作用。

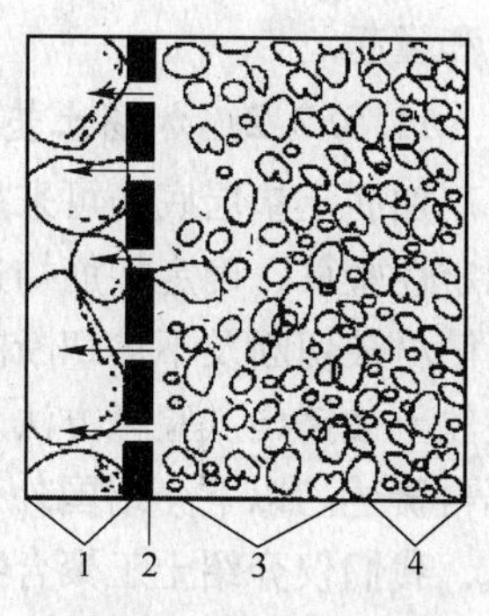

图11-7　反滤机理示意图
1—排水体；2—土工织物；3—天然反滤层；4—原土体

11.5.1.2　反滤设计准则

为使土工织物起到反滤作用，则要对土工织物提出一定的设计要求，确定设计准则。所选用的土工织物应满足以下两个基本要求：

（1）防止发生管涌。被保护土体小的颗粒（极细小的颗粒除外）不得从土工织物的孔隙中流失。因此，土工织物的孔径不能太大。

（2）保证水流通畅。防止被保护土体的细颗粒停留在土工织物内发生淤堵。因此，土工织物的孔径又不能太小。

针对上述两个基本要求，国内外已提出了不少设计准则。其中，Terzaghi和Peck提出关于常规砂石料反滤层的设计准则被广为采用。

为防止管涌：　　$D_{15f}<5D_{85b}$

为保证透水：　　$D_{15f}>5D_{15b}$

为保证均匀性：　　$D_{50f}<25D_{50b}$（级配不良的滤层）

$D_{50f}<D_{50b}$（级配均匀的滤层）

式中　D_{15f}——反滤料的特征粒径，相应于粒径分布曲线上小于该粒径的土粒质量分数为15%时的粒径，mm，下角标f表示滤层土；

D_{85b}——被保护土料的特征粒径，相应于粒径分布曲线上小于该粒径的土粒质量分数为85%时的粒径，mm，下角标b表示被保护土；

其他符号，意义与此类似。

11.5.2 加筋土垫层设计

11.5.2.1 加固机理

由分层铺设的土工合成材料与地基土构成加筋土垫层。根据理论分析、室内试验以及工程实测站结果证明，采用土工合成材料加筋土垫层的加固机理如下：

（1）扩散应力。加筋垫层刚度较大，增大了压力扩散角，有利于上部荷载扩散，降低了垫层底面压力。

（2）调整不均匀沉降。由于加筋垫层的作用，加大了压缩层范围内地基的整体刚度，转化传递到下卧土层的压力，有利于调整基础的不均匀沉降。

（3）增大地基稳定性。由于加筋土垫层的约束，整体上限制了地基土的剪切、侧向挤出和隆起。

11.5.2.2 加筋土垫层设计

加筋土垫层底筋可采用土工织物、土工格栅或土工格室等。加筋土垫层的设计应包括稳定性验算、确定加筋构造、计算加筋土垫层地基的承载力和沉降。稳定性验算应包括垫层筋材被切断及不被切断的地基稳定、沿筋材顶面滑动、沿薄软土底面滑动以及筋材下薄层软土被挤出。验算方法及稳定安全系数应符合国家现行地基设计规范的有关规定，此处不再赘述。以下介绍国外对加筋土垫层在地基加固和路堤加固方面的设计计算方法。这里，我们仅介绍土工聚合物作为加筋材料时的设计。

A 土工聚合物作为垫层时的地基承载力

在软土地基的表面上，铺设具有一定刚度和抗拉力的土工聚合物，再在其上面填筑粗颗粒土（砂土或砾石），此时作用荷载的正下方产生沉降，其周边地基产生侧向变形和部分隆起。由于土工聚合物与地基土之间的抗剪阻力能够相对地约束地基的位移；而作用在土工聚合物上的拉力也能起到支承荷载的作用。此时，地基的极限承载力 p_u 为：

$$p_u = Q'_c = \alpha c N_c + 2p\sin\theta + \beta \frac{p}{\tau} N_q \tag{11-1}$$

式中 p——土工聚合物的抗拉强度，kN/m；

θ——基础边缘土工聚合物的倾斜角，一般为 10°～17°；

τ——假想圆的半径，一般取 3m，或为软土层厚度的一半，但不能大于 5m；

α，β——基础的形状系数，一般取 $\alpha=1.0$，$\beta=0.5$；

N_c，N_q——与内摩擦角有关的承载力系数，一般 $N_c=5.3$，$N_q=1.4$；

c——土的黏聚力，kPa。

可以看出，式（11-1）中的第一项是原天然地基的极限承载力；第二项是在荷载作用下，由于地基的沉降使土工聚合物发生变形而承受拉力的效果；第三项是土工聚合物阻止土体隆起而产生的平衡镇压的效果（以假设近似半径为 r 的圆求得）。图 11-8 中的 q 是塑性流动地基的反力。

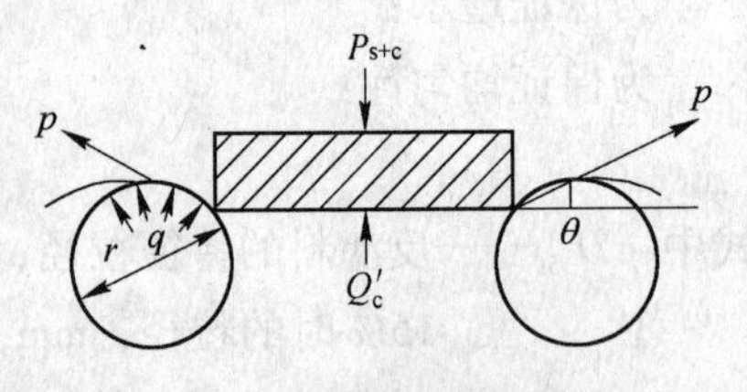

图 11-8 土工聚合物加固地基的承载力计算假设简图

实际上，第二项和第三项均为由于铺设土工聚合物而提高的地基承载力。

B　土工聚合物加固路堤时的稳定性设计

土工聚合物用作增加填土稳定性时，其铺垫方式有两种：一种是铺设在路基底与填土之间；另一种是在堤身内填土层间铺设。分析时常采用瑞典法和荷兰法两种计算方法。首先按照常规方法找出最危险滑弧的圆参数以及相应最小安全系数 K_{min}，然后再加入有土工聚合物这一因素。

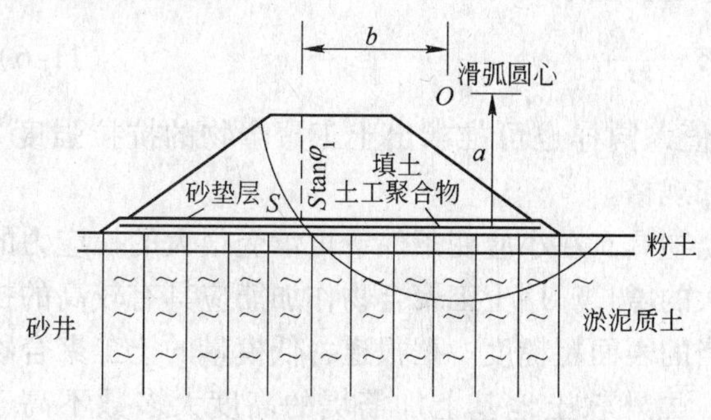

图 11-9　土工聚合物加固软土地基上路堤的稳定分析（瑞典法）

a　瑞典法计算模型

瑞典法计算模型是假定土工聚合物的拉应力总是保持在原来铺设的方向。由于土工聚合物产生了拉力 S，就增加了两个稳定的力矩（见图 11-9）。如以 O 为力矩中心，则当力按原来最危险圆弧滑动时，要撕裂土工聚合物，就要克服它的总抗拉强度 S，以及在填土内沿垂直方向开裂而产生的抗力 $S\tan\varphi_1$（φ_1 为填土的内摩擦角），前者的力臂为 a，后者的力臂为 b，则根据土力学中土坡稳定性分析方法之一的瑞典圆弧法可知，未铺设土工聚合物前的抗滑稳定最小安全系数为：

$$K_{min} = \frac{M_{抗}}{M_{滑}} \tag{11-2}$$

增加土工聚合物后的安全系数为：

$$K' = \frac{M_{抗} + M_{土工聚合物}}{M_{滑}} \tag{11-3}$$

故增加的安全系数为：

$$\Delta K = \frac{S(a + b\tan\varphi_1)}{M_{滑}} \tag{11-4}$$

当已知土工聚合物的抗拉强度 S 时，便可以求得 ΔK 值。相反，当已知要求增加的 ΔK 值时，就可以求得所需土工聚合物的强度 S，以便选用现成厂商生产的土工聚合物产品。

另外，还需验算土工聚合物范围以外的路堤有无整体滑动的可能。只有当以上两种验算均满足稳定要求时，才可以认为路堤是稳定的。

b　荷兰法计算模型

荷兰法计算模型是假定土工聚合物在和圆弧切割处形成一个与滑弧相适应的扭曲，此时，土工聚合物的抗拉强度 S 每米宽可以认为是直接切于滑弧的（见图 11-10）。绕滑动圆心的力矩臂长即等于滑弧半径 R，此时的抗滑稳定安全系数为：

$$K' = \frac{\sum (c_i l_i + Q_i \cos\alpha_i \tan\varphi_1) + S}{\sum Q_i \sin\alpha_i} \tag{11-5}$$

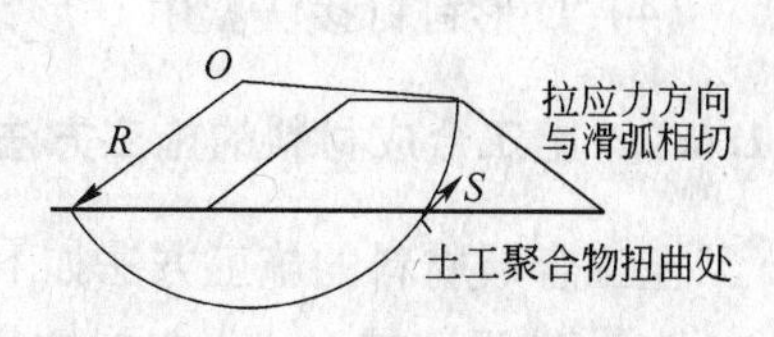

图 11-10　土工聚合物加固软土地基上路堤的稳定分析（荷兰法）

式中　c_i ——填土的黏聚力，kPa；

l_i ——某一分条滑弧的长度，m；

Q_i ——某一分条滑弧的重力，kN；

α_i ——某分条与滑动面的倾斜角，(°)；

φ_1 ——土的内摩擦角，(°)。

所以，铺设土工聚合物后增加的抗滑稳定安全系数为：

$$\Delta K = \frac{SR}{M_{滑}} \tag{11-6}$$

由式（11-6）即可确定所需要的 ΔK 值，同样也可推求出土工聚合物的抗拉强度 S 值，再用它来选择土工聚合物产品的型号和规格。

国内外的工程实践证明，除非土工聚合物具有在小应变条件下可承受很大的拉应力的性能，否则它还不能使路堤安全系数有很大的增长。用土工聚合物作加筋应具有较高的拉伸强度和抗拉模量、较低的徐变性以及相当的表面粗糙度。据报道，低模量的土工聚合物仅限于较低的堤坝（如 2 ~ 5m 高）使用。国外软土地基上加筋堤的高度大多数不高于 10m，一般均在 15m 以下。

11.6　土工合成材料的施工

11.6.1　土工合成材料的连接方法

土工合成材料是按照一定规格的面积和长度在工厂进行定型生产的商品成品，因此，这些材料运输到现场后必须进行连接，可采用搭接、缝合、胶结或 U 形钉钉接等方法连接起来（见图 11-11）。

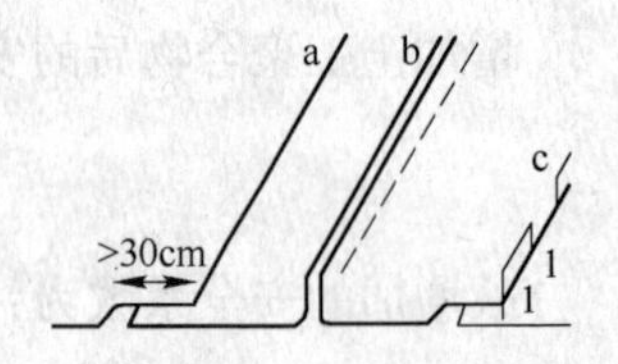

图 11-11　土工合成材料间的连接方法

a—搭接；b—缝合；c—用 U 形钉钉住

（1）搭接法。搭接长度一般在 0.3 ~ 1.0m 之间。坚固和水平的路基一般取小值；软弱的和不平的地面则需要取大值。在搭接处应尽量避免受力，以防土工合成材料移动。此法施工简便，但用料较多。

（2）缝合法。用移动式缝合机将尼龙或涤纶线面对面缝合，缝合处的强度一般可达纤维强度的 80%，缝合法施工费时，但可节省材料。

（3）胶结法。采用合适的胶黏剂将两块土工合成材料胶结在一起，最少的搭接长度为 100mm，胶结时间为 2 个小时。其接缝处的强度与土工织物的原强度相同。

（4）U 形钉钉接法。用 U 形钉连接时，其强度低于缝合法和胶结法。

11.6.2　土工合成材料的施工方法

土工合成材料的施工方法如下：

（1）铺设土工合成材料时应注意均匀和平整；在护岸工程坡面上施工时，上坡段土工合成材料应搭接在下坡段土工合成材料之上；在斜坡上施工应保持一定的松紧度。用于反滤层时，要求保证土工合成材料的连续性，不出现扭曲、褶皱和重叠现象。

（2）不要在土工合成材料的局部地方施加过重的局部应力。不能抛掷块石来保护土工合成材料，只能轻铺块石，最好在土工合成材料上先铺一层保护砂层。

（3）土工合成材料的端部应先铺填，中间后填，端部锚固必须精心施工。

（4）第一层铺垫层厚度应在0.5m以下，但不能让推土机的刮土板损坏已铺填的土工合成材料，如遇任何情况下土工合成材料损坏，应立即予以修补。

（5）在土工合成材料的存放和施工过程中，应尽量避免长时间的暴晒，促使材料劣化。

土工合成材料在国外的研究和应用比较广泛，相比之下，国内在这方面所做的工作则显得很不足。所以，我们既不能否定这种新材料的应用价值，也不能盲目地简单对待。而是要坚持通过正常的发展程序，对土工合成材料用量较大的，尤其是对于重要的或大型的岩土工程，应用时必须重视系统研究和通过典型试点仔细地进行观测试验，不断总结经验，逐步提高分析计算的理论水平和制定必要的选料、设计和施工所需性能指标的试验方法，建立土工合成材料在各种不同用途中的技术规范和标准。制造商应与应用者协同合作，共同开发适用于各种不同用途的土工合成材料系列产品，特别应重视开发和研究土工合成材料复合材料新产品，避免由于产品的规格或性能不适应而造成其工程应用的失败或经济损失，危害土工合成材料应用技术的提高和推广。

11.7 工程实例

A 工程概况

某油罐工程位于长江岸边的河漫滩软土地基上，采用浮顶式油罐，油罐容积 $2\times10^4m^3$，其内径为40.5m，高15.8m。罐体、罐内充水、基础以及场地填土等荷载共计 $288kN/m^2$。

B 场地岩土工程简况

建筑场地主要地基土分布自上而下分别为：

（1）表层土，厚0.3～0.5m；

（2）黏土层，厚1.3～2.3m；

（3）淤泥质黏土层，厚度为12～18m，其不排水抗剪强度为12～47kPa。

C 地基处理设计与施工

根据油罐的运行和生产要求，其地基与基础在技术上要求满足以下三点：

（1）地基能承受 $288kN/m^2$ 的荷载；

（2）油罐整体倾斜小于等于0.04～0.05，周边沉降差小于0.0022，中心与边沿差小于1/45～1/44；

（3）油罐的最终沉降不超过预留高度。

由此可见，原地基必须进行处理。经分析研究决定，采用土工聚合物加筋垫层和天然地基排水固结充水的预压方案处理油罐下卧的软土地基，方案设计图可见图11-12和图11-13。

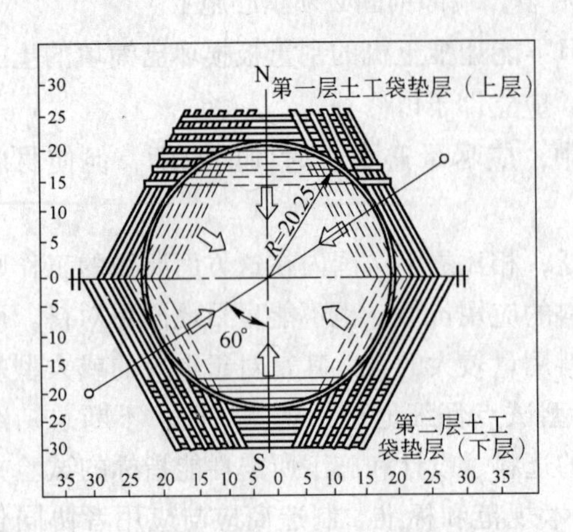

图 11-12 土工聚合物垫层平面构造

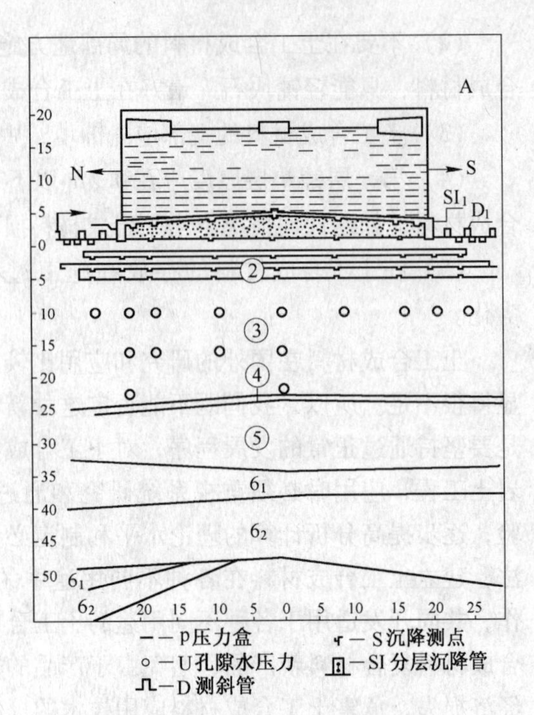

图 11-13 土工聚合物垫层地基剖面及测试件埋设布置

土工聚合物加筋垫层由两层碎石袋组成。碎石袋由土工编织袋装入碎石而形成，直径0.3m，土工编织布的径向抗拉强度为32kN/m，纬向抗拉强度为25kN/m，上层直径为50.5m，下层直径为64.5m，两层间距1.9m。每层碎石袋由三片互成60°交错叠合的碎石袋组合而成，每条碎石袋以间距0.6m平行铺设。

D 现场观测结果

在填土、施工基础以及多级充水（包括充油投产）过程中，各阶段的沉降值见表11-2。

表 11-2 油罐沉降值 (mm)

	填土期	基础施工	充水试压期				实测总沉降①	罐基总沉降②
			第一次	第二次	第三次	充油投产		
罐中心	264	315	1544	158	33	10	2324	1745
罐周边	178	201	1082	84	90	10	1645	1266
周边累积沉降差			87	94	101	96		
中边沉降差	86	114	462	74	−57	0	679	479
回弹值				23	19			
荷载/kN·m^{-2}	80.0	130.0	279.6	279.1	279.1	253.8		
持续时间/d	219	72	349	65	60	1		

①实测总沉降系指垫层底面总沉降。

②罐基总沉降系指基础施工后产生的总沉降。

分析实测沉降结果可知，采用土工聚合物加筋垫层和排水固结联合处理油罐地基的方法是可行的，并取得了良好的效果。基础底面和环梁的沉降比较均匀，满足油罐基础的设计要求。基础周边沉降为1.266m（<1.5m的设计要求）；环梁基础倾斜为1.9%（<5%）；基础底板中心和周边的沉降差与油罐直径之比为0.004（<0.015）；滤板最大和最小沉降差与油罐半径之比为0.011（<0.025）。

同时，土工聚合物加筋垫层可以防止垫层的抗拉断裂，保证垫层的均匀性，约束地基土的侧向变形，改善地基的位移场，调整地基的不均匀沉降等。

根据基底压力实测分析，基底压力基本上是均匀的，并与荷载分布的大小一致。荷载通过基础在垫层中扩散，扩散后到达垫层底面的应力分布基本上也是均匀的。按垫层面实测的平均应力计算，扩散角约为40°。可见，加筋垫层起到了扩散应力和使应力均匀分布的作用。

思 考 题

11-1 试述土工合成材料的分类。

11-2 试述土工合成材料的几种主要功能以及这些作用主要体现在何种类型的工程中。

11-3 试述一些常用土工合成材料的工程特性及适用范围。

11-4 试述土工合成材料施工中接缝连接方法。

注册岩土工程师考题

11-1 下列（ ）土工合成材料不适用于土体的加筋。

A. 塑料土工格栅　　B. 塑料排水板带　　C. 土工带　　D. 土工格室

参考答案：11-1. B

12　加筋土挡墙

本章概要

本章主要对加筋土挡墙的破坏机理进行分析和探讨，介绍加筋土挡墙的设计和施工要求。

本章要求重点掌握加筋土挡墙破坏机理，了解其土工加筋技术的设计要点和施工质量要求。

12.1　概　　述

加筋土挡墙（reinforced fill wall）系由填土、在填土布置的一定量的带状拉筋以及直立的墙面板三部分组成的一个整体复合结构（见图12-1）。这种结构内部存在着墙面土压力、拉筋的拉力以及填土与拉筋间的摩擦力等相互作用的内力。这些内力相互平衡，保证了这个复合结构的内部稳定。同时，加筋土挡墙要能够抵抗拉筋尾部后面填土所产生的侧压力，即加筋土挡墙外部也要保持稳定，从而使整个复合结构稳定。

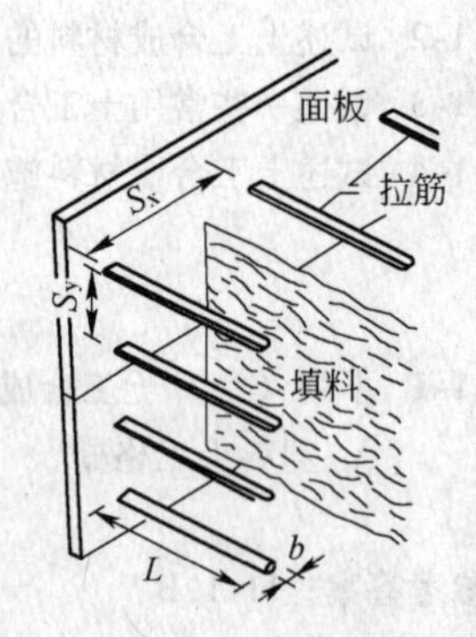

图12-1　加筋土挡墙结构物的剖面示意图

自从1966年法国的Henri Vidal发明了加筋土技术以后，它已成为当前地基处理的技术之一。现在加筋土技术已被广泛地应用于路基、桥梁、驳岸、码头、贮煤仓、堆料场等水工和工业结构物中，我国已编制了《公路加筋土工程施工技术规范》（JTJ035—91）和《公路加筋土工程设计规范》（JTJ015—91）。目前，我国最长的加筋土挡墙是重庆的沿长江滨江公路驳岸墙，长为5km；最高的陕西的“故邑”加筋土挡墙，高度为35.5m。

12.2　加筋土的材料和构造要求

加筋土挡墙一般由基础、面板、加筋材料、土体填料、帽石等主要部分组成，如图12-2所示。

12.2.1　面板

目前，国内一般采用钢筋混凝土或混凝土预制构件作面板，其强度等级不应低于C20，厚度不应小于80mm。面板设计应满足坚固、美观、运输方便以及易于安装等要求。

面板形状和尺寸应根据施工条件而定，通常选用十字形、矩形、六角形等，见表12-1。面板上的拉筋结点，可采用预埋拉环、预埋穿筋孔或钢板锚头等形式。钢拉环应采用直径不小于10mm的Ⅰ级钢筋。十字形面板两侧预留有小孔，内插销子，将面板竖向互相连接起来，属于连锁式面板（见图12-3）。

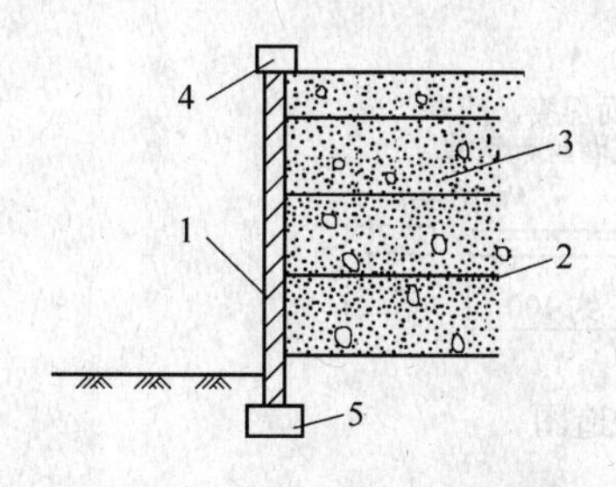

图12-2　加筋土挡墙组成图

1—面板；2—拉筋；3—填料；4—帽石；5—基础

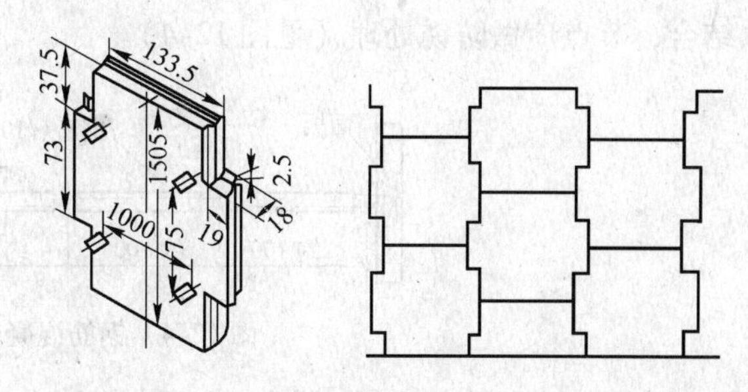

图12-3　预制混凝土面板拼装（单位：mm）

表12-1　面板类型及尺寸表　（cm）

类　型	简　图	高　度	宽　度	厚　度
十字形		50～150	50～150	8～25
槽　形		30～75	100～200	14～20
六角形		60～120	70～180	8～25
L　形		30～50	100～200	8～12
矩　形		50～100	100～200	8～25
Z　形		30～75	100～200	8～25

注：1. L形面板下缘宽度一般采用20～25cm。

2. 槽形面板的底板和翼缘厚度不小于5cm。

混凝土面板应该具有耐腐蚀性能。它本身是刚性的，但在各个砌块间具有充分的空隙，也有在接缝间安装树脂、软木等措施的，以适应必要的变形。

一般情况下，面板应交错连接。由于各个面板间的空隙都能排水，所以排水性能良好，但面板内侧须设置反滤层，以防填土流失。反滤层可以使用土工聚合物或砂夹砾石。

12.2.2　拉筋材料

拉筋材料要求抗拉强度高，伸长率小，耐腐蚀和有一定的柔韧性。多采用镀锌带钢

（截面 5mm×40mm 或 5mm×60mm）、铝合金钢带和不锈钢带、钢条（Q235 钢）、尼龙绳、玻璃纤维和土工织物等。有的地区，就地取材，也有采用竹筋、包装用塑料带、多孔废钢片、钢筋混凝土的，效果亦好，可满足要求。拉筋的锚固长度 L 一般由计算确定，但是还要满足 $L \geqslant 0.7H$（H 为挡土墙高度）的构造要求。面板与拉筋的连接一般采用电焊或螺柱结合，节点应做防锈处理（见图 12-4）。

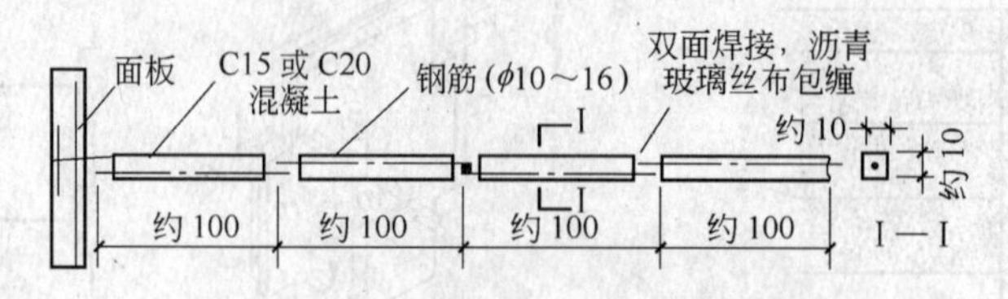

图 12-4 钢筋混凝土拉筋构造图

加筋土挡墙内拉筋一般应水平布设并垂直于面板。当一个结点有两条以上拉筋时，应呈扇状分开。当相邻墙面的内夹角小于 90°时，宜将不能垂直布设的拉筋逐渐斜放，必要时在墙角隅处增设加强拉筋。

12.2.3 回填土料

宜优先采用一定级配的砾砂土或砂类土，有利于压密和与拉筋间产生良好的摩阻力，也可采用碎石土、黄土、中低液限黏性土等，但不得使用腐殖土、冻土、白垩土及硅藻土等以及对拉筋有腐蚀性的土。回填土的级配与粒径也有一定的要求，图 12-5 所示为国外建议对加筋土工程所用填料的粒径分布范围要求。

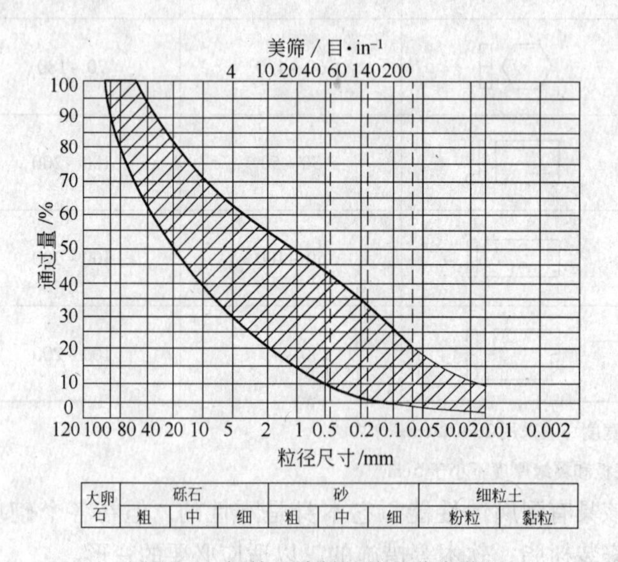

图 12-5 加筋土填料的粒径分布范围

12.2.4 沉降缝设置

加筋土挡墙应该根据地形、地质、墙高等条件设置沉降缝。对土质地基，一般沉降缝的间距为 10～30m，岩石地基可适当增大。沉降缝宽度一般为 10～20mm，可以采用沥青板、软木板或沥青麻絮等填塞。

12.2.5　挡墙面板基础

加筋土挡墙面板下部应设置宽度不小于0.3m，厚度不小于0.2m的混凝土基础，当存在下列情况之一时可以不设置基础：

（1）面板筑于石砌圬工或混凝土之上。

（2）基岩地基。挡墙面板的埋置深度，对一般土质地基不应小于0.6m；设置在岩石上时应清除岩石表层风化层，当风化层较厚难以全部清除时，可视同土质地基情况。

12.2.6　墙顶帽石

加筋土挡墙墙顶一般均需设置帽石。帽石可以预制也可以现场浇筑。帽石的分段应与墙体沉降缝在同一处位置上。

12.3　加筋土挡墙的形式

加筋土挡墙一般修建在填方地段，可以应用于道路工程中，作路肩式挡墙和路堤式挡墙（见图12-6）。

根据不同的拉筋配置方式，加筋土挡墙可分为单面加筋土挡墙和双面分离式加筋土挡墙以及双面交错式加筋土挡墙（见图12-7），还有台阶式的加筋土挡墙（见图12-8）。

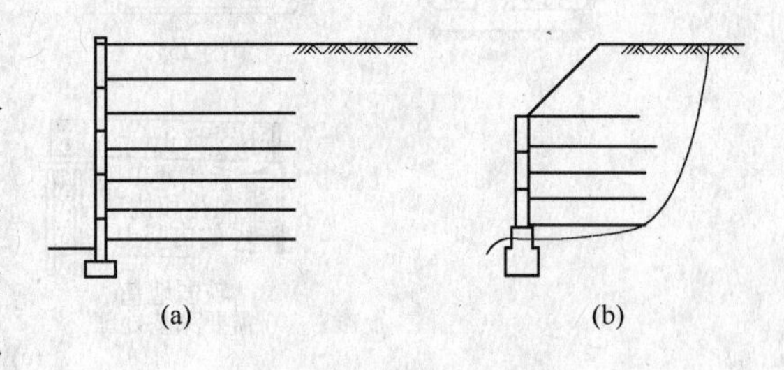

图12-6　加筋土挡墙

（a）路肩式挡墙；（b）路堤式挡墙

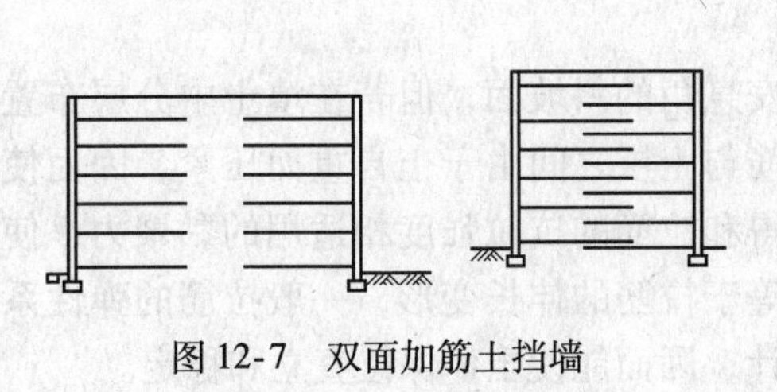

图12-7　双面加筋土挡墙

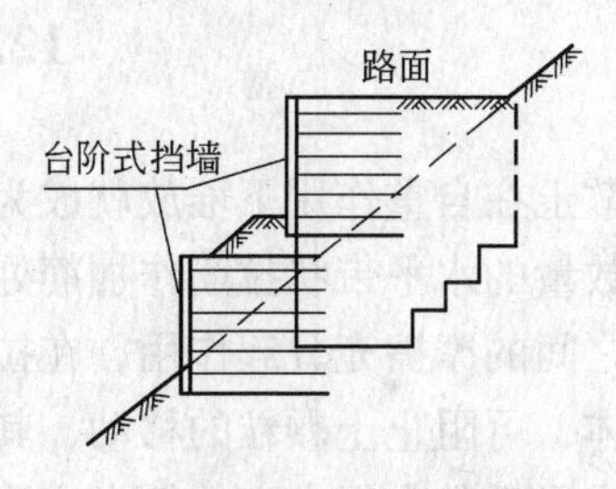

图12-8　台阶式加筋土挡墙

12.4　加筋土挡墙的结构特点

加筋土挡墙具有如下结构特点：

（1）能够充分利用材料性能和土与拉筋的共同作用，所以挡墙结构的重量轻，其混凝土体积相当于重力式挡墙的3%～5%。工厂化预制构件可以降低成本，并能保证产品质量。

（2）加筋土挡墙是柔性结构，具有良好的变形协调能力，可承受较大的地基变形，适宜在较软弱的地基上使用。

（3）面板形式可以根据需要拼装，形成美观的造型，适合于城市道路的支挡工程，美化环境。

（4）墙面垂直，可以节省挡墙的占地面积，减少土方量，施工简便迅速，质量易于控制，且施工时无噪声。

（5）工程造价较低。加筋土挡墙面板薄，基础尺寸小。当挡墙高度大于5m时，加筋土挡墙与重力式挡墙相比，可以降低造价20%～60%，而且墙越高，经济效益越佳（见图12-9）。

（6）加筋土挡墙这一复合结构的整体性较好，与其他类型的结构相比具有良好的抗震性能。

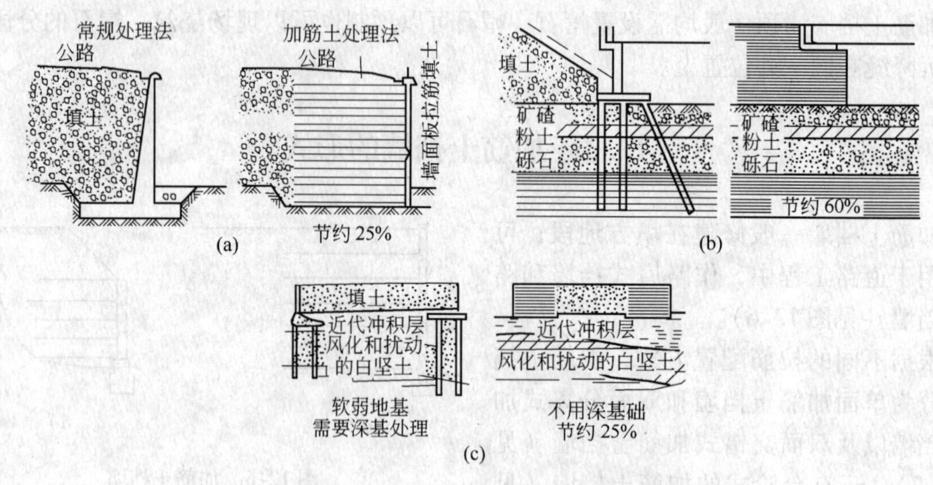

图12-9　加筋土挡墙的应用及其经济性

12.5　加固机理

松散土在自重作用下堆放就成为具有天然安息角的斜坡面，但若在填土中分层布置埋设一定数量的水平带状拉筋作加筋处理，则拉筋与土层之间由于土自重而压紧，因而使土和拉筋之间的摩擦充分起作用，在拉筋方向获得和拉筋的抗拉强度相适用的黏聚力，使其成为整体，可阻止土颗粒的移动，其横向变形等于拉筋的伸长变形，一般拉筋的弹性系数比土的变形系数大得多，故侧向变形可忽略不计，因而能使土体保持直立和稳定。

12.5.1　加筋土的基本原理

20世纪60年代，法国学者Herri Vidal用三轴试验证明，在砂土中加入少量纤维后，土体的抗剪强度可提高4倍多。他认为，土样受到荷载时，会产生侧向膨胀，若土中埋有拉筋材料，则拉筋与土之间的摩擦会阻止土样产生侧向膨胀。

为便于说明加筋土的加筋机理，对加筋土和未加筋土的应力状态进行比较。图12-10（a）所示为未加筋的土单元体，在竖立荷载σ_v的作用下，单元土体产生压缩变形，侧向发生膨胀。通常，侧向应变要比轴向应变大一倍半。随着σ_v逐渐增大，压缩变形和侧向膨胀也越来越大，直至土体破坏。

在土单元体中放置水平拉筋（见图12-10（b）），通过拉筋与土颗粒间的摩擦作用，将引起土体侧向膨胀的拉力传递给拉筋。由于拉筋的拉伸模量大，因此，单元土体的侧向变形就受到了限制，在同样大小的竖向应力 σ_v 作用下，侧向变形 $b_H = 0$。

加筋后的土体就好像在单元土体的侧面施加了一个侧向荷载一样，它的大小与静止土压力 $K_0\sigma_v$ 等效，并且随着竖向应力的增加，侧向荷载也成正比增加。图12-10（c）所示，在同样大小的竖向应力 σ_v 作用下，加筋土应力圆的各点都在破坏曲线下面。只有当与拉筋之间的摩擦失效或拉筋被拉断时，土体才有可能发生破坏。

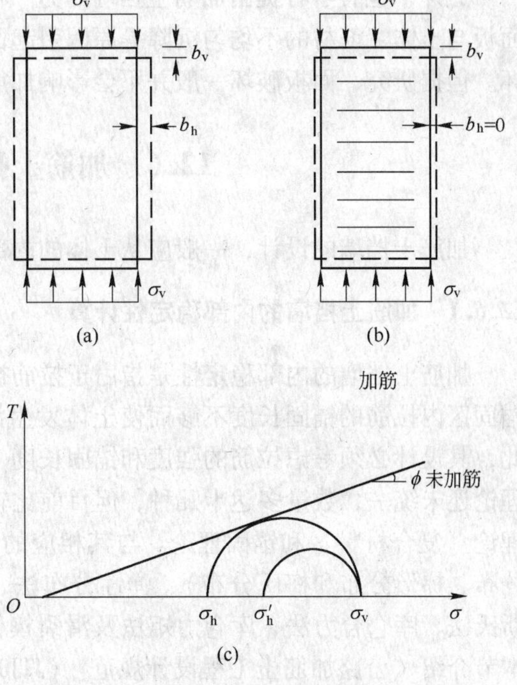

图12-10　加筋土单元体分析

12.5.2　加筋土挡墙的破坏机理

加筋土挡墙的稳定性取决于加筋土挡墙的内部和外部的稳定性，其破坏形式主要有内部稳定破坏和外部稳定破坏。

12.5.2.1　内部稳定破坏

从加筋土挡墙内部结构稳定性分析可知，由于土压力作用，土体中产生一个破裂面和滑动棱体。在土中设置拉筋后，趋于滑动的棱体通过土与拉筋间的摩擦作用有将拉筋拔出的倾向。另外，滑动棱体后的土体则由于拉筋和土体的摩擦作用把拉筋锚固在土中，从而阻止拉筋被拔出。因而对于加筋土挡墙来说，易发生的内部破坏有加筋材料的拉断、拔出等形式。图12-11给出了加筋土挡墙内部破坏示意图。

12.5.2.2　外部稳定破坏

外部稳定破坏一般是因为由拉筋、填料所组成的复合结构不能抵抗尾部填料所产生的土压力，从而引起加筋体水平滑动或倾覆、地基深层破坏及地基承载力破坏。图12-12分别给出了典型的外部稳定破坏形式。

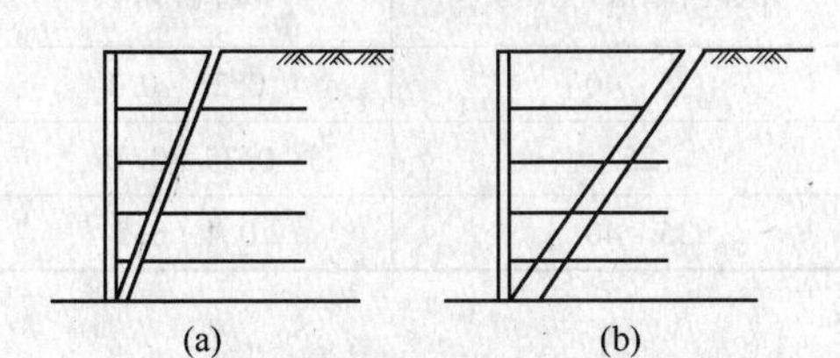

图12-11　加筋土挡墙内部破坏形式

（a）拉断破坏；（b）拔出破坏

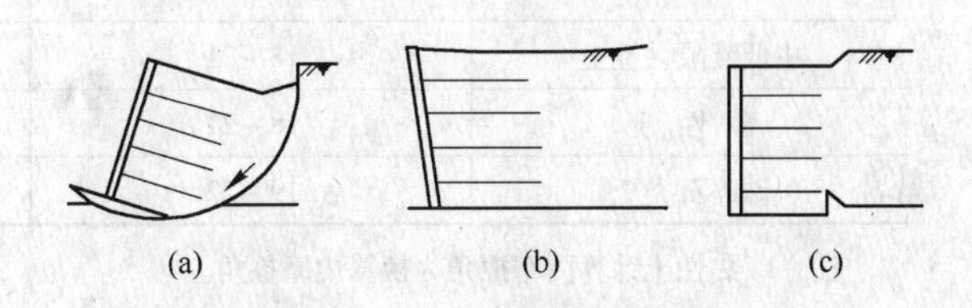

图12-12　外部稳定破坏形式

（a）滑动破坏；（b）倾覆破坏；（c）地基破坏

此外，也有学者提出加筋土挡墙的另一种破坏形式——面板破坏，面板破坏一般因为面板与土体、筋材的不均匀沉降等原因引起面板塌落、鼓起、错位及面板与筋材的联结破坏。但据研究，面板破坏一般并不会影响加筋土体的整体稳定性。

12.6 加筋土挡墙的设计计算

加筋土挡墙的设计，一般应从土体的内部稳定性和外部稳定性两个方面来考虑。

12.6.1 加筋土挡墙的内部稳定性计算

加筋土挡墙的内部稳定性是指由于拉筋被拉断或拉筋与土体之间的摩擦力不足（即在锚固区内拉筋的锚固长度不够而使土体发生滑动），导致加筋土挡墙的整体结构破坏。因此，其设计必须考虑拉筋的强度和锚固长度（拉筋的有效长度）。国内外的拉筋拉力计算理论还未统一，数量多达十几种，但目前比较有代表性的理论可归纳成两类，即整体结构理论（复合材料）和锚固理论。与其相应的计算理论，前者有正应力分布法（包括均匀分布、梯形分布和梅氏分布）、弹性分布法、能量法及有限单元法；而后者包括朗金法、斯氏法、库仑合力法、库仑力矩法及滑裂楔体法等，各种计算理论的计算结果有所不同。本节介绍《公路加筋土工程设计规范》（JTJ015—91）中的计算方法。

12.6.1.1 土压力系数计算

加筋土挡墙的土压力系数根据墙高的不同而分别计算（见图 12-13）。

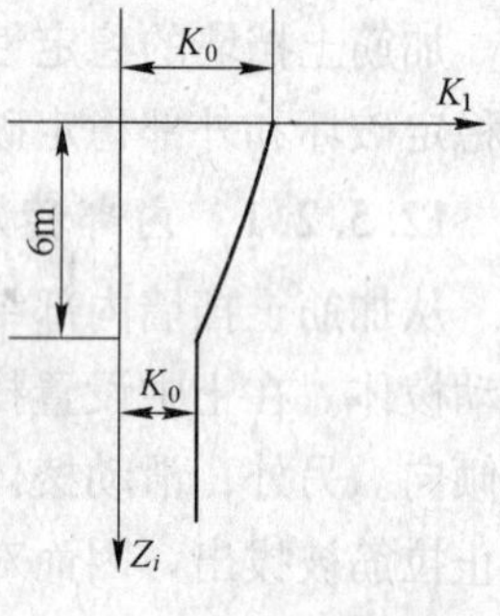

$$当 Z_i \leqslant 6\text{m} 时, K_i = K_0\left(1 - \frac{Z_i}{6}\right) + K_a \frac{Z_i}{6} \tag{12-1}$$

$$当 Z_i > 6\text{m} 时, K_i = K_a \tag{12-2}$$

式中 K_i ——加筋土挡墙墙内 Z_i 深度处的土压力系数；

K_0，K_a ——填土的静止和主动土压力系数，$K_0 = 1 - \sin\varphi$，$K_a = \tan^2\left(45^\circ - \frac{\varphi}{2}\right)$；

φ ——填土的内摩擦角，(°)，可按表 12-2 取值；

Z_i ——第 i 个单元结点到加筋土挡墙顶面的垂直距离，m。

图 12-13 土压力系数图

表 12-2 填土的设计参数

填料类型	重度/kN·m^{-3}	计算内摩擦角/(°)	似摩擦系数
中低液限黏性土	18~21	25~40	0.25~0.4
砂性土	18~21	25	0.35~0.45
砾碎石类土	19~22	35~40	0.4~0.5

注：1. 黏性土计算内摩擦角为换算内摩擦角。

2. 似摩擦系数为土与筋带的摩擦系数。

3. 有肋钢带、钢筋混凝土带的似摩擦系数可提高 0.1。

4. 墙高大于 12m 的挡土墙计算内摩擦角和似摩擦系数采用低值。

12.6.1.2　土压力计算

加筋土挡墙的类型不同，其计算方法也有所不同，图 12-14 为路肩式和路堤式挡墙的计算简图。

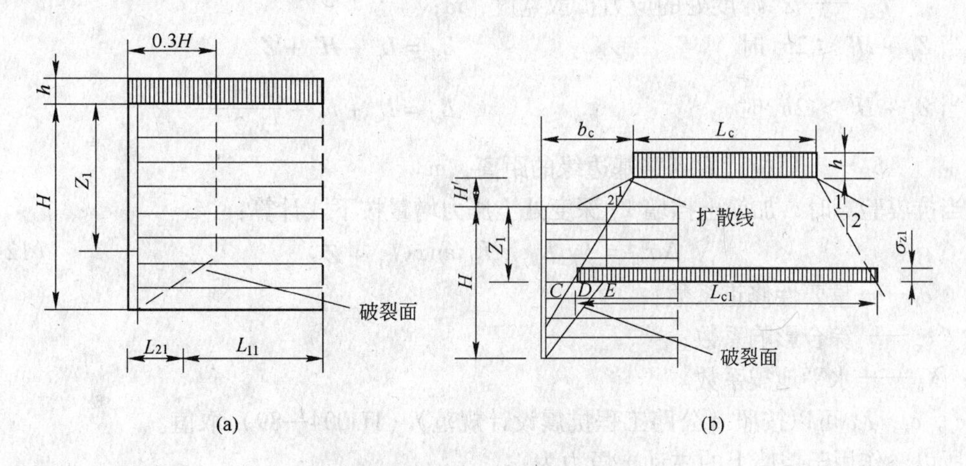

图 12-14　加筋土挡墙计算简图

（a）路肩式挡墙；（b）路堤式挡墙

加筋土挡墙在自重应力和车辆荷载作用下，深度 Z_i 处的垂直应力为：

$$\left.\begin{aligned} &\text{路肩式挡墙} \quad \sigma_i = \gamma_1 Z_i + \gamma_1 h \\ &\text{路堤式挡墙} \quad \sigma_i = \gamma_1 Z_i + \gamma_2 h_1 + \sigma_{0i} \end{aligned}\right\} \tag{12-3}$$

式中　γ_1, γ_2——挡土墙内和墙上填土的重度，当填土处于地下水位以下时，前者取有效重度，kN/m^3；

h——车辆荷载换算而成的等效均布土层厚度，m；

$$h = \frac{\sum G}{BL_0\gamma_1} \tag{12-4}$$

B，L_0——荷载分布宽度和长度，m；

$\sum G$——分布在 $B \times L_0$ 面积内的轮载或履带荷载，kN；

h_1——挡土墙上填土换算成等效均匀土层的厚度，m，如图 12-15 所示，当 $h_1 > H'$ 时，取 $h_1 = H'$；当 $h_1 \leqslant H'$ 时，按下式计算：

$$h_1 = \frac{1}{m}\left(\frac{H}{2} - b_i\right) \tag{12-5}$$

m——路堤边缘坡率；

H——挡墙高度，m；

H'——挡墙上的路堤高度，m；

b_i——坡脚至面板水平距离，m；

σ_{0i}——路堤式挡墙在车辆荷载作用下，挡墙内深度 z 处的垂直应力，kPa，当图 12-14（b）中扩散线上的 D 点未进入活动区时，取 $\sigma_{0i}=0$，当 D 点进入活动区时，按下式计算：

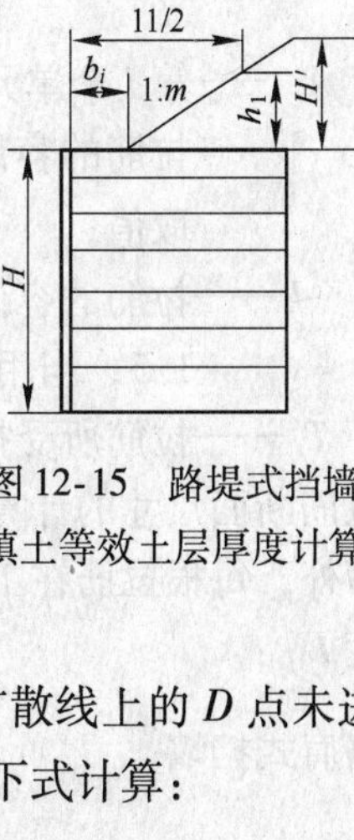

图 12-15　路堤式挡墙上填土等效土层厚度计算图

$$\sigma_{0i} = \gamma_1 h \frac{L_c}{L_{ci}} \tag{12-6}$$

L_c ——结构计算时采用的荷载布置宽度，m；

L_{ci} —— Z_i 深度处的应力扩散宽度，m；

当 $Z_i + H' \leqslant 2b_c$ 时 $L_{ci} = L_c + H' + Z$

当 $Z_i + H' > 2b_c$ 时 $L_{ci} = L_c + b_c + \frac{H' + Z_i}{2}$

b_c ——面板背面到路基边缘的距离，m。

当抗震验算时，加筋土挡墙 Z_i 深度处土压力增量按下式计算：

$$\Delta\sigma_{0i} = 3\gamma_1 K_a c_i c_z K_h \tan\varphi (h_1 + Z_i) \tag{12-7}$$

式中 c_i ——重要性修正系数；

c_z ——综合影响系数；

K_h ——水平地震系数。

c_i，c_z，K_h 可以按照《公路工程抗震设计规范》（JTJ004—89）取值。

所以，作用于挡墙上的主动土压力为：

路肩式挡墙 $$E_i = K_i(\gamma_1 Z_i + \gamma_1 h) \tag{12-8}$$

路堤式挡墙 $$E_i = K_i(\gamma_1 Z_i + \gamma_2 h_1 + \sigma_{0i}) \tag{12-9}$$

当考虑抗震时 $$E'_i = E_i + \Delta\sigma_{0i} \tag{12-10}$$

12.6.1.3 拉筋断面和长度

当填土的主动土压力充分作用时，每根拉筋除了通过摩擦阻止部分填土水平移动外，还能使一定范围内的面板拉紧，从而使土体中的拉筋与主动土压力保持平衡。因此，每根拉筋所受的拉力随所处深度的增加而增大。拉筋所受拉力分别按下列计算：

考虑抗震时

$$T'_i = T_i + \Delta\sigma_{0i} S_x S_y \tag{12-11}$$

式中 S_x，S_y ——拉筋的水平和垂直间距。

所需拉筋的断面积为：

$$A_i = \frac{T_i \times 10^3}{k[\sigma_z]} \tag{12-12}$$

式中 A_i ——第 i 个单元拉筋设计断面积，mm^2；

$[\sigma_z]$ ——拉筋的容许应力即设计拉应力，对混凝土，其容许应力 $[\sigma_z]$ 可按表 12-3 取值；

k ——拉筋的容许应力提高系数，当用钢带、钢筋和混凝土作拉筋时，k 取 1.0 ~ 1.5；当用聚丙烯土工聚合物时，k 取 1.0 ~ 2.0；

T_i ——拉筋所受拉力，kN，考虑抗震时，取 T'_i。

拉筋断面尺寸的计算，在实际工程中还应考虑防腐蚀所需要增加的尺寸。

另外，每根拉筋在工作时存在被拔出的可能，因此，还需要计算拉筋抵抗被拔出的锚固长度 L_{1i}：

路肩式挡墙 $$L_{1i} = \frac{[K_f] T_i}{2f' b_i \gamma_1 Z_i} \tag{12-13}$$

表 12-3　混凝土容许应力　　（MPa）

混凝土强度等级	C13	C18	C23	C28
轴心受压应力 σ_a	5.50	7.00	9.00	10.50
拉应力（主拉应力）$[\sigma_z]$	0.35	0.45	0.55	0.60
弯曲拉应力 $[\sigma_{wz}]$	0.55	0.70	0.30	0.90

注：矩形截面构件弯曲拉应力可提高 15%。

路堤式挡墙

$$L_{1i} = \frac{[K_f]T_i}{2f'b_i(\gamma_1 Z_i + \gamma_2 h_1)} \tag{12-14}$$

式中　$[K_f]$——拉筋要求的抗拔稳定系数，一般取 1.2～2.0；

f'——拉筋与填土材料的似摩擦系数，可按表 12-2 取值；

b_i——第 i 个单元拉筋宽度总和，m。

拉筋的总长度为：

$$L_i = L_{1i} + L_{2i} \tag{12-15}$$

式中　L_{2i}——主动区拉筋长度，m，可按下式计算：

当 $0 \leqslant Z_i \leqslant H_1$ 时

$$L_{2i} = 0.3H$$

当 $H_1 \leqslant Z_i \leqslant H$ 时

$$L_{2i} = \frac{H - Z_i}{\tan\beta}$$

β——简化破裂面的倾斜部分与水平面夹角，(°)；$\beta = 45° + \frac{\varphi}{2}$。

12.6.2　加筋土挡墙的外部稳定性计算

加筋土挡墙的外部稳定性计算包括挡墙地基承载力计算，基底抗滑稳定性、抗倾覆稳定性和整体抗滑稳定性等的验算。验算时，可以将拉筋末端的连线与墙面板之间视为整体结构，其他计算方法与一般重力式挡土墙相同。

把加筋土挡墙看做是一个整体，再将挡墙后面作用的主动土压力用来验算加筋土挡墙底部的抗滑稳定性（见图 12-16），基底摩擦系数可按表 12-4 取值，抗滑稳定系数一般取 1.2～1.3。另外，加筋土挡墙的抗倾覆稳定和整体抗滑稳定验算也应进行，其抗倾覆稳定系数一般可取 1.2～1.5，整体抗滑稳定系数一般可取 1.10～1.25。计算方法可参阅有关的规范和资料。

表 12-4　基底摩擦系数 μ

地基土分类	μ
软塑黏土	0.25
硬塑黏土	0.30
黏质粉土、粉质黏土、半干硬的黏土	0.30～0.40
砂类土、碎石类土、软质岩石、硬质岩石	0.40

注：加筋体填料为黏质粉土、粉质黏土、半干硬黏土时按同名地基土采用 μ 值。

由于加筋土挡墙是柔性结构，所以不太可能因较大的沉降而导致加筋土结构的破坏。但是，如果拉筋的长度不足，则挡墙的上部可能产生倾斜（见图 12-17），这是由于其内部失稳而引起的。

图 12-18 所示为法国 Sere 的立交道路的加筋土挡墙，采用钢筋混凝土镶板作为面板，结果在 15m 长度内差异沉降量大约为 14cm，但却并不影响工程运行。可见，加筋土结构物能容许较大的差异沉降，但一般差异沉降应控制在 1% 范围内。

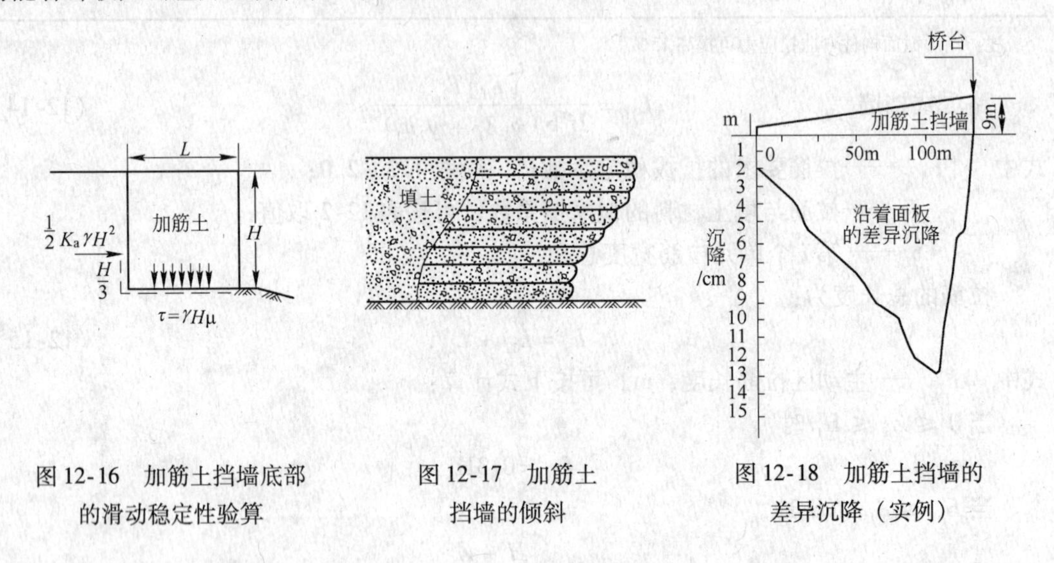

图 12-16 加筋土挡墙底部的滑动稳定性验算

图 12-17 加筋土挡墙的倾斜

图 12-18 加筋土挡墙的差异沉降（实例）

12.7 加筋土挡墙的施工

12.7.1 加筋土挡墙施工工艺流程

加筋土挡墙的工程施工，一般可按照图 12-19 所示的工艺流程框图进行。

12.7.2 基础施工

先进行基础开挖，基槽（坑）底平面尺寸一般大于基础外缘 0.3m。当基槽底部为碎石土、砂性土或黏性土时，应整平夯实。对未风化的岩石应将岩面凿成水平台阶状，台阶宽度不宜小于 0.5m，台阶长度除了满足面板安装需要外，高宽比不应大于 1∶2。对风化岩石和特殊土地基，应该按有关规定处理。在地基上浇筑或放置预制基础，一定要将基础做平整，以便使面板能够直立。

12.7.3 面板施工

混凝土面板可以在工厂预制或者在工地附近场地预制，运到施工现场安装。每块面板上都布设了便于安装的插销和插销孔。在拼装最低一层面板时，必须把全尺寸和半尺寸的面板相间地、平衡地安装在基础上。可用人工或机械吊装就位安装面板。安装时单块面板一般可内倾 1/100 ~ 1/200 作为填料压实时面板外倾的预留度。为防止相邻面板错位，宜采用夹木螺栓或斜撑固定，直到面板稳定时才可以将其拆除。水平及倾斜误差应该逐层调整，不得将误差累积后才进行总调整。

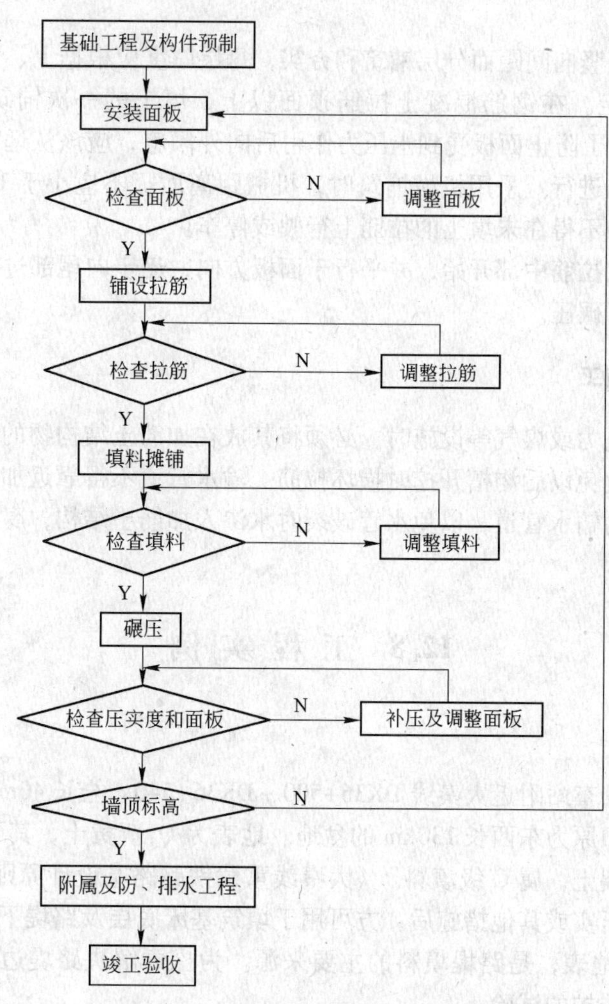

图 12-19 加筋土挡墙工程施工工艺流程

12.7.4 拉筋的安装

安装拉筋时，应将其垂直于墙面，平放在已经压密的填土上。如果拉筋与填土之间不密贴而存在空隙，则应采用砂垫平，以防止拉筋断裂。采用钢条、钢带或钢筋混凝土作拉筋时，可采用焊接、扣环连接或螺栓与面板连接；采用聚丙烯土工聚合物作拉筋时，一般可以将其一端从面板预埋拉环或预留孔中穿过、折回，再与另一端对齐。聚合物带可采用单孔穿过、上下穿过或左右环孔合并穿过，并绑扎以防止其抽动（见图 12-20），不得将土工聚合带在环（孔）上绕成死结，避免连接处产生过大的应力集中。

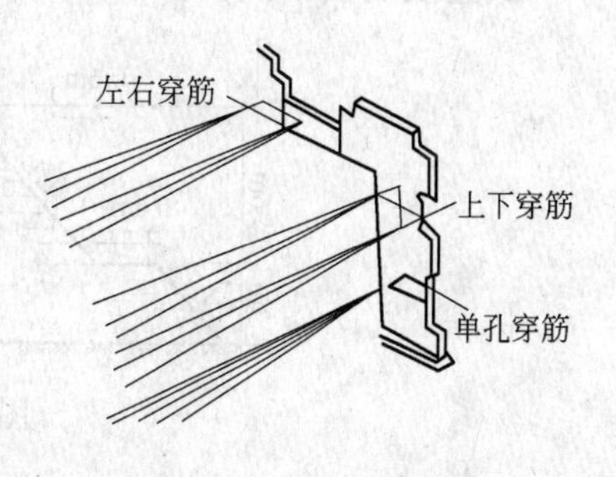

图 12-20 聚丙烯土工聚合物带拉筋穿孔法

12.7.5　填土的压密

填土应根据拉筋竖向间距而分层铺筑和夯实，每层厚度应根据上、下两层拉筋的间距和碾压机具综合决定。在钢筋混凝土拉筋顶面以上，填土的一次铺筑厚度不应该小于200mm。填土时，为了防止面板受到土压力作用后向外倾斜，应该从远离面板的拉筋端开始，逐步向面板方向进行。采用机械铺筑时，机械距离面板不应小于1.5m，且其运行方向应与拉筋垂直，并不得在未填土的拉筋上行驶或停车。

填土压实应先从拉筋中部开始，并平行于面板方向，逐步向尾部过渡，而后再向面板方向垂直于拉筋进行碾压。

12.7.6　地面设施施工

如果需要铺设电力或煤气等设施时，必须将其放在加筋土结构物的上面。对于管渠更应注意便于维修，避免以后沟槽开挖时损坏拉筋。输水管道不得靠近加筋土结构物，特别是有毒、有腐蚀性的输水管道，以免水管破裂时水渗入加筋土结构，腐蚀拉筋造成结构物的破坏。

12.8　工程实例

A　工程概况

试点位于大同县车站附近大秦线DK36+500～DK36+540，全长40m。

大秦线大同至阳原为东西长130km的盆地。地表为Q_3新黄土，其下为Q_1湖积地层黏性土，其性质类似裂土，属C级填料。《大秦线重载铁路路基设计原则及标准》规定，C级填料须采取加强压实或其他措施后，方可用于填筑基床底层及路堤下部。由于线路穿越地带Q_1多直接裸露地表，是路堤填料的主要来源。为探索解决路堤边坡的稳定性，进行了土工对路堤加筋防护的试验。

B　工程设计及施工要求

路基边坡防护，是在路堤分层夯填过程中，在夯实后的层面上铺设一层塑料网格，利用网格与土体间的摩阻力加强路堤边坡的稳定性。

试验段的横断面如图12-21所示。

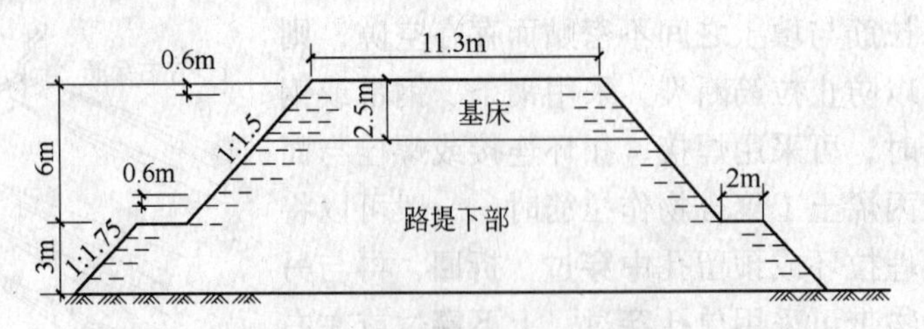

图12-21　加筋边坡设计断面图

加筋材为高密度聚乙烯的土工网（见图12-22），其网眼为六角形，网丝丝径3.2mm，幅宽1.07m（利用土工格栅效果会更好，但当时无产品供应）。

铺设时，横断面上两幅搭接0.2m，采用高密度聚乙烯绳捆扎。实际加筋长度为1.94m（1.07m×2－0.2m＝1.94m）。

土工网沿线路纵向搭接0.3m，且要求各层土工网的纵向搭接不得在同一横断面上，每层要错开3m以上。

相邻加筋层的垂直间距为0.6m，层间填料根据大秦线的要求，路基基面下0.6～2.5m，压实度为95%，其余路堤部分为90%。

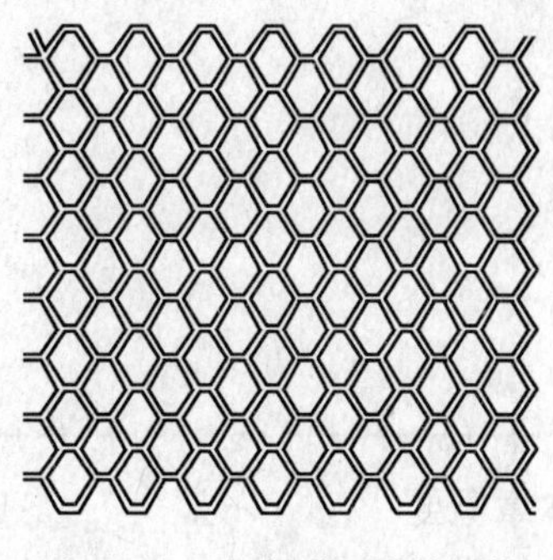

图12-22　六角形网眼的网格

C　工程效果与效益分析

（1）试验段于1984年9月～11月完成，1985年、1986年两年雨季时分别做了回访调查，发现加筋防护区段的边坡完整，植被良好，而未采用加筋防护的区段植被部分破坏严重，而且边坡上已有明显的雨水冲沟。

（2）采用的土工网当年单价为3.93元/kg。计人工等费用后，该试验段加筋防护费用为129元/m。与干砌片石防护相比可节省费用3.5～6.3倍。

思考题

12-1　简述加筋土的加筋机理。

12-2　试述加筋土挡墙的特点。

12-3　试述加筋土挡墙破坏形式。

12-4　试述加筋土挡墙中筋体的受力特点。

12-5　试述加筋土挡墙的施工工艺流程。

注册岩土工程师考题

12-1　有一分离式墙面的加筋土挡墙，墙面只起装饰和保护作用，墙高5m，整体式混凝土墙面距包裹式加筋墙体的水平距离为10cm，其间充填孔隙率为$n=0.4$的砂土，由于排水设施失效，10cm间隙充满了水，此时作用于每延米墙面的总水压力是（　　）。

A．125kN　　B. 5kN　　C. 2.5kN　　D. 50kN

参考答案：12-1. A

13 复合地基

本章概要

本章要求了解复合地基的概念、分类及选用原则；掌握竖向增强体复合地基和水平向增强体复合地基的作用机理、破坏模式和承载力计算方法；熟悉复合地基沉降计算方法和选择原则；了解多元复合地基设计思想、地基承载力计算和沉降计算方法等。

13.1 概述

13.1.1 复合地基的概念

复合地基是指天然地基在地基处理过程中部分土体得到增强，或被置换，或在天然地基中设置加筋材料，加固区由基体（天然地基土体）和增强体两部分组成的人工地基。在荷载作用下，基体和增强体共同承担荷载作用。工程实践中通过形成复合地基达到提高人工地基承载力和减小沉降的目的。

与均质地基和桩基础相比，复合地基有以下两个基本特点：

（1）加固区是由基体和增强体两部分组成的，是非均质和各向异性的；

（2）在荷载作用下，基体和增强体共同承担荷载的作用。

前一特点使复合地基区别于均质地基，后一特点使复合地基区别于桩基。

近年来，随着地基处理技术和复合地基理论的发展，复合地基技术在土木工程各个领域，如房屋建筑、高等级公路、铁路、堆场、机场、堤坝等工程建设中得到广泛应用，并取得了良好的社会效益和经济效益。复合地基在我国已经成为一种常用的地基处理形式。

13.1.2 复合地基的分类

根据地基中增强体的方向，可将复合地基分为竖向增强体复合地基和水平向增强体复合地基两大类，如图 13-1 所示。水平向增强体材料多采用土工合成材料，如土工格栅、土工布等；竖向增强体材料可采用砂石桩、水泥土桩、土桩、灰土桩、渣土桩、低强度混凝土桩、钢筋混凝土桩、管桩、薄壁筒桩等。

竖向增强体复合地基一般又称为桩体复合地基。根据桩体材料性质，可将桩体复合地基分为散体材料桩复合地基和黏结材料桩复合地基两类。

散体材料桩复合地基如碎石桩复合地基、砂桩复合地基等，其桩体由散体材料组成，没有内聚力，单独不能成桩，只有依靠周围土体的围箍作用才能形成桩体。黏结材料桩复合地基根据桩体刚度大小分为柔性桩复合地基、半刚性桩复合地基和刚性桩复合地基三

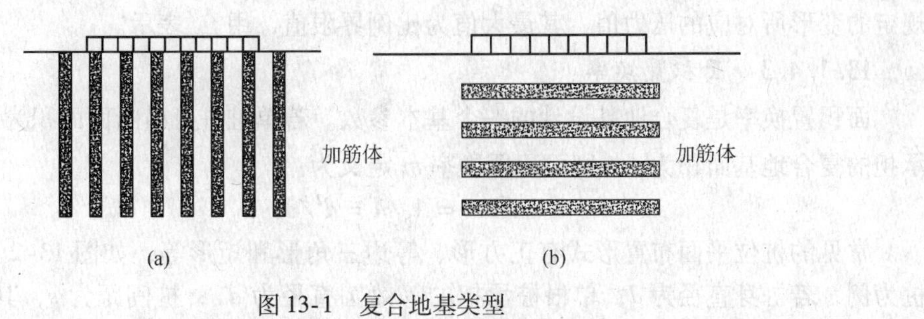

图 13-1　复合地基类型
（a）竖向增强体复合地基；（b）水平向增强体复合地基

类。如水泥土桩、土桩、灰土桩、渣土桩主要形成柔性桩复合地基；各类钢筋混凝土桩（如钢筋混凝土桩、管桩、薄壁筒桩）主要形成刚性桩复合地基；各类低强度桩（粉煤灰碎石桩、石灰粉煤灰桩、素混凝土桩）刚性较一般柔性桩大，但明显小于钢筋混凝土桩，故主要形成的是半刚性桩复合地基。

13.1.3　复合地基合理选用原则

针对具体工程的特点，选用合理的复合地基形式可获得较好的经济效益。复合地基的选用原则如下：

（1）水平向增强体复合地基主要用于提高地基稳定性。当地基压缩土层不是很厚的情况时，采用水平向增强体复合地基可有效提高地基稳定性，减小地基沉降；但对高压缩土层较厚的情况，采用水平向增强体复合地基对减小总沉降效果不明显。

（2）散体材料桩复合地基承载力主要取决于桩周土体所能提供的最大侧限力，因此散体材料桩复合地基适于加固砂性土地基，对饱和软黏土地基应慎用。

（3）对深厚软土地基，可采用刚度较大的复合地基，适当增加桩体长度以减小地基沉降，或采用长短桩复合地基的形式。

（4）刚性基础下采用黏结材料桩复合地基时，若桩土相对刚度较大，且桩体强度较小时，桩头与基础间宜设置柔性垫层。若桩土相对刚度较小，或桩体强度足够时，也可不设褥垫层。

（5）填土路堤下采用黏结材料桩复合地基时，应在桩头上铺设刚度较好的垫层（如土工格栅砂垫层、灰土垫层），垫层铺设可防止桩体向上刺入路堤，增加桩土应力比，发挥桩体能力。

13.1.4　复合地基基本术语

13.1.4.1　褥垫层

在桩体复合地基和上部结构基础之间设置的垫层称为褥垫层。刚性基础下复合地基的褥垫层常采用柔性垫层，如砂石垫层，压实后通常的厚度为 10～35cm；柔性基础下复合地基的褥垫层常采用刚度较大的垫层，如土工格栅加筋垫层、灰土垫层等。设置褥垫层可以保证桩土共同承担荷载，调整桩土应力分担比，减小基础底面的应力集中。

13.1.4.2　复合地基承载力特征值

复合地基的承载力特征值为由复合地基载荷试验测定的荷载-沉降曲线线性变形段内

规定的变形所对应的压力值，其最大值为比例界限值，用f_{qk}表示。

13.1.4.3 面积置换率

面积置换率是复合地基设计的一个基本参数。若单桩桩身横断面面积为A_p，该桩体所承担的复合地基面积为A，则面积置换率m定义为：

$$m = A_p/A = d^2/d_c^2 \tag{13-1}$$

常见的桩位平面布置形式有正方形、等边三角形和矩形等，如图13-2所示。以圆形桩为例，若桩身直径为d，单根桩承担的等效圆直径为d_c，桩间距为s，其中$d_c = 1.13s$（正方形），$d_c = 1.05s$（等边三角形），$d_c = 1.13\sqrt{s_1 s_2}$（矩形）。

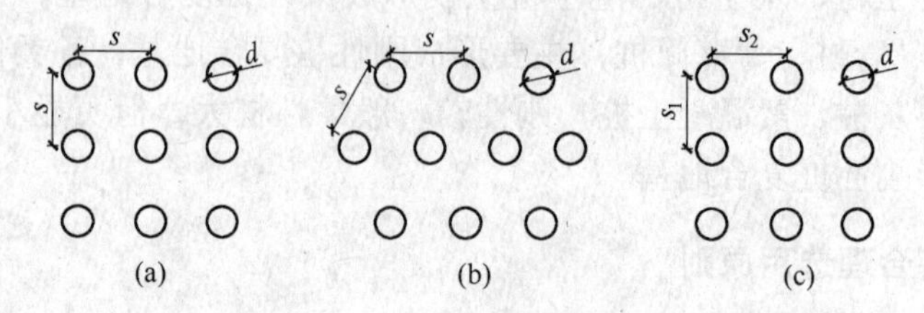

图13-2 桩位平面布置形式
（a）正方形布置；（b）等边三角形布置；（c）矩形布置

13.1.4.4 桩土应力比

复合地基中用桩土应力比n或荷载分担比N来定性地反映复合地基的工作状况。桩土受力如图13-3所示，在荷载作用下，复合地基桩体竖向应力σ_p和桩间土的竖向应力σ_s之比，称为桩土应力比，用n表示：

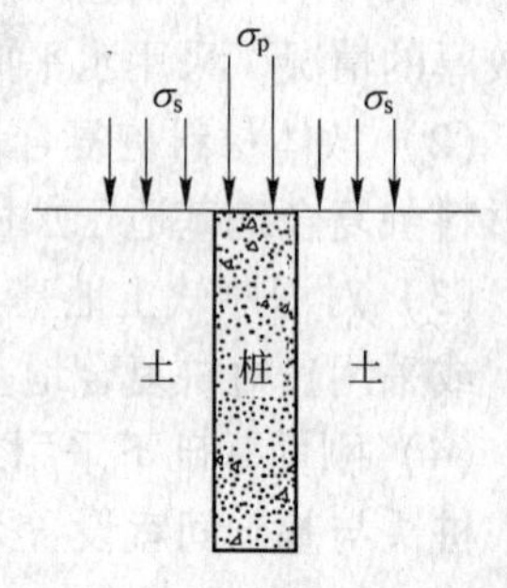

图13-3 桩土受力示意图

$$n = \frac{\sigma_p}{\sigma_s} \tag{13-2}$$

桩体承担的荷载p_p与桩间土承担的荷载p_s之比称为桩土荷载分担比，用N表示：

$$N = \frac{p_p}{p_s} \tag{13-3}$$

桩土荷载分担比和桩土应力比之间可通过下式换算：

$$N = \frac{mn}{1-m} \tag{13-4}$$

各类桩的桩土应力比n见表13-1。

表13-1 各类桩的桩土应力比

钢或钢筋混凝土桩	水泥粉煤灰碎石桩（CFG桩）	水泥搅拌桩（含水泥5%～12%）	石灰桩	碎石桩
>50	20～50	3～12	2.5～5	1.3～4.4

13.2 复合地基作用机理及破坏模式

13.2.1 复合地基作用机理

不论何种复合地基，都具备以下一种或多种作用：

（1）桩体作用。由于复合地基中桩体的刚度较周围土体为大，在刚性基础下等量变形时，地基中应力将按材料模量进行分布。因此，桩体上产生应力集中现象，大部分荷载将由桩体承担，桩间土上应力相应减小。这样就使得复合地基承载力较原地基有所提高，沉降量有所减少。随着桩体刚度增加，其桩体作用发挥得更加明显。有文献报道，用卵石加砂的垫层隔开钢筋混凝土桩与基础的处理方法（实质上构成桩与桩间土组成的刚性桩复合地基）。建成后建（构）筑物沉降量为 8～25mm，这证明了复合地基中桩体作用的效能。

（2）垫层作用。桩与桩间土复合形成的复合地基或称复合层，由于其性能优于原天然地基，它可起到类似垫层的换土、均匀地基应力和增大应力扩散角等作用。在桩体没有贯穿整个软弱土层的地基中，垫层的作用尤其明显。

（3）加速固结作用。除碎石桩、砂桩具有良好的透水特性，可加速地基的固结外，水泥土类和混凝土类桩在某种程度上也可加速地基固结。因为地基固结不但与地基土的排水性能有关，而且还与地基上的变形特性有关，这可从固结系数 c_v 的计算式反映出来，$c_v = k(1+e_0)/(\gamma_w \alpha)$。虽然水泥类桩会降低地基土的渗透系数 k，但它同样会减小地基土的压缩系数 α，而且通常后者的减小幅度要较前者为大。为此，使加固后水泥土的固结系数 c_v 大于加固前原地基土的系数，同样可起到加速固结的作用。

（4）挤密作用。砂桩、土板、石灰桩、砂石桩等在施工过程中由于振动、挤压、排土等原因，可使桩间土起到一定的密实作用；采用生石灰桩，由于其材料具有吸水、发热和膨胀等作用，对桩间土同样可起到挤密作用。

（5）加筋作用。各种桩土复合地基除了可提高地基的承载力外，还可用来提高土体的抗剪强度，增加土坡的抗滑能力。目前在国内，水泥土搅拌桩和旋喷桩等已被广泛地用作基坑开挖时的支护；在国外，碎石桩和砂桩常用于高速公路等路基或路堤的加固，这都利用了复合地基中桩体的加筋作用。

13.2.2 复合地基破坏模式

复合地基破坏模式与复合地基的桩身材料、桩体强度、桩型、地质条件、荷载形式、上部结构形式等诸因素密切相关。复合地基可能的破坏形式有刺入破坏、鼓胀破坏、桩体剪切破坏和整体滑动破坏四种。

刺入破坏如图 13-4（a）所示，当桩体刚度较大、地基土强度较低时，桩尖向下卧层刺入使地基土变形加大，导致土体破坏。刺入破坏是高黏结强度桩复合地基破坏的主要形式。

桩体鼓胀破坏如图 13-4（b）所示，由于桩身无黏聚力，在压力作用下易发生侧移，当桩间土不能提供足够的围压时，桩体侧向变形增大产生鼓胀破坏。桩体鼓胀破坏易发生在散体材料桩复合地基中。

桩体剪切破坏如图 13-4（c）所示，在荷载作用下，复合地基中桩体发生剪切破坏，进而引起复合地基全面破坏。低强度柔性桩较易产生桩体剪切破坏。

整体滑动破坏模式如图 13-4（d）所示，在荷载作用下，复合地基沿某一滑动面产生滑动破坏，在滑动面上，桩与桩间土同时发生剪切破坏。各种复合地基均可能发生滑动破坏。

此外，在复合地基设计中还应重视沉降问题，尤其是刚性基础下的复合地基设计，应控制最大沉降量和不均匀沉降。

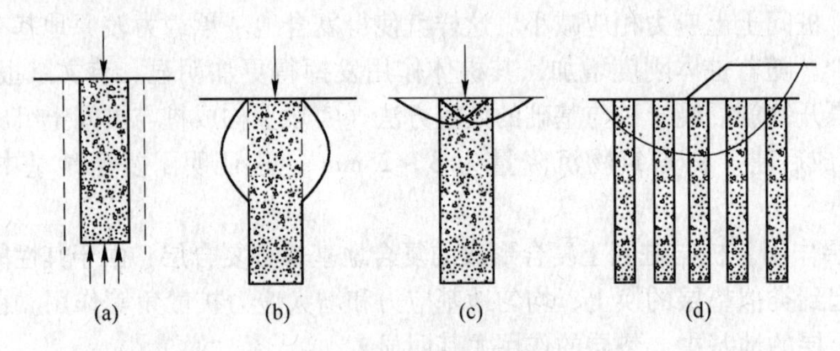

图 13-4 复合桩体破坏模式

（a）刺入破坏；（b）鼓胀破坏；（c）剪切破坏；（d）整体滑动破坏

13.3 复合地基承载力

13.3.1 复合地基承载力概念

复合地基承载力与天然地基承载力的概念相同，代表地基能够承受外界荷载的能力。在我国不同级别和行业的规范中采用的地基承载力的概念和计算方法不完全相同。在这里，我们采用的是《建筑地基处理技术规范》（JGJ 79—2012）（以下简称规范）中的"地基承载力特征值"，指"由载荷试验确定的地基土压力变形曲线线性变形段内所对应的压力值，其最大值为比例界限值"。这个描述也与《建筑地基基础设计规范》（GB50007—2011）中对地基承载力的描述完全一致。从以上描述中可以看出，如上部荷载控制在"地基承载力特征值"范围内，则地基可以确保不会发生失稳，也不会发生大的塑性变形。因此，在进行复合地基承载力验算时，要求：

$$p_k \ll f_{sp.k} \tag{13-5}$$

式中 p_k ——相应于荷载效应标准组合时基础底面处的平均应力，kPa；

$f_{sp.k}$ ——修正后的复合地基承载力特征值，kPa。

地基承载力并不是一个固定值，除了与地基的自身力学特性有关外，还与基础的埋深以及基础尺寸有关，因此还需要进行深度修正和宽度修正。对于复合地基，规范中有如下规定：

（1）基础宽度的地基承载力修正系数应取零；

（2）基础埋深的地基承载力修正系数应取 1.0。

对于复合地基，当在受力范围内仍存在软弱下卧层时，就构成所谓的“双层地基”，这时，还应验算下卧层的地基承载力，以确保整个地基的稳定。

确定复合地基承载力 $f_{sp.k}$ 有两种方法：一种是采用理论公式计算得到；另外一种是通过现场试验得到。在进行复合地基方案初步设计时，需要采用理论计算公式来得到复合地基承载力的计算值；而在进行复合地基详细设计以及检验复合地基效果时，则必须通过现场试验来确定复合地基承载力实际值。

13.3.2　复合地基承载力计算

13.3.2.1　复合地基承载力特征值

复合地基承载力应通过复合地基静载荷试验或采用增强体静载荷试验结果和其周边土的承载力特征值结合经验确定，初步设计时可按下面的式子估算承载力。

（1）对散体材料增强体复合地基：

$$f_{sp.k} = [m(n-1)+1]f_{sk} \tag{13-6}$$

式中　$f_{sp.k}$——复合地基承载力特征值，kPa；

f_{sk}——处理后桩间土承载力特征值，kPa，可按地区经验确定；

n——复合地基桩土应力比，应按试验确定或按地区经验确定；

m——复合地基面积置换率。

（2）对有黏结强度增强体复合地基：

$$f_{sp.k} = \lambda m \frac{R_a}{A_p} + \beta(1-m)f_{sk} \tag{13-7}$$

式中　λ——单桩承载力发挥系数，应按试验或地区经验取值，无经验时可取0.7～0.9；

m——面积置换率；

R_a——单桩竖向承载力特征值；

A_p——桩的截面积；

β——桩间土承载力发挥系数，应按静载荷试验确定或按地区经验确定；

f_{sk}——处理后桩间土承载力特征值，kPa，应按静载荷试验确定，无试验资料时除灵敏度较高的土外可取天然地基承载力特征值。

13.3.2.2　软弱下卧层验算

当复合地基加固区下卧层为软弱土层时，尚需验算下卧层承载力。要求作用在下卧层顶面处的基础附加应力 p_0 和自重应力 σ_{cz} 之和，不超过下卧层的容许承载力，即

$$p = p_0 + \sigma_{cz} \leqslant f_{az} \tag{13-8}$$

式中　p_0——相应于荷载效应标准组合时，软弱下卧层顶面处的附加压力，kPa，可采用压力扩散法计算；

σ_{cz}——软弱下卧层顶面处土的自重压应力，kPa；

f_{az}——软弱下卧层顶面处经深度修正后的地基承载力特征值，kPa。

13.3.2.3　复合地基承载力修正

经处理后的地基，当按地基承载力确定基础底面积及埋深而需要对地基承载力特征值进行修正时，《建筑地基处理技术规范》（JGJ 79—2012）规定，修正系数按下述要求取

值：基础宽度的地基承载力修正系数取零；基础埋深的地基承载力修正系数取1. 0。

13. 3. 2. 4 桩体承载力特征值的确定

A 刚性桩复合地基和柔性桩复合地基

对刚性桩复合地基和柔性桩复合地基，桩体承载力特征值f_{pk}可采用类似摩擦桩承载力特征值，以及根据桩身材料强度分别计算，取其小值。

$$f_{pk} = \frac{R_a}{A_p} = \frac{1}{A_p}(u_p \sum q_{si} l_i + \alpha q_p A_p) \tag{13-9}$$

$$f_{pk} = \frac{R_a}{A_p} = \frac{\eta f_{cu} A_p}{A_p} = \eta f_{cu} \tag{13-10}$$

式中 R_a——单桩竖向承载力特征值，kN；

q_{si}——桩周摩阻力特征值，kPa；

u_p——桩身周边长度，m；

q_p——桩端端阻力特征值，kPa；

α——桩端天然地基土的承载力折减系数，可取0.4 ~0.6；

l_i——按土层划分的各段桩长，对柔性桩，桩长大于临界桩长时，计算桩长应取临界桩长值，m；

A_p——桩身横断面面积，m^2；

η——桩身强度折减系数，可取0. 2 ~0. 33；

f_{cu}——桩体混合料试块标准养护28d立方体抗压强度平均值，kPa。

B 散体材料桩复合地基

对散体材料桩复合地基，桩体极限承载力主要取决于桩侧土体所能提供的最大侧限力。散体材料桩在荷载作用下桩体发生膨胀，桩周土进入塑性状态。

$$f_{pk} = \sigma_{ru} K_p \tag{13-11}$$

式中 K_p——桩体材料的被动土压力系数；

σ_{ru}——桩间土能提供的侧向极限应力。

13. 3. 3 单桩竖向承载力特征值计算

增强体单桩竖向承载力特征值应通过现场静载荷试验确定。初步设计时也可按下式估算：

$$R_a = u_p \sum_{i=1}^{n} q_{si} l_{pi} + \alpha_p q_p A_p \tag{13-12}$$

式中 u_p——桩的周长，m；

q_{si}——桩周第i层土的侧阻力特征值，kPa，应按地区经验确定；

l_{pi}——桩周范围内第i层土的厚度，m；

α_p——桩端端阻力发挥系数，应按静载荷试验确定或地区经验确定；

q_p——桩端端阻力特征值，kPa，可按《建筑地基基础设计规范》（GB 50007—2011）的有关规定确定，对水泥土桩，可取桩端土地基承载力特征值。

13.3.4 复合地基桩身强度要求

有黏结强度复合地基增强体桩身强度应满足下式要求：

$$f_{cu} \geqslant 4\frac{\lambda R_a}{A_p} \tag{13-13}$$

式中 f_{cu}——桩体试块（边长150mm）标准养护28d的立方体抗压强度平均值，kPa。

当承载力验算考虑基础埋深的深度修正时，增强体桩身强度还应满足下式规定：

$$f_{cu} \geqslant 4\frac{R_a}{A_p}\left[1+\frac{\gamma_m(d-0.5)}{f_{spa}}\right] \tag{13-14}$$

式中 γ_m——基础底面以上土的加权平均重度，地下水位以下取浮重度；

d——埋置深度，m；

f_{spa}——深度修正后的复合地基承载力特征值，kPa。

13.4 复合地基变形计算

复合地基变形计算是复合地基设计计算的重要内容之一，以保证复合地基变形满足建筑物的使用要求，即

$$s \leqslant s_A \tag{13-15}$$

式中 s——计算得到的建（构）筑物使用期限内复合地基变形，m；

s_A——建（构）筑物的地基变形允许值，m，《建筑地基基础设计规范》（GB 50007—2011）中对各类建筑的地基变形允许值作了规定。

复合地基变形的计算过程总体上与天然地基变形计算过程基本相同，具体步骤如下：

（1）根据场地勘查报告或现场试验确定计算参数。

（2）确定基础尺寸以及上部结构荷载。注意在进行地基变形计算时，上部结构荷载应取荷载效应准永久组合值。

（3）根据附加应力分布确定变形计算深度 H。复合地基变形计算深度的确定方法与天然地基相同。

（4）计算地基永久变形值。如加固深度 H_1 小于变形计算深度 H，则上部为桩土复合地基，下部为下卧层，构成双层地基。地基总变形值为：

$$s_{co} = s_{co1} + s_{co2} \tag{13-16}$$

式中 s_{co}——地基永久变形值，m；

s_{co1}——复合地基（加固区）的变形，m；

s_{co2}——下卧层的变形，m。

加固区和下卧层的永久变形计算一般采用分层总和法，在计算加固区变形 s_{co1} 时，用复合模量 E_{ps} 代替原土模量 E_s，复合压缩模量 E_{ps} 按下式计算：

$$E_{psi} = mE_{pi} + (1-m)E_{si} \tag{13-17}$$

或

$$E_{psi} = [1 + m(n-1)]E_{si} \tag{13-18}$$

式中 E_{psi}——第 i 层复合地基的压缩模量，MPa；

E_{pi}——第 i 层桩体的压缩模量，MPa；

E_{si} ——第 i 层桩间土的压缩模量，MPa。

进行复合地基固结度计算，得到任意时刻的地基固结度 $U(t)$，并进一步得到任意时刻的地基变形 $s(t)$：

$$s(t) = U_1(t)s_{co1} + U_2(t)s_{co2} \tag{13-19}$$

13.5　工程实例

每一种地基处理方法都有一定的局限性，地基处理方案的优选则需要大量的调研，收集资料了解目前该地区常采用的地基处理方法；认真分析建筑场地的工程地质与水文地质条件，针对场地的具体条件以及建（构）筑物对地基承载力的要求，提出多种地基处理方案；从方案的技术可行性、对环境的影响、施工工期以及工程造价等多个方面对这些方案进行比较；最终确定最优方案；对优选方案提出具体设计、施工及质量检测的建议。

A　工程概况

拟建中的某住宅小区位于青岛市东西快速路以南，该小区一期工程由多栋5~6层住宅组成，为框剪结构住宅，不设地下室，基础埋深及基础形式待定。由于该建筑物地基表土层由3.30~5.10m厚人工堆积层（主要为房渣土）组成，必须经过地基处理后方可作为建筑物地基持力层，要求处理后的复合地基承载力标准值不小于160kPa，建筑物整体沉降量不大于80mm。

B　地质概况

a　地形地貌

拟建场区地形基本平坦，地面标高31.77~32.66m。场区原为采沙坑，目前已填平。地下水埋深1.60~2.10m。

b　地层土质分布

地层土质分布见表13-2。

表13-2　场地地层分布

类　型	层　号	土层名称	厚度或标高/m	强度	压缩模量/MPa	波速 v_s	承载力标准值/kPa
人工堆积层	①	房渣土（含砖块、碎石）	3.3~5.10	中		152	
①1	黏质粉土、粉质黏土（含砖渣）	0.0~3.4	较软	5.2			
新近沉积层	②	圆砾（含砂约30%）	0.0~2.1	较硬		266	250
②1	中、细砂		较硬		266	180	
②2	细、粉砂		中较软			160	
②3	细、粉砂		较硬				
第四纪沉积层	③	粉质黏土、黏质粉土	标高27.51~26.28以下	中较软	9.1	243	160

续表 13-2

类 型	层 号	土层名称	厚度或标高 /m	强度	压缩模量 /MPa	波速 v_s	承载力标准值 /kPa
④1	黏质粉土、粉质黏土	中较硬	15.0	247		180	
③2	砂质粉土、黏质粉土	较硬	25.4	243		220	
③3	重粉质黏土、黏土	较硬	6.6	247/243		140	
⑤	粉质黏土、重粉质黏土	标高 22.62 ~ 21.0 以下	较硬	16.8	308/247		220
④1	黏质粉土、砂质粉土	较硬中	19.6	274/247		250	
④2	重粉质黏土、黏土	较硬	18.8/13.0	274/247			
④3	细砂	较硬		308			

由表 13-2 可知，人工堆积层不能直接作为建筑地基持力层，必须进行地基处理后才能作为持力层，而且处理深度应穿过人工堆积层，处理到新近沉积层内。

C　房渣土的工程性质

房渣土是一种含有大量建筑垃圾如碎石、碎砖、瓦砾和混凝土块的杂填土。其主要工程性质为：密实程度不均匀，成分复杂，有较大的空隙，且充填程度不一，排列无规律。密实程度直接牵涉到地基承载力指标与沉降量的大小。由于房渣土的不均匀会导致地基的不均匀沉降，所以需要对其进行地基处理。

D　地基处理技术难度

（1）房渣土处理深度达 6m。

（2）房渣土成分复杂，颗粒粒径较大（有大块的混凝土块），钻孔难度较大，地下水水位较高。

（3）场地处在城市中，离居民区较近。

E　地基处理方案选择

（1）强夯方案 。根据目前国内外强夯技术，最大处理深度能达到 10m 左右。但是高能量强夯造成的振动对周边居民及其环境会带来严重影响。

（2）振冲挤密桩复合地基方案。由于振冲施工用水量巨大，施工时会排出大量污泥，污水会造成严重的城市环境污染，而且施工造价高、周期长，满足不了工程总体的要求。

（3）CFG 桩方案。CFG 桩法能使地基的承载力大大提高，提高幅度达 3 ~ 9 倍，适用于高层和超高层建筑物。但是该方法工程造价较高。

（4）长短桩复合地基方案。该方法是根据地基附加应力随深度增加而减小的原理，用长短不一的桩和桩间土组成复合地基，共同承担上部荷载。该方法能有效提高每根桩的使用效率，节约建筑材料，降低工程造价。但是该方法在理论计算上还不够成熟，实际应用有一定的风险。

（5）冲孔夯扩挤密灰渣土桩复合地基方案。冲孔夯扩挤密桩复合地基是指由夯扩桩体和桩间挤密土构成的复合地基来共同承担建筑物的上部荷载。具有置换、二次挤密、垫层、加筋等作用和自身特有的作用机理。采用一定直径的柱锤提升一定的高度无导向自动脱钩下落在地基土中冲击成孔，然后在孔内分层投入建筑渣土料，分层夯实及夯扩挤密，使桩体材料侧向挤压地基土，甚至挤入至地基土中，这在一定程度上改善了桩间土的物理力学性质。当加固范围内不同深度地层的软硬有变化时，可使得同一根桩不同深度具有不同的桩径，形成桩身在竖向上呈不等径串珠状。使得桩体与桩间土镶嵌挤密在一起，这样除更能充分发挥和利用桩间土的承载力外，桩与桩间土的相互协同作用效果更好。施工中的振动和噪声较小，不排污，不排土，一般不受地下水的影响，能消纳大量的建筑垃圾，变废为宝。这样使得施工现场文明整洁，工程造价也大大降低，而且能够彻底解决地基承载力以及不均匀沉降问题。所以本场地最适用该方案来处理。

F　地基处理方案设计与计算

a　地基处理方案设计参数

根据地质条件、有关规范和类似工程的实践经验，对本工程复合地基设计如下：长细锤重为35kN，直径为377mm，成桩直径为600mm，平均有效桩长6m（具体施工桩长根据人工堆积土层的厚度和基础埋深分区而定）；桩间距1200mm，等边三角形布置，基础外布置2排保护桩；桩体材料为碎砖、灰土、水泥、碎石、卵石（粒径为30～80mm)，含泥量不大于5%；桩顶铺设200mm厚砂石垫层，并碾压密实，要求碾压后的厚度与虚铺厚度之比不大于0.85。

b　复合地基承载力的验算

根据《建筑地基处理技术规范》（JGJ79—2012）的有关规定：

$$f_{sp.k}=[m(n-1)+1]f_{sk}$$

根据相关经验取 $n=4$，$f_{sk}=110\text{kPa}$，$m=0.2$，则 $f_{sp.k}=176\text{kPa}>160\text{kPa}$，满足设计要求。

c　地基加固处理后沉降量计算

（1）复合地基模量的验算：

$$E_{sp}=[m(n-1)+1]E_s$$

式中　E_{sp}——复合地基土的模量。

E_s——复合地基中桩间土的模量，其他同上。

根据相关经验取 $E_{sp}=7\text{MPa}$，则 $E_s=4.4\text{MPa}$。

（2）地基加固处理后沉降量计算。沉降计算按《建筑地基基础设计规范》（GB 50007—2011）中的公式，并按条形基础底面宽为2m进行计算。经计算，$s=42.2\text{mm}<80\text{mm}$，满足设计要求。

G　重锤冲孔夯扩挤密灰渣土桩施工

（1）地基处理施工工序流程。测量定位放线→基槽开挖→试桩→桩位点测量定位放线→冲击成孔试验→冲击夯扩挤密桩施工→加固效果检测。

（2）试桩。在大面积施工前，对影响施工效果的关键参数必须进行验证。确定成孔难易程度、成孔深度、成孔直径及成孔时间；确定冲击成孔、填料夯桩后的孔底影响深度；确定填料量以及每次填料后的合理夯击击数；确定夯扩成桩后，夯扩挤密影响范围。

（3）大面积施工时关键问题及其对策。

1）成孔问题。由于填土大部分是建筑渣土，土层中含有较多的大块混凝土，所以为了保证地基处理深度，就必须保证成孔深度，因此选用直接冲击挤孔方案，基本上能够将直径约0.5m以下的大块击碎，但当粒径较大且硬质大块较集中时冲孔就比较困难。为此采取相应的措施，即当大块埋深小于5m时，采取开挖回填再成孔，反之采取补孔加桩的方法。

2）塌孔问题。在受到强力反复振动下孔口填土会不断坍塌到孔内，严重影响到成孔的速度，应对表层土采取小能量满夯措施，保证孔壁土体基本稳定。

H 质量检测

（1）施工过程中应随时检查施工记录及现场施工情况，并对照预定的施工工艺标准，对每根桩进行质量评定。对质量有怀疑的工程桩，应用重型动力触探进行自检。

（2）按照《建筑地基处理技术规范》（JGJ79—2012）7.8.5小节相关规定进行质量检测。

（3）基槽开挖后，应检查桩位、桩径、桩数、桩顶密实度及槽底土质情况。如发现漏桩，桩位偏差过大，桩头及槽底土质松软等质量问题，应采取补救措施。

I 结论

（1）工程费用极大地降低。与其他地基处理方法相比，夯扩灰渣土桩使用的主材为建筑垃圾，可以就地取材，除运输费、机械费、少量人工费及少量其他材料费外，桩体本身的费用非常低廉，可为业主节约大量资金。

（2）技术可行、施工简便。施工工艺简单，施工质量易控制，无需场地降水、基坑开挖等程序，减少了工程量，缩短了工期。

1）从设计上看，并无什么特别难处，尤其是为提高原土承载力而设计的夯扩灰渣土桩，很容易达到楼房设计所要求的地基承载力。

2）从施工上看，除使用一种夯扩桩机之外，别无什么机械设备，使用起来也十分简单，施工时对施工条件及周边环境的要求也很低。

（3）有利于环境保护。

（4）由于夯扩灰渣土桩需要消耗大量的建筑垃圾（主要是拆旧房的碎砖、瓦块），在一定程度上减少了城市的建筑垃圾处理，对城市环境保护起到了一定的作用。

思 考 题

13-1 试述复合地基的概念。

13-2 试述复合地基中桩的分类。

13-3 试述复合地基作用机理。

13-4 试述复合地基中桩体破坏模式。

13-5 试述复合地基中桩土应力分布特点及桩土荷载分担的影响因素。

13-6 试述通过复合地基载荷试验确定复合地基承载力特征值的方法。

注册岩土工程师考题

13-1 一座 $5\times10^4 m^3$ 的储油罐建于滨海的海陆交互相软土地基上，天然地基承载力特征值 $f_{sk}=75kPa$，拟采用水泥搅拌桩法进行地基处理，水泥搅拌桩置换率 $m=0.3$，搅拌桩桩径 $d=0.6$，与搅拌桩桩身水泥土配比相同的室内加固土试块抗压强度平均值 $f_{cu}=3445kPa$，桩身强度折减系数 $\eta=0.3$，桩间土承载力折减系数 $\beta=0.5$，如由桩身材料计算的单桩承载力等于由桩间土及桩端土抗力提供的单桩承载力，问复合地基承载力特征值接近下列哪个值（　）？

A. 340kPa　B. 360kPa　C. 380kPa　D. 400kPa

13-2 搅拌桩复合地基承载力标准值可按下式计算：

$$f_{sp.k}=m\frac{R_a}{A_p}+\beta(1-m)f_{sk}$$

式中，m 和 β 为两个系数。问下列哪种说法正确（　）。

A. m 值由计算而得，β 值凭经验取得

B. m 值凭经验而得，β 值由计算取得

C. m 值、β 值由计算而得

D. m 值、β 值凭经验取得

13-3 复合地基竣工验收时，普遍采用的承载力检验方法为（　）。

A. 单桩载荷试验

B. 土工试验

C. 复合地基载荷试验

D. 桩体试块抗压试验

13-4 柱锤冲扩桩法地基处理，复合地基承载力特征值的选择范围（　）。

A. $f_a\leqslant80kPa$

B. $f_a\leqslant90kPa$

C. $f_a\leqslant100kPa$

D. $f_a\leqslant110kPa$

参考答案： 13-1. C　13-2. A　13-3. C　13-4. D

附录　地基处理常用中英文名词

B

饱和土　saturated soil
编织型土工织物　knitted geotextile

C

材料　material
掺合料　admixture
沉降　settlement
沉降量　settlement
承载力　bearing capacity

D

袋装砂井　sand wick
单桩承载力　bearing capacity of single pile
等应变法　equal jigging strain method
地基　foundation
地基处理　ground treatment
地基承载力特征值　characteristic value of subsoil bearing capacity
电动化学灌浆　electrochemical grouting
电渗法　electro-osmotic drainage
垫层　cushion
定喷　directional jet grouting
多桩型复合地基　composite foundation with multiple reinforcement of different materials or lengths
冻土地基处理　frozen foundation improvement
短桩处理　treatment with short pile
堆载预压　preloading with surcharge of fill

F

非饱和土　unsaturated soil
粉煤灰　fly ash
粉体喷射深层搅拌法　powder deep mixing method
粉质黏土　silty clay
复合地基　composite foundation
复合模量法　composite modulus method

G

干密度　dry density
干渣　dry-slag
干振成孔灌注桩　vibratory bored pile
高温效应　high temperature effect
高压喷射注浆法　high pressure jet grouting
管桩　tubular pile
灌浆材料　injection material
灌浆法　grouting
硅化法　silicification

H

含水量　water content
夯锤　rammer
夯击能　tamping energy
夯实地基　rammed ground
夯实桩　compacting pile
红黏土　red clay
化学灌浆　chemical grouting
换填垫层　replacement layer of compacted fill
换填垫层法　replacement cushion method
换填法　cushion
灰土　lime-soil
灰土桩　lime soil pile
灰土桩复合地基　composite foundation with compacted soil-line columns
回填　backfill

J

挤密灌浆 compaction grouting
挤密桩 compaction pile, compacted column
挤淤法 displacement method
加筋垫层 replacement layer of tensile reinforcement
加筋法 reinforcement method
加筋土 reinforced earth
加筋土挡墙 reinforced fill wall
碱液法 soda solution grouting
浆液深层搅拌法 grout deep mixing method
降低地下水位法 dewatering method
胶结法 glue method
胶凝反应 gelling reaction
筋体 reinforcing Element, Inclusion
矩形基础 rectangular foundation

K

坑式托换 pit underpinning
孔隙水压力 pore water pressure
宽度 width

L

冷热处理法 freezing and heating
龄期 age

M

锚杆静压桩托换 anchor pile underpinning
锚固技术 anchoring
密实度 compactness

P

排水固结法 drainage consolidation method
配合比 mix proportion
膨胀土 expansive soil
膨胀土地基处理 expansive foundation treatment
劈裂灌浆 fracture grouting

Q

浅层处理 shallow treatment
强夯法 dynamic consolidation

R

人工地基 artificial foundation
容许灌浆压力 allowable grouting pressure
褥垫 pillow
软弱地基 soft foundation
软土地基 soft clay ground
软黏土 soft clay

S

砂垫层 sand cushion
砂井 sand drain
砂井地基平均固结度 average degree of consolidation of sand-drained ground
砂石 freestone
砂石桩 sand-gravel pile
砂石桩复合地基 composite foundation with sand-gravel columns
砂桩 sand column
山区地基处理 foundation treatment in mountain area
深层搅拌法 deep mixing method
渗漏 seepage
渗入性灌浆 seep-in grouting
生石灰 quick lime
湿陷性黄土地基处理 collapsible loess treatment
石灰活性 lime activation
石灰系深层搅拌法 lime deep mixing method
石灰桩 lime column, limepile
树根桩 root pile
竖向增强体 vertial reinforcement layer
水泥粉煤灰碎石桩 cement fly-ash gravel pile
水泥粉煤灰碎石桩复合地基 composite foundation with cement-fly ash -gravel Piles
水泥土搅拌桩复合地基 composite foundation-with cement deep mixed columns
水泥土水泥掺合比 cement mixing ratio
水泥系深层搅拌法 cement deep mixing method

水平向增强体　horizontal reinforcement layer
水平旋喷　horizontal jet grouting
素土垫层　plain soil cushion
塑料排水带　horizontal jet grouting
碎石桩　gravel pile, stone pillar

T

天然地基　natural foundation
条形基础　strip foundation
土层分布　soil layer distribution
土工垫　geomat
土工格栅　geogrid
土工聚合物　geopolymer
土工膜　geomembranes
土工网　geonet
土工织物　geofabric, geotextile
土桩　earth pile
托换技术　underpinning

W

外掺剂　additive
微型桩　micropile
无纺型土工织物　nonwoven geotextile

X

旋喷　jet grouting
旋喷桩复合地基　composite foundation with jet grouting

Y

压力衰减　pressure decay
压实地基　compacted ground
压缩性　compressibility
岩溶　karst
药液灌浆　chemical grouting
液化　liquefaction
硬化机理　hardening mechanism
有纺型土工织物　woven geotextile
预浸水法　presoaking
预压地基　preloaded ground
预压法　preloading

Z

真空预压　vacuum preloading
振冲法　vibroflotation method
振冲密实法　vibro-compaction
振冲器　vibroflotation devices
振冲碎石桩　vibro replacement stone column
振冲置换法　vibro-replacement
振密、挤密法　vibro-densification, compacting
整体破坏　block failure
置换法　replacement method
置换率　replacement ratio
重锤夯实法　heavy hammer tamping
柱锤冲扩桩复合地基　composite foundation with impact displacement columns
注浆加固　ground improvement by permeation and high hydrofracture grouting
桩长　pile length
桩式托换　pile underpinning
桩土应力比　pile-soil stress ratio
组合型土工织物　composite geotextile

参考文献

[1] 陈希哲．土力学地基基础［M］．北京：清华大学出版社，2004.
[2] 代国忠．土力学与基础工程［M］．北京：机械工业出版社，2008.
[3] 地基处理手册编写委员会．地基处理手册［M］．3 版．北京：中国建筑工业出版社，2008.
[4] 龚晓南．复合地基理论及工程应用［M］．杭州：浙江大学出版社，2002.
[5] 华南理工大学，浙江大学，湖南大学．基础工程［M］．北京：中国建筑工业出版社，2003.
[6] 土工合成材料工程应用手册编写委员会．土工合成材料工程应用手册［M］．北京：中国建筑工业出版社，1994.
[7] 叶观宝．地基加固新技术［M］．2 版．北京：机械工业出版社，2002.
[8] 殷宗泽，龚晓南．地基处理工程实例［M］．北京：中国水利水电出版社，2004.
[9] 叶书麟，叶观宝．地基处理［M］．2 版．北京：中国建筑工业出版社，2004.
[10] 中国建筑科学研究院．（JGJ79—2012）建筑地基处理技术规范［S］．北京：中国建筑工业出版社，2013.
[11] 中华人民共和国建设部．（GB 50290—1998）土工合成材料应用技术规范［S］．北京：中国计划出版社，1998.
[12] 左名麒．地基处理实用技术［M］．北京：中国铁道出版社，2005.
[13] 牛志荣．复合地基处理及其工程实例［M］．北京：中国建材工业出版社，2000.
[14] 刘福臣．地基基础处理技术与实例［M］．北京：化学工业出版社，2009.
[15] 刘永红．地基处理［M］．北京：科学出版社，2005.
[16] 林彤．地基处理［M］．2 版．武汉：中国地质大学出版社，2007.
[17] 郑俊杰．地基处理技术［M］．2 版．武汉：华中科技大学出版社，2009.
[18] 张季超．地基处理［M］．北京：高等教育出版社，2009.
[19] 吴敏之．软弱地基处理技术［M］．北京：人民交通出版社，2010.
[20] 黄生银．地基处理与基坑支护工程［M］．武汉：中国地质大学出版社，2004.
[21] 王星华．地基处理与加固［M］．长沙：中南大学出版社，2002.
[22] 龚晓南．地基处理技术发展与展望［M］．北京：中国水利水电出版社，2004.
[23] 叶观宝．振冲法和砂石桩法加固地基［M］．北京：机械工业出版社，2005.
[24] 徐至钧，王曙光．水泥粉煤灰碎石桩复合地基［M］．北京：机械工业出版社，2004.
[25] 何广讷．振冲碎石桩复合地基［M］．2 版．北京：人民交通出版社，2012.
[26] 徐至钧，张亦农．强夯和强夯置换法加固地基［M］．北京：机械工业出版社，2003.
[27] 岩土注浆理论与工程实例编写组．岩土注浆理论与工程实例［M］．北京：科学出版社，2001.
[28] 中华人民共和国国家标准．（GB/T 50123—1999）土工试验方法标准［S］．北京：中国计划出版社，2004.
[29] 中华人民共和国行业标准．（GB50007—2011）建筑地基基础设计规范［S］．北京：中国建筑工业出版社，2012.
[30] 中华人民共和国行业标准．（GB50202—2002）地基与基础工程施工及验收规范［S］．北京：中国建筑工业出版社，2002.
[31] 中华人民共和国行业标准．（JGJ 123—2000）既有建筑地基基础加固技术规范［S］．北京：中国建筑工业出版社，2002.
[32] 简明工程地质手册编写委员会．简明工程地质手册［M］．北京：中国建筑工业出版社，1998.
[33] 中华人民共和国行业标准．GB50021—2001 岩土工程勘察规范（2009 年版）［S］．北京：中国建筑工业出版社，2009.
[34] 张庆国，毕秀丽．强夯法加固机理与应用［M］．济南：山东科学技术出版社，2003.
[35] 娄炎．真空排水预压法加固软土技术［M］．北京：人民交通出版社，2001.
[36] 叶书麟．地基处理［M］．北京：中国建筑工业出版社，1997.
[37] 王铁宏．新编全国重大工程项目地基处理工程实录［M］．北京：中国建筑工业出版社，2005.

[38] 殷宗泽 . 地基处理工程实例 [M] . 北京：中国水利水电出版社，2000.

[39] 岩土工程师专业考试案例分析历年考题及模拟题详解编委会 . 注册岩土工程师专业考试案例分析 [M] . 4 版 . 北京：人民交通出版社，2013.

[40] 中国土木工程学会 . 注册岩土工程师专业考试复习教程 [M] . 北京：中国建筑工业出版社，2013.

[41] 武威 . 全国注册岩土工程师专业考试试题解答及分析（2011 ~ 2012）[M] . 北京：中国建筑工业出版社，2013.

[42] 林宗元 . 简明岩土工程勘察设计手册 [M] . 北京：中国建筑工业出版社，2003.